トライアル
シリーズ

**測定しながらアナログ回路技術を磨く**

**高精度14ビット/DC～10MHz，オシロ，ネットアナ，スペアナ&DDS**
**＋グレードアップ回路術を満載**

# Analog Discovery
## USB測定器 活用入門

遠坂 俊昭 著

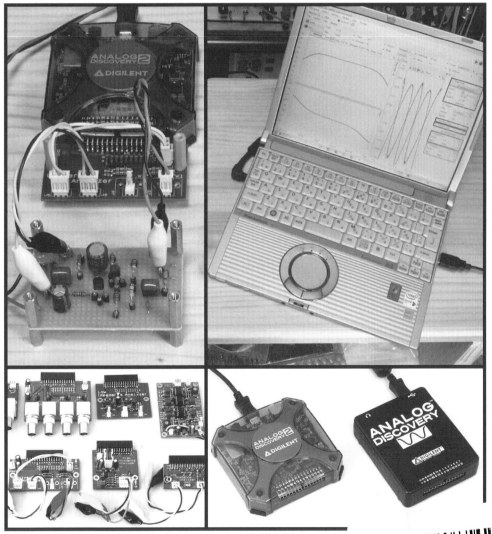

**CQ出版社**

# まえがき

　電子装置の進化は留まることなく続いています．新たな電子装置を実現するためにはアナログ技術，ディジタル技術そしてソフトウェアの3つが必須です．いずれが欠けても世の中に受け入れられる製品をつくることができません．

　最近ではアナログ・ディジタルという言葉が電子装置以外にも広く使われています．アナログというと古風な昔の懐かしいものを指し，ディジタルというと進化した最新のものを指すようです．まったく本来の意味とはかけ離れた使い方です．アナログ回路技術に携わってきた私としては，なんとも残念なアナログ・ディジタルの言葉の使いようです．

　しかし実際にはアナログ回路技術も休むことなく進化を続けています．アナログ回路の主役であるOPアンプ1つ取っても，取り扱える周波数が誕生時は数十kHzであったものが今ではGHzに迫っており，直流ドリフトも周囲温度1℃の変化で数十$\mu$Vの変動であったものが，今では数nVと1/10000も小さく改善・進化を続けています．

　アナログ回路の理論を学ぶには，今ではLTspiceを始めとしたアナログ回路シミュレータが個人レベルで自由に使え，解説書もたくさんあり，ネット検索で知識を得ることができます．

　しかしそのようなソフトウェア的な知識だけでは，必要なアナログ回路スキルをすべて獲得することはできません．アナログ電子回路は実際に組み立てて動作させてみないとわからないことがたくさんあります．どのような特性を実現するのが難しいのか，実装状態によってどのような特性が影響を受けるのか，どの部品が実装したとき大きさを左右するのか，部品のコスト・入手性そして実装方法の何がネックとなるのかと，実際に組み立てて動作させてみないとわからないスキルがたくさんあります．

　そして残念ながら，人は他人から知識を聞いただけではスキルを自分のものにすることができません．自分で悩み，自分で解決して初めて自分のスキルとすることができます．

　このようなことからアナログ回路技術者としては自分で実際にアナログ回路を組み立て，動作させることが重要です．しかし，そのためにはたくさんの道具と計測器が必要になります．とくにネットワーク・アナライザなどの計測器は高価で広い設置場所が必要です．

　なんとか簡単に回路の実験ができるデバイスはないかと探し，パソコンのオプションのサウンド・ボードを使ってみました．波形を発生したり計測したりすることはできるのですが，その目的から直流が扱えず，最高周波数も数十kHz止まりで低周波アナログ計測器としてはちょっと物足りないものでした．

　このような中，CQ出版社が主催する電子回路技術研究会でアナログ・デバイセズ社の藤森さんからAnalog Discoveryを紹介していただき，価格・形状・特性と私が求めていたものとぴったり一致し，たちまち Analog Discovery の虜になりました．

　本書はAnalog Discoveryの入門書として取り扱い方法を説明しています．できるだけ使用例をたくさん記載し，実際に使うときの手助けになるよう務めました．

　最後にAnalog Discoveryを紹介していただいた藤森さん，群馬大学のセミナでAnalog Discoveryを活用する機会を与えていただいた山越先生，弓仲先生に厚くお礼を申し上げます．

　なお本誌はトランジスタ技術に連載した内容とは異なり，新たに入門者向けに書き下ろしたものです．トランジスタ技術の連載記事は追加・修正して応用編として発行の予定です．

藪塚の実験小屋にて　　　遠坂　俊昭

# 目　次

◆ 関連書籍のご案内
「トランジスタ技術SPECIAL No.145
私のサイエンス・ラボ! テスタ/オシロ/USBアナライザ入門」 2019年1月1日発行

　　Analog Discovery 2 は2015年から発売されている商品ですが，現在も電子部品商社の秋月電子通商やDigi-Keyなどで扱われています．掲題トランジスタ技術 SPECIAL No.145 に は，Analog Discovery 2 の Reference Manual「Analog Discovery 2 和訳マニュアル」が付録として綴じこまれています．本書と併せてご利用されると，Analog Discovery 2 への理解がより深まると考えております．

（編集部）

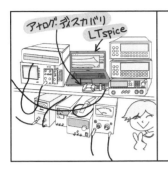

# 第1章
# Analog Discoveryで
# 便利な測定環境を作り上げる

Intro
Scope
Wavegen
+Booster
+3相
+低歪
Network
Spectrum
+LPF
Impedance
Tracer
App

## 1.1 Analog Discovery（アナログ ディスカバリー）とは

### ● ブレークスルーの時代

趣味としての電子工作にはさまざまな分野が広がっています．はじめの頃はアマチュア無線やオーディオ，ロボット製作，近年はITや宇宙との接続など，広く・深く進化していきそうです．

電子工作を始めたばかりの頃は雑誌掲載の記事のとおりに製作して楽しんでいますが，そのうちに物まねだけでは物足りなくなり，自分オリジナルな装置を作りたくなってきます．

しかし電子装置を設計・製作し，より高性能な装置にするためには，設計・製作したものの特性検証，改善のために，

- オシロスコープ
- 信号発生器
- ひずみ率計（オーディオをやるなら特に）
- ネットワーク・アナライザ
- スペクトラム・アナライザ
- インピーダンス・アナライザ
- 半導体カーブ・トレーサ

など，多くの測定器（計測器）が必要になります．しかしこれらを個人ですべてそろえることは，費用や設置場所などの都合から大きな難題です．とても無理と，あきらめた方も少なくないかもしれません．

また，工業高校・工専・大学・大学院での研究などにおいても，電気・電子関係の実験を行う際には多くの測定器が必要になります．予算の潤沢な研究室に入れれば幸いですが，大半の研究室では限られた予算で研究を行わなくてはなりません．

### ● 米国の大学工学部で広く利用されている

このような状況のなか，IC/LSI技術の進化（回路技術＋高集積化＋企画力）の恩恵として，非常に大きな可能性をもったデバイスが登場しました．写真1.1に示すAnalog Discoveryと呼ばれるセットです．

このAnalog DiscoveryはUS Digilent社がAnalog Devices社とXilinx社の協力を得て，米国の大学生が電子回路スキルを磨く際に役立つ汎用のUSB測定器として開発されました．14ビット100 MHzサンプルのA-D/D-AコンバータとFPGAを使い，表1.1に示すようなさまざまな機能と性能が内蔵されています．

なお，本書では以降Analog DiscoveryのことをADと表記することにします．

## 1.2 機能・性能を補う 自作アダプタも作れる

ADは低価格にしては非常に多機能・高性能で魅力的なデバイスです．しかし，ADだけで市販の多くの測定器とすべて同等に使えるかというと，残念ながら無理な場合もあります．

### ● アンチエイリアス・フィルタが付いていない

図1.1（p.9）にスペクトラム解析…FFTアナライザの事例を示します．スペクトラム解析では，入力したアナログ信号をA-Dコンバータでディジタル変換してFFT解析を行います．そのとき，A-Dコンバータにサンプリング周波数の1/2以上の周波数成分が入力されていると，エイリアスと呼ばれる誤ったデータが混入してしまいます．

このため市販のFFTアナライザでは，A-Dコンバータの前段にアンチエイリアス・フィルタと呼ばれるLPF（Low Pass Filter：ロー・パス・フィルタ）を挿入し，サンプリング周波数の1/2以上の周波数成分を除去してからA-D変換しています．

以前は図1.1（a）に示すようにアンチエイリアス・

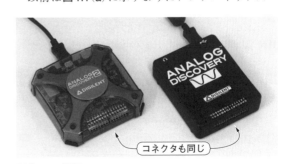

**写真1.1　新旧のAnalog Discovery**
左側が新版のAnalog Discovery2

**表1.1　Analog Discoveryの機能と性能**

機能はアプリケーション・ソフト**WaveForms**（Digilent社Webサイトからダウンロード）によって選択する．AD2は仕様が細かく正確に記載されているだけで，電源を除いた内容は新旧ほぼ同じ

| 項　目 | 旧AD | AD2 | |
|---|---|---|---|
| | | BNCアダプタ使用時 | Wire Kit使用時 |
| アナログ入力帯域幅 | 5 MHz | 30 MHz@3 dB, 10 MHz@0.5 dB, 5 MHz@0.1 dB | 9 MHz@3 dB, 2.9 MHz@0.5 dB, 0.8 MHz@0.1 dB |
| アナログ入力確度 | 規定なし | ± 10 mV ± 0.5 %@0.5 V/div以下, ± 100 mV ± 0.5 %@1 V以上 | |
| アナログ最大入力電圧 | ± 25 V | | |
| アナログ出力帯域幅 | 5 MHz | 12 MHz@3 dB, 4 MHz@0.5 dB, 1 MHz@0.1 dB | 9 MHz@3 dB, 2.9 MHz@0.5 dB, 0.8 MHz@0.1 dB |
| アナログ出力確度 | 規定なし | ± 10 mV ± 0.5 %@1 V以下, ± 100 mV ± 0.5 %@1 V以上 | |
| アナログ最大出力電圧 | ± 5V | | |
| 電源出力電圧 | ± 5 V固定 | 0.5 ～ 5 V可変 | |
| 電源出力電力 | ± 5 V固定, 50 mA$_{max}$（USB電源）| 500 mW$_{total}$（USB電源） | |
| | なし（外部電源） | 2.1 W（外部電源） | |
| 電源電圧確度（無負荷） | 規定なし | ± 10 mV | |
| 電源出力インピーダンス | 規定なし | 50 mΩ$_{typ}$ | |

（a）ハードウェアの性能

フィルタの高域カットオフ周波数を，A-Dコンバータのサンプリング周波数にしたがって切り替えていました．ところが最近はディジタル処理デバイスが高性能・低価格になってきました．そのため**図1.1（b）**に示すように，A-Dコンバータは最高クロック周波数固定で動作させ，ディジタル信号にしてから分析周波数帯にしたがってディジタル・フィルタ処理を行うようになっています．アナログ・フィルタの数を少なくする構成になっているわけです．

● **切り替え型のLPFを用意する**

　一方，**AD**のFFTに関する内部構成は**図1.1（c）**のようになっています．エイリアス除去のためのLPFが内蔵されていません．そして，周波数レンジの最高分析周波数の2倍の周波数データでFFT演算しています．ただし，低サンプリング速度のときは1サンプルで複数のデータを採取し，その平均値でFFT演算を行う**Average**と呼ぶ機能があります．結果，高域での雑音の影響が低減されます．

　よって**AD**のFFTにおいてエイリアスを除くには，**図1.1（a）**に示すように外部にアンチエイリアス・フィルタを挿入する必要があります．本書では周波数レンジにしたがって，高域カットオフ周波数を5点切り

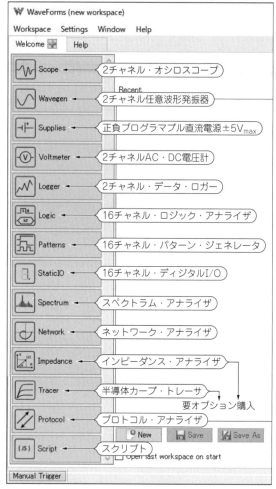

（b）WaveFormsによって実現する測定メニュー

替える LPF を製作・紹介します．

● **目的・趣向に合わせたアダプタを用意する**

　このように本書では，**AD**に不足している機能・性能を**写真1.2**に示すような外部アダプタを自作することで解決していきます．このことは読者自身の電子回路技術のスキルアップにつながります．また，**写真1.2（c）**に示すように，これらの機能を1つの筐体に組み込むと，より計測器としての完成度を上げることができます．

　本書では**AD**を核として，周辺のアナログ・フロントエンドを自作することにより，自らの趣向に合った実験ラボを完成させていきます．

● **扱える周波数範囲はDC～10 MHz**

　本書で扱う信号周波数の範囲は，**AD**の扱える周波

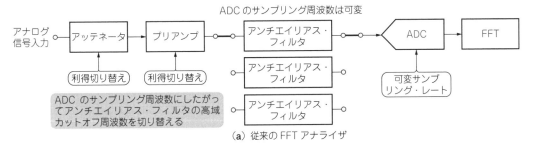

ADC のサンプリング周波数は可変

（a）従来の FFT アナライザ

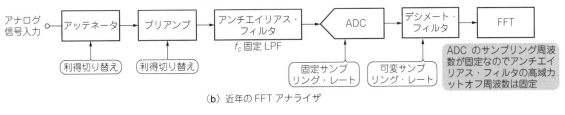

ADC のサンプリング周波数は最高周波数で固定

（b）近年の FFT アナライザ

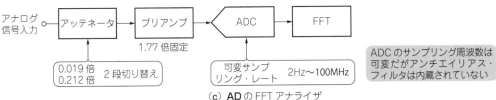

（c）AD の FFT アナライザ

**図1.1　FFTアナライザのハードウェア構成の変遷**
ADはできるだけ速いサンプリング・レートに設定し，1サンプルで複数の数値データを平均化する．高域雑音の影響を低減するAverage機能がある

数範囲の制約からインピーダンス・マッチングが必要な高周波は扱いません．集中定数で扱える，直流から10 MHz程度の周波数範囲です．1 m程度の信号ケーブルでは定在波が発生しない周波数範囲になることをあらかじめご承知ください．

また企業で製品検査等に用いる計器類は通常トレーサビリティが必要になります．したがって本書でのセットは対象外になります．

● 新旧ADの比較…大きな違いはない

先の**写真1.1**に示したのは**AD**の新旧タイプです．旧タイプは黒色カバーですが，新タイプ（**AD2**）は緑を基調としたシースルーのケースに組み込まれたデザインに仕上がっています．

**表1.1**（a）に新旧の仕様の異なった点をまとめました．大きく異なる機能は電源で電流容量が増え，出力電圧が0.5～5 Vまで2 mVステップで可変できるようになりました．しかしアナログ入出力信号を扱う部分の実力は新旧ほぼ同じです．

**図1.2**に示すのはReference Manualに記載された回路図からアナログ信号の入力回路と出力回路部分を筆者が書き直したものです．新旧とも部品番号・定数を含めてほとんど同じです．$R_6$, $R_{18}$は旧型では21 kΩ，

新型では20 kΩなどのちょっとした定数の違いはあります．アナログ信号出力増幅器の部分も同様です．

したがって，**表1.1**（a）の仕様からは**AD2**の性能が上がったように見えますが，実力は新旧同等のようです．旧タイプでは余裕をもった概略仕様を示していたものを，新タイプはより正確な数値の仕様に改めたものと思われます．

ということで，すでに旧型**AD**を購入してしまった方も安心してください．

● アナログ入力部は堅牢設計だが…

微小信号を測定する際には雑音レベルの悪化を防ぐため，入力信号が分圧されないレンジが欲しいところです．しかしこれは性能よりも，誤って過大信号を印加しても通常のレベルでは壊れないことを優先する設計思想であることが推測されます．

したがって通常の測定レベル（最大測定電圧：± 25 Vmax，許容最大入力電圧：± 50 V）で**AD**の入力部分が壊れることはありません．ただし発振器出力は0 Ωインピーダンス出力なので，ここにパワー・アンプなどの低インピーダンスの信号を誤印加すると**AD**が壊れますので注意してください．

アプリケーション・ソフトWaveFormsは多くの機

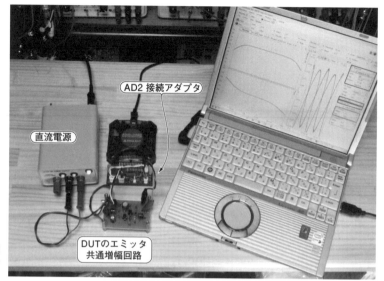

（a）ネットアナ機能でエミッタ共通増幅回路の利得・位相－周波数特性を計測しているようす

（b）AD はコンパクトなので，DUT（被測定セット）のすぐそばに置くほうが効果的

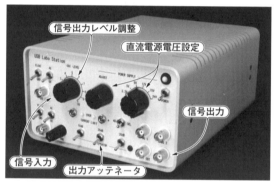

（c）直流電源や出力増幅器と一緒にケースに組み込むと USB 万能計測器が実現できる

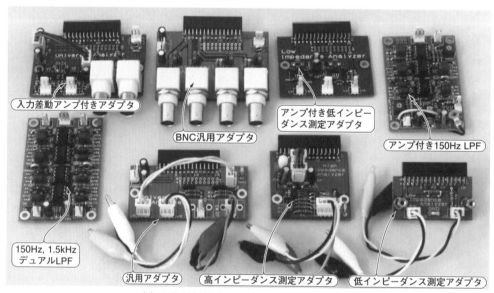

（d）本書で紹介するフロントエンド・アダプタの例

**写真 1.2　Analog Discovery の活用**
　AD は多機能なので 1 セットで，エミッタ共通アンプの利得・位相-周波数特性，ひずみ特性や入出力インピーダンス特性などが測定できる

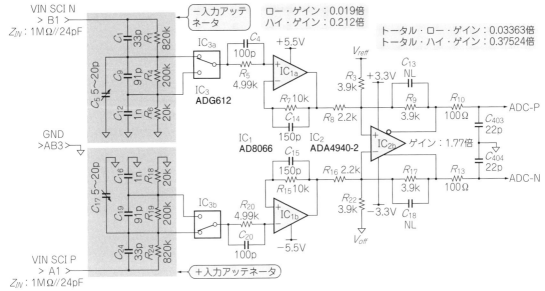

（a）入力回路部分

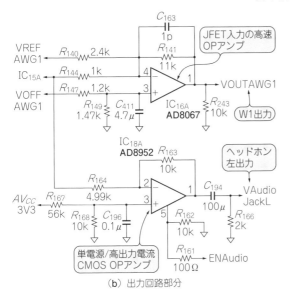

（b）出力回路部分

**図1.2　Reference Manualから書き起こしたADの入力回路と出力回路**
入力にはアッテネータが装備されている．±15V以下の通常計測レベルでADの入力部が壊れる心配はない．出力部にはJFET入力高速OPアンプが採用されている

能が追加され，より使いやすくなっています．そして嬉しいことに旧タイプのAnalog Discoveryもサポートされ電源の設定画面のみが異なります．

WaveFormsを立ち上げたときの表示は先の**表1.1**(b)に示しました．測定機能がすべて表示され，入門者にもわかりやすくなっています．

## 1.3　アナログ信号入力部の使い方

### ● 2チャネル入力の有用性

ADでは信号入力が2チャネルあります．2つのチャネルの分析結果を比較することでいろいろな機能が実現できます（**図1.3**）．

**図1.3**(a)はトランスの利得・位相-周波数を測定するときの接続図です．$CH_1$（ADでは$C_1$と表示しているがコンデンサと混同するので，本書では$CH_1$とする）で入力信号の振幅を測定し，$CH_2$で出力信号の振幅を測定します．$CH_1$を基準とした$CH_2/CH_1$をネットワーク・アナライザ機能で測定すると，トランスの正確な伝達特性が測定できます．

トランスに印加される電圧は，AD内蔵の信号出力$W_1$に存在する$R_S$によって変化します．しかし$CH_1$で電圧を測定しているために，$R_S$の影響を受けず$R_1$の抵抗値による特性が測定できます．$R_S$があっても$R_1：0Ω$にすると，信号源抵抗0Ωのときの伝達特性が測定できます．

また信号源の周波数特性などによって振幅が変化しても，$CH_1$と$CH_2$の特性が等しければ伝達特性[$CH_2/CH_1$]には影響を与えません．**図1.3**(b)に，測定結果をエクスポートしてExcelでグラフにまとめたときの例を示します．

### ● 差動入力増幅器の機能的有用性

ADの入力部は一般的なオシロスコープなどとは異なり，入力部分が差動入力（平衡入力）になっています．先の**図1.3**(a)の測定でも差動入力になっています．

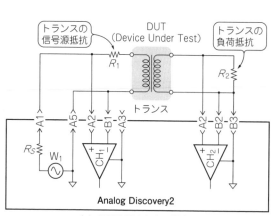

（a）特性計測のための結線図

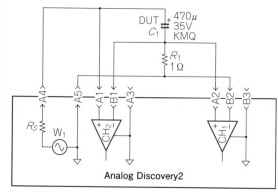

差動入力なのでグラウンドから浮いている（片側がグラウンド電位ではない）$C_1$の両端電圧が測定できる

（a）Networkで測定する場合

**図1.4　コンデンサのインピーダンス–周波数特性の測定**
（470 µF 35 V 電解コンデンサの特性）

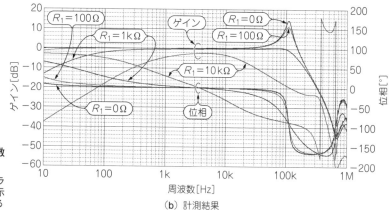

**図1.3　トランスの利得・位相–周波数特性の測定**
$CH_1$ が検出している電圧を基準にしてトランス出力を計測し，$CH_1/CH_2$ をグラフ表示するので $R_S$ の影響が現れない測定が行える

（b）計測結果

　図1.4は電解コンデンサのインピーダンス–周波数特性の測定を示しています．図(a)は $C_1$ に印加される電圧と電流を，同時に **AD** のネットワーク・アナライザ機能で測定するときの接続図です．

　$R_1$ の1 Ωに流れた電流を電圧に変換し，$CH_1$ で計測し，コンデンサ $C_1$ の両端電圧を $CH_2$ で測定しています．ふつうのオシロスコープはシングルエンド（不平衡）入力になっているので，信号グラウンドと $C_1+$ 間の電圧しか計測できず，$C_1$ の両端電圧は測定できません．$C_1+$ とグラウンド間では $R_1$ の両端電圧も含んだ電圧になってしまい，大きな誤差を生じます．

　しかし，差動入力になっているとグラウンドから浮いた $C_1$ の両端電圧が測定できます．そして $CH_1$ を基準として $CH_2$ を表示させると，[$CH_2/CH_1$ ＝コンデンサの両端電圧 / コンデンサに流れた電流＝コンデンサのインピーダンス] になり，図(b)に示すコンデンサのインピーダンス–周波数特性を得ることができます．

　このとき電流検出抵抗が1 Ωなので，Y軸の0 dBが1 Ωになります．Y軸がdBだとわかりづらいので図(b)

のデータをエクスポートし，ExcelでdBをリニアに変換 $[=10^{(XdB/20)}]$ してグラフ表示すると，図(c)に示すような結果が得られます．そして，これによって電解コンデンサ等価回路のモデリングが行えます．

## 1.4　使いやすい測定用ケーブルを準備しておく

● 付属の接続ケーブルと別売BNCアダプタ

　**AD** には**写真1.3**に示す接続ケーブルが付属しています．そして，このケーブルの先端には同写真に示すようにブレッドボードと接続するための端子が付いています．よってブレッドボード以外に接続するには，先端をワニ口クリップなどに交換したほうが便利なのですが，これが数が多く，区別するのが大変です．

　**写真1.4**はプローブなどを接続するための，Digilent社によるBNCアダプタで，別売されています．

　アナログ信号入力の$CH_1$，$CH_2$にはAC結合のためのコンデンサ（0.1 µF）が実装されていて，AC，DCの切り替えが可能です．ただし，使用されているコンデ

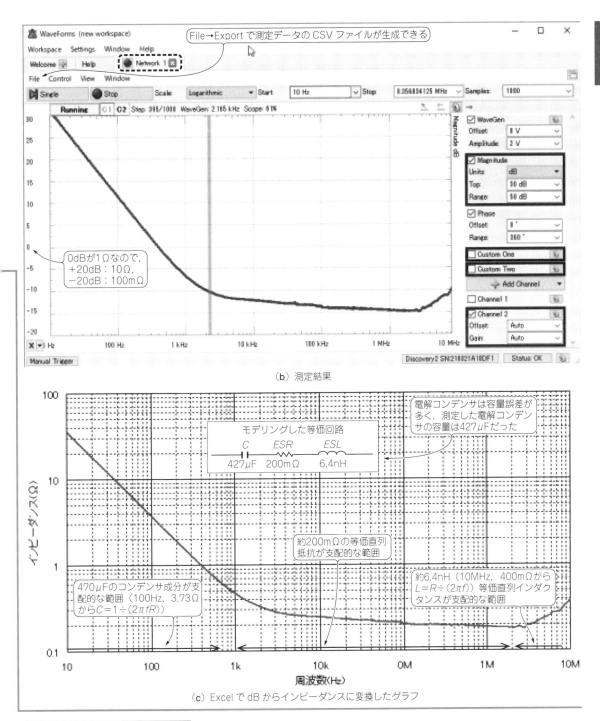

（b）測定結果

（c）Excel で dB からインピーダンスに変換したグラフ

写真1.3　AD付属の
信号ケーブル

写真1.4　別売のBNCアダプタ（Digilent社）

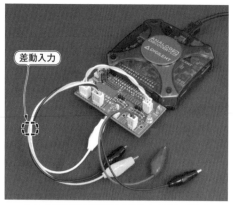

（a）AD2に汎用接続アダプタをつないだとき

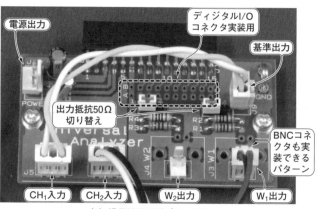

（b）汎用接続アダプタの詳細

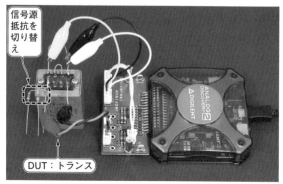

（c）汎用接続アダプタを使ってトランスの利得・位相−周波数
　　特性を計測しているようす

**写真1.5　自作した汎用接続アダプタ**

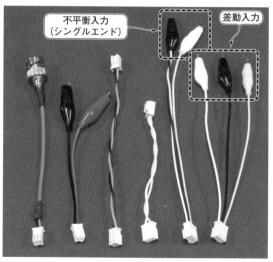

（d）用途に合わせた接続ケーブルを多く用意しておくと便利

ンサが高誘電率系なので，DCバイアス電圧によって
容量が変化します．100 Hz以下の波形を観測する際
には注意が必要です．

　またBNCアダプタではCH$_1$，CH$_2$入力の−側が
GNDに接続されています．よって，BNCアダプタを
接続すると不平衡入力のみになってしまいます．

　**AD**は誤って高電圧を印加して入力部分を壊さない
よう，入力部分で約1/10に減衰してから信号処理し
ています．通常の10：1のプローブを使うとさらに信
号が1/100に減衰してから処理されることになり$S/N$
が悪化します．

　また，**AD**は通常の卓上型DSO（Digital Storage
Oscilloscope；ディジタル・ストレージ・オシロスコ
ープ）にくらべると小型なので，被測定装置に接近し
て配置することができます．そのぶん接続ケーブルが
短くでき，接続ケーブルの浮遊容量による影響も少な
くなります．このため100 mV程度以下の信号のとき
はプローブは使わず，直接接続したほうがきれいな波

**写真1.6　汎用の圧
着工具も用意してお
くと便利**
（エンジニア　PA-20）

形が観測できます．

　W$_1$，W$_2$出力には50 Ωの抵抗を挿入するか否かの
切り替えが付いています．

● **自作した汎用接続アダプタ**

　写真1.5は，主にアナログ信号を扱うアダプタのた
めに自作した汎用接続アダプタです．図1.5に回路構

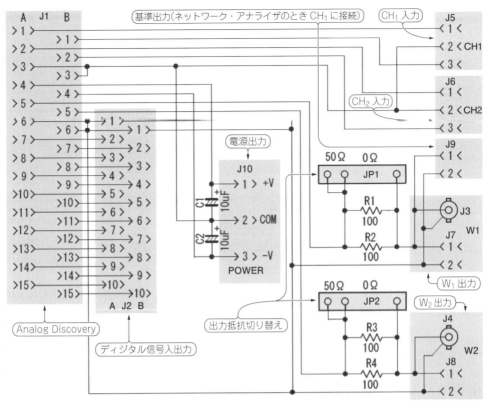

**図1.5　汎用接続アダプタの回路図**
Wavegenから信号を取り出すためのW₁, W₂用にBNCコネクタも接続できるようにした

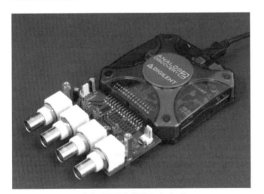

（a）AD2と接続したとき

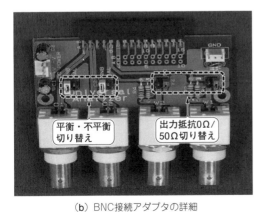

（b）BNC接続アダプタの詳細
**写真1.7　自作したBNC接続アダプタ**

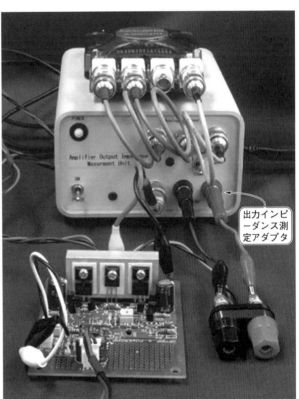

（c）増幅器の出力インピーダンスを測定しているようす

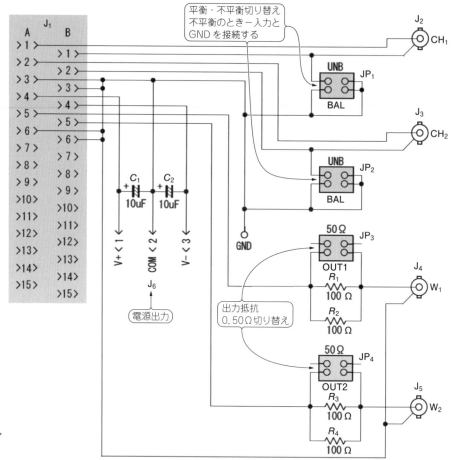

図1.6　BNC接続アダプタの回路構成

成を示します.

　CH₁, CH₂のアナログ信号入力は2.5 mmピッチの3
ピン・コネクタです. W₁, W₂のアナログ信号出力は
2.5 mmピッチの2ピン・コネクタまたはBNCコネク
タが実装できるようになっています.

　ネットワーク・アナライザとして使用する場合は
CH₁またはCH₂を基準信号に接続するので, アダプタ
基板上で接続できるように基準信号出力を設けていま
す.

　**写真1.5(c)**はこのアダプタでトランスの利得・位
相-周波数特性を測定しているようすです. **写真(d)**
に示すように目的に合わせてケーブルを自作しておく
と便利に使えます.

　2.5 mmピッチ・コネクタの専用圧着工具は個人で
購入するには非常に高価です. **写真1.6**に示す汎用圧
着工具は, 個人でも購入できる比較的安価な工具です.
ただし1つの端子を圧着するときに芯線部と被覆部を
個別に2回圧着する必要があります.

● **自作したBNC接続アダプタ**

　**写真1.7**は, **AD**と他の電子計測器を接続するとき
のBNC接続アダプタです. 一般に電子計測器のアナ
ログ信号入出力はBNCになっています. これによっ
てBNCアダプタを使用すると, 他の測定器とスッキ
リ接続できます.

　**写真1.7(c)**は定電流出力増幅器とプリアンプが内
蔵された出力インピーダンス測定アダプタと接続して,
増幅器の出力インピーダンスを測定しているようすで
す.

　このBNC接続アダプタではCH₁, CH₂入力の−側
をGNDに接続するか否かの切り替え端子を設けてい
ます. **AD**の信号出力と信号入力のGNDは内部で接
続されています. このため他の測定器と入出力信号を
接続したとき多点アースを構成し, 磁束などによる雑
音混入が発生する場合があります. このようなとき
BNCコネクタの外側の−入力をGNDから切り離して
平衡入力にすると, 多点アースの弊害を防ぐことがで
きます.

　**図1.6**にBNC接続アダプタの回路構成を示します.

## ［コラム（1）］WaveFormsのデータ収録用メモリ配分

ADに内蔵されたデータ収録用RAMを，より目的に合わせ適切に配分する機能がDevice Manager（デバイス・マネージャ）にあります．コマンド・ラインのSettings → Device Managerをクリックすると図1.A（a）の画面が開きます．

PC（USB）にADを接続して［WaveForms］をスタートさせると，使用しているADの個別情報が一番上に表示されます．

図1.A（b）に表示されているように，［WaveForms］はADだけでなく他のデバイスもサポートしています．そしてデバイスがなくてもDEMOで使い勝手や機能を確認することができます．

図1.A（b）の下部はADに内蔵されたデータRAMのメモリ配分の設定です．使用目的に合わせて8個のパターンから選択することができます．ScopeやSpectrumで波形をより細かく計測したい場合は2を選択します．

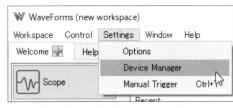

（a）Settings→Device Manager で設定する

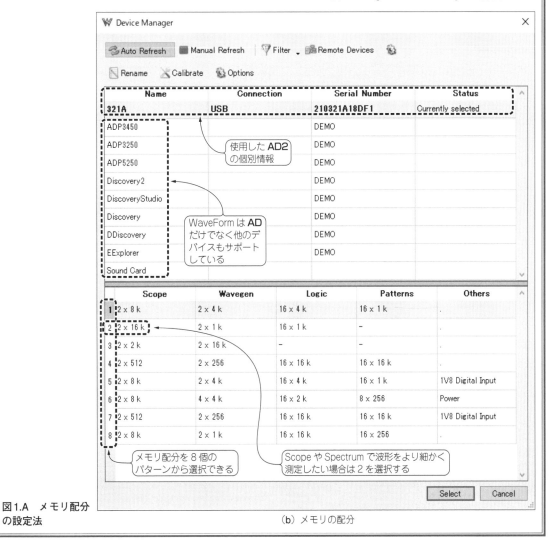

図1.A　メモリ配分の設定法

（b）メモリの配分

| | Scope | Wavegen | Logic | Patterns | Others |
|---|---|---|---|---|---|
| 1 | 2 × 8 k | 2 × 4 k | 16 × 4 k | 16 × 1 k | . |
| 2 | 2 × 16 k | 2 × 1 k | 16 × 1 k | - | . |
| 3 | 2 × 2 k | 2 × 16 k | - | - | . |
| 4 | 2 × 512 | 2 × 256 | 16 × 16 k | 16 × 16 k | . |
| 5 | 2 × 8 k | 2 × 4 k | 16 × 4 k | 16 × 1 k | 1V8 Digital Input |
| 6 | 2 × 8 k | 4 × 4 k | 16 × 2 k | 8 × 256 | Power |
| 7 | 2 × 512 | 2 × 256 | 16 × 16 k | 16 × 16 k | 1V8 Digital Input |
| 8 | 2 × 8 k | 2 × 1 k | 16 × 16 k | 16 × 256 | . |

メモリ配分を8個のパターンから選択できる

Scope や Spectrum で波形をより細かく測定したい場合は2を選択する

## ◆Analog Discovery 2のブロック図と端子配置図

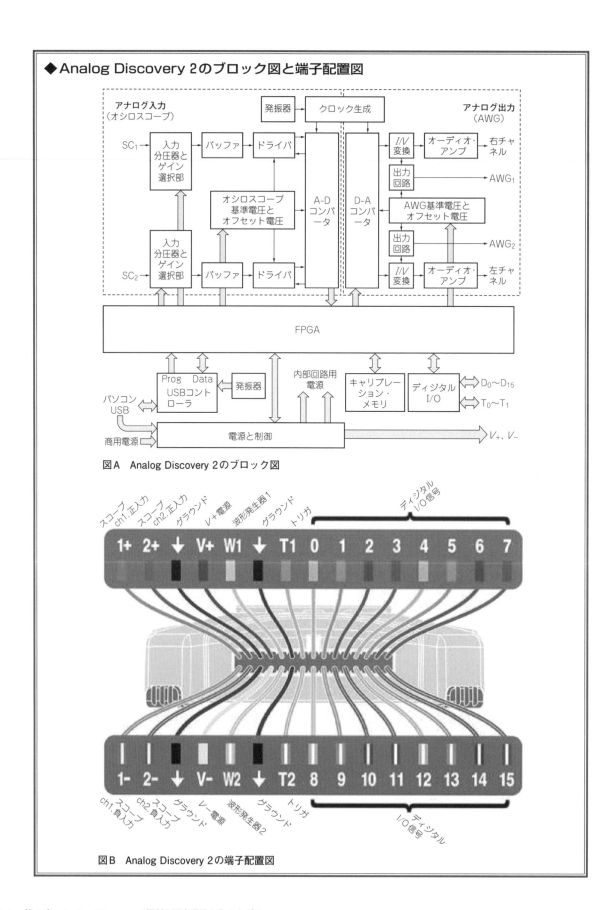

図A　Analog Discovery 2のブロック図

図B　Analog Discovery 2の端子配置図

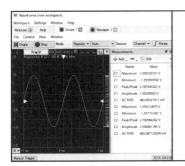

Intro
Scope
Wavegen
+Booster
+3相
+低歪
Network
Spectrum
+LPF
Impedance
Tracer
App

# 第2章

## 高精度14ビットでDC～10 MHzをカバーする

# 高機能ディジタル・オシロ…
# Scope活用法

電子回路技術を学ぶとき，もっとも効果的に役立つ測定器がオシロスコープです．電気信号の大きさ，波の形，速さなどを目で直接見ることができるので，昔から電気・電子回路技術者にとっては必携の測定器といわれていました．ただ，現実には高価なことが最大のネックでした．

しかし，電子回路…半導体技術の進歩によってディジタル・オシロスコープが登場し，じきにアナログ・オシロスコープを凌駕，ついにはAnalog Discovery（以下ADと表記）のような高機能，しかも低価格の測定器が登場してきました．

## 2.1　波形観測のあらまし

● オーディオ・アンプに入力した信号波形を追跡

オシロスコープとは何と言っても測定器の代表です．

見えない電気を可視化して，電子装置（電子回路）の動作状態を示してくれます．

**写真2.1**は，（Digilent社のアプリケーションWave Formsを導入したPCに接続した）ADのスコープ[Scope]機能の概略を確認するために，以下の手順で観測しているようすです．

① AD内蔵の信号発生器Wavegen $W_1$から信号を発生させる
② ①の信号をオーディオ・パワー・アンプに入力
③ パワー・アンプの入出力波形をADのScope機能で観測

**図2.1**に測定のための結線図を示します．測定対象のオーディオ・パワー・アンプは，Kenwood社1995年頃の「A-1001」というプリ・メイン・アンプ．20 Hz～20 kHzにおいて$THD$（Total Harmonic Distortion：全高調波ひずみ率）0.09 %（40 W×2 @8 Ω）というセット

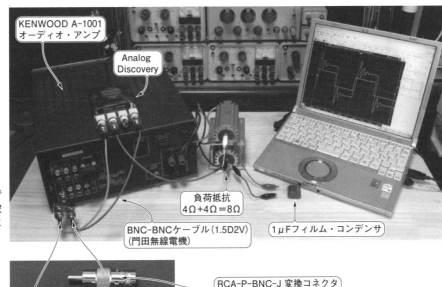

KENWOOD A-1001
オーディオ・アンプ

Analog Discovery

負荷抵抗
4Ω+4Ω＝8Ω

1μFフィルム・コンデンサ

BNC-BNCケーブル(1.5D2V)
(門田無線電機)

**写真2.1**　ADのScopeでオーディオ・アンプの波形応答を観測しているようす

RCA-P-BNC-J 変換コネクタ
(C-00124)秋月電子通商

BNC分岐コネクタ(T型デバイダ)
(C-01939) (C-00136)

**写真2.2**　BNCアダプタの例

です.

ADとの接続にはBNCアダプタを使用します.Wavegen $W_1$信号出力をパワー・アンプ入力に接続するとともに,**写真2.2**に示すBNCアダプタで$CH_1$入力に接続しています.また,パワー・アンプの出力であるスピーカ端子には8Ωの負荷抵抗を接続し,抵抗両端をワニ口クリップを通して$CH_2$に接続しています.

パワー・アンプでは当然ながらWavegen $W_1$の入力波形が増幅され,出力されます.相似な出力波形になるのが理想ですが,条件によっては相似性が崩れます.

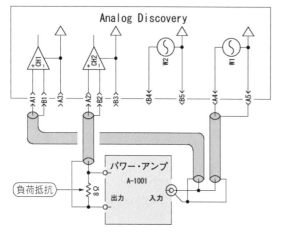

図2.1 ADとオーディオ・アンプとの接続

### ● 正弦波形を観測すると10 kHzで位相ずれ?

**図2.2**は,Wavegen $W_1$に1 kHz $1V_{0-p}$の正弦波を設定し,アンプ出力が$2V_{0-p}$になるよう(アンプの)ボリュームを設定したときの入出力波形です.振幅が2倍になり,相似な入出力波形が得られています.このとき出力波形がひずんでいたり,クリップしているようだとアンプの故障が疑われます.

**図2.3**に示すのは$W_1$出力の周波数を10 kHzにして,ScopeのY軸を200 $\mu$s/divから20 $\mu$s/divに変化させたときの入出力波形です.ほぼ相似な正弦波出力波形ですが,よく見ると0 Vをよぎる点がずれ,全体的に入力波形に対し出力波形が遅れています.これはアンプの入出力位相特性が,1 kHzではほぼ0°だったものが10 kHzでは数度の位相遅れが発生したことを示しています.この位相-周波数特性については,後述の

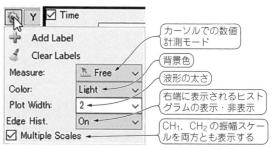

(a) 波形表示の設定

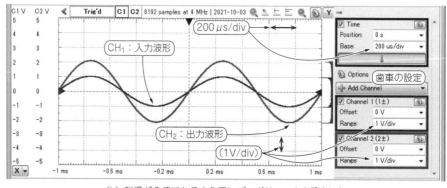

図2.2 Wavegenによる1 kHz正弦波をパワー・アンプに入力したときの入出力波形の測定

(b) 利得が2倍になるようアンプ・ボリュームを設定した

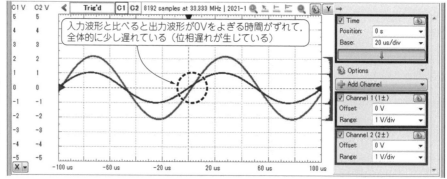

図2.3 正弦波出力を10 kHzに設定したときの波形(20 $\mu$s/div)
入力波形と比べると,出力波形が0 Vをよぎる時間がずれて,全体的に少し遅れている(位相遅れが生じている)

ネットワーク・アナライザ機能（第7章）でさらに詳しく計測することができます．

● 10 kHzの方形波を観測すると

図2.4はWavegen $W_1$出力を，10 kHzの正弦波から方形波に変更したときの入出力波形です．入力方形波はほぼ垂直に立ち上がっていますが，出力方形波は立ち上がりが少しなまって，立ち上がりスピードが遅くなっています．

方形波にはじつは高調波がたくさん含まれています．したがって，アンプの高域利得が減少していると，これが方形波のなまりになって現れてきます．

なお，この立ち上がり時間のなまりからアンプのおよその高域カットオフ周波数を計算で求めることができます．振幅が10 ％と90 ％をよぎる時間を立ち上がり時間$t_r$とすると，利得が$-3$ dB低下する（カットオフ）周波数$f_c$は，

$$f_c \fallingdotseq 0.35 \div t_r [\text{Hz}]$$

となります．

● 負荷にコンデンサ1 μFを付けるとリンギング

図2.5は，アンプ入力信号は10 kHz方形波のままで，負荷抵抗（8 Ω）に並列に1 μFのコンデンサを接続したときの入出力波形です．出力方形波の立ち上がり，立ち下がりに大きな振動が現れていることがわかります．リンギングと呼ばれています．そして，この振動して

いる周波数で，アンプの利得にピークが生じていることを示しています．

アンプには一般に負帰還（フィードバック）が施されています．よって出力に大容量のコンデンサが接続されると負帰還信号に位相遅れが生じ，増幅器の負帰還動作が不安定になって，リンギングが発生しているのです．通常の使用で負荷に1 μFというコンデンサが接続されることはないので心配ない現象ですが，逆に通常の使用条件でリンギングが発生しているようなら，対策が必要になります．

以上のように，ADでは信号発生源WavegenとScope機能を使って波形観測することで，電子装置の状態や特性，異常・故障状態を知ることができるのです．

## 2.2　信号測定のコモンセンス…同軸ケーブルとパッシブ電圧プローブの特性

ADは測定器としてはとても低価格であるため，あんがい多くの初心者が使用されているかもしれません．なので，ここでは解説されることの少ないオシロスコープによる信号測定の常識的な注意点を紹介することにします．

● 同軸ケーブルの容量が測定に影響を与える

信号を測定するとき，とくに注意を払わずに「同軸ケーブル」を使用するケースがあります．まずは，何

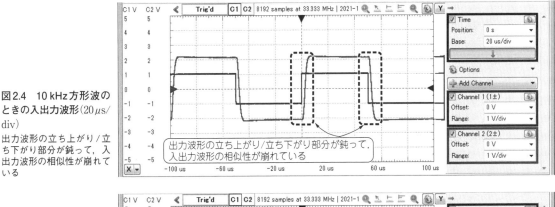

**図2.4　10 kHz方形波のときの入出力波形**（20 μs/div）
出力波形の立ち上がり/立ち下がり部分が鈍って，入出力波形の相似性が崩れている

出力波形の立ち上がり/立ち下がり部分が鈍って，入出力波形の相似性が崩れている

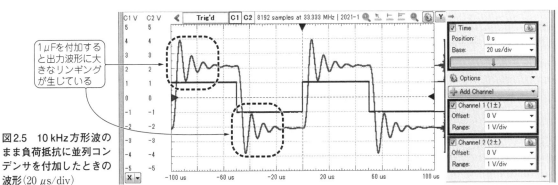

1 μFを付加すると出力波形に大きなリンギングが生じている

**図2.5　10 kHz方形波のまま負荷抵抗に並列コンデンサを付加したときの波形**（20 μs/div）

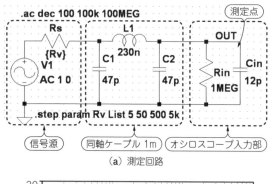

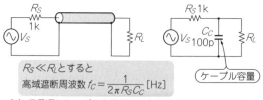

（a）測定回路

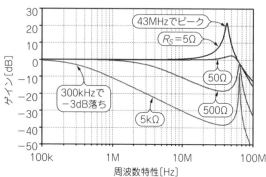

（b）ゲイン周波数特性

**図2.6　同軸ケーブル**（長さ1m）**では信号源抵抗によっては高域カットオフ周波数が異なる**（LTspiceシミュレーション）

同軸ケーブル1mを使ってオシロスコープで信号を計測する．信号源抵抗が5kΩのときは，コンデンサ$C_1$，$C_2$，$C_{in}$の影響で高域カットオフ周波数が300kHz（≒$1/(2\pi \times 5k\Omega \times (47p+47p+12p))$）になる．信号源抵抗が5Ωのときは，$L_1$，$C_2$，$C_{in}$の直列共振周波数43MHz（≒$1/(2\pi\sqrt{230n \times (47p+12p)})$）の影響でピークができる

気なく使用している同軸ケーブルが測定へどのような影響を与えるか調べておきましょう．

　図2.6に示すのは信号の測定経路に同軸ケーブル（長さ1m）を使用し，（通常の）オシロスコープ入力端に接続したときの等価回路と，信号源抵抗$R_s$を変化させたときの利得-周波数特性をシミュレーションした結果です．$R_{in}$，$C_{in}$はオシロスコープの入力インピーダンスを表しています．

　図(b)には信号源抵抗$R_s$を5Ω，50Ω，500Ω，5kΩに変化させたときのシミュレーション結果を示しています．これより明らかなように，仮にオシロスコープの帯域幅が100MHz以上あっても，1mの同軸ケーブルを使っただけで，100MHz以下の周波数特性は大きく乱れることがわかります．

　なおLTspiceでは同軸ケーブルの分布定数モデルもあり，100MHz付近以上の周波数ではシミュレーション結果が異なります．第4章の**コラム(4)**を参照してください．

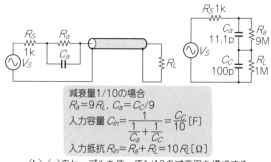

（a）信号源にケーブルを接続すると$RC$ LPFが形成される

（b）（a）のケーブルを使って1/10の減衰器を構成する

**図2.7　ケーブルの容量の影響を減少させる減衰器**（アッテネータ）

抵抗での減衰比$R_L/(R_a+R_L)$とコンデンサ容量での減衰比$(1/C_c)/((1/C_a)+(1/C_c))=C_a/(C_a+C_c)$を等しくする．$R_s=1k\Omega$，$R_L=1M\Omega$，$C_c=100pF$とすると$R_a:9M\Omega$，$C_a:11.1pF$．信号源からみた抵抗は10MΩ（＝9MΩ+1MΩ），容量は10pF（≒$(C_c \times C_a)/(C_c+C_a)$）．1kΩ，10pFの$RC$ LPFの$f_c$は約16MHzである

● **信号源抵抗との間でLPFや共振が生じる**

　図2.6の例では信号源抵抗$R_s$が5kΩと高く，$L_1$のインピーダンスが5kΩよりも十分低い周波数帯域では，$R_s$と同軸ケーブルとオシロスコープの入力容量（合計106pF）とで，高域カットオフ周波数が約300kHzの$RC$ロー・パス・フィルタ（LPF：Low Pass Filter）が形成されています．このため利得が300kHzで−3dB低下し，それ以上の周波数では−20dB/decの傾きで利得が減少しています．

　一方，$R_s$が5Ωのように低いときは$R_s$と106pFによる$RC$ LPFの高域カットオフ周波数（約300MHz）よりも，$L_1$と$C_2+C_{in}$（59pF）による直列共振周波数（約43MHz）のほうが低くなり，この周波数で利得にピークが生じます．

　このように同軸ケーブルに限らず信号ケーブルに含まれる浮遊容量，浮遊インダクタンスは計測に大きな影響を及ぼします．したがって信号測定においては，このような影響を少なくする工夫が必要になります．

　信号ケーブルに含まれる浮遊容量の影響を低減するパッシブ電圧プローブとアクティブ電圧プローブについては後述します．

　ケーブル容量を低減する手法には，シールド・ケーブル・ドライブなどもあります．

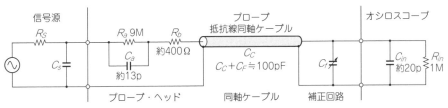

図2.8　10:1パッシブ・プローブの内部回路の例

図2.7のようなアッテネータのほか，定在波の影響を避けるために抵抗$R_b$と抵抗線同軸ケーブルがある

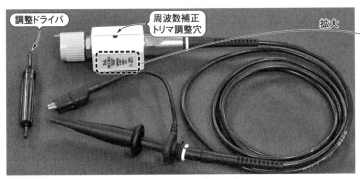

(a) パッシブ電圧プローブ

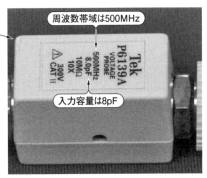

(b) (a)の拡大

写真2.3　汎用オシロスコープのパッシブ・プローブの一例

周波数帯域が印字されているが，測定対象のインピーダンスによっては1MHz以下の周波数でも減衰することがある

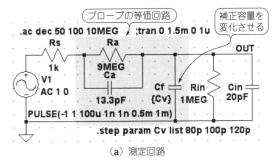

(a) 測定回路

図2.9　プローブの補正容量が小さいとオーバシュート，大きいとアンダシュートが生じる（LTspiceシミュレーション）

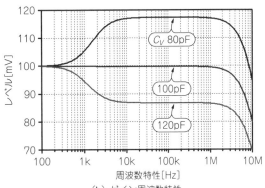

(b) ゲイン周波数特性

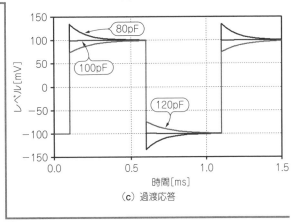

(c) 過渡応答

● 汎用オシロでは10:1パッシブ・プローブを使う

　信号源にケーブルを接続すると信号源抵抗とケーブル容量によって，RC LPFが構成されます．図2.7にそのようすを示します．図(a)でわかるように信号源抵抗＝1kΩ，信号ケーブル容量＝100pFのときには，約1.6MHzでゲインが−3dB（約30%）低下することになります．

　このような信号ケーブル容量の影響を少なくするために使用されているのが，アッテネータです．たとえば図(b)に示すように減衰量1/10のときは，信号ケーブルの容量を1/10に減少させることができます．ただし，信号レベルも1/10に小さくなる副作用を伴います．そして，この原理で構成されているのが図2.8に示す汎用オシロスコープに付属している受動（パッシブ）プローブです．

　このパッシブ・プローブではアッテネータの機能の

ほか，定在波の影響を避けるために，抵抗$R_b$と抵抗線同軸ケーブル（$R$ケーブル容量24pF/m程度）が使われています．写真2.3に汎用オシロスコープのパッシブ・プローブの一例を示します．

オシロスコープの入力容量やケーブル容量には，個々のばらつきがあります．この容量のばらつきによる高域の減衰誤差を調整するのがトリマ・コンデンサ $C_f$ です．

### ● パッシブ・プローブには補正容量

図2.9にパッシブ・プローブにおける $C_f$ の動作のようすをシミュレーションした結果を示します．容量値を80 pF，100 pF，120 pFに変化させています．補正容量 $C_f$ が足りない80 pFのときは，高域の利得が増大し，矩形波応答にオーバシュートが見られます．$C_f$ が過大な120 pFのときは，高域の利得が減少し矩形波応答にアンダシュートが見られます．

このようにパッシブ・プローブを使用するときには，矩形波応答が平たんになるようにあらかじめ $C_f$ を調整します．このためオシロスコープにはキャリブレーション用の1 kHz矩形波出力が用意されています．

図2.9(b)で10 MHz付近で利得が減少しているのは，$R_s$ 1 kΩとプローブの入力容量12 pFで構成される $RC$ LPFの高域カットオフ周波数が約13 MHzであるためです．

プローブやオシロスコープの入力容量の経年変化はほとんどありません．最初に調整すれば，毎回行う必要はありません．自分の知らないうちに，他の人がプローブを別のオシロスコープに接続し，調整変更してしまった場合には，この限りではありません．

### ● 数mVの微小信号測定には信号ケーブルを利用

オシロスコープの最高感度は一般的に約1 mV/divなので，10:1のプローブを使用すると最高感度は10 mV/divになります．

OPアンプなどの出力雑音を観測するときは，その値が数mVと小さいです．OPアンプ増幅回路の出力インピーダンスは一般的に数十Ω以下です．このため信号ケーブルのもつ100 pF程度の容量では，高域利得への影響は少なく，感度低下のほうが問題になります．

このような微小信号の測定には，10:1プローブは使用せず，**写真2.4**に示すようなBNC-ワニ口クリップなどの信号ケーブルを使用するほうが適切です．

また，**写真2.5**は，AD用自作アダプタから直接ワニ口クリップ・ケーブルをプローブ代わりにしているようすです．

写真2.4 微小信号測定にはパッシブ・プローブの代わりに信号ケーブルを利用する（BNC-ワニ口クリップ）

## 2.3　ADのアナログ入力回路を理解する

### ● アナログ信号には2つの入力形式がある

通常のオシロスコープやオーディオ・アンプでは，図2.10(a)に示すシングルエンドと呼ばれる入力形式になっています．シングルエンドとは，信号（$V_{in}$）とグラウンドが1本ずつの一対入力のことです．

写真2.5　AD用の自作アダプタとワニ口クリップ・ケーブルを組み合わせてトランスを測定しているところ

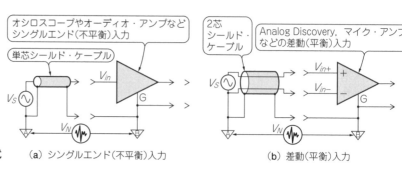

図2.10　2つのアナログ入力形式　（a）シングルエンド（不平衡）入力　　（b）差動（平衡）入力

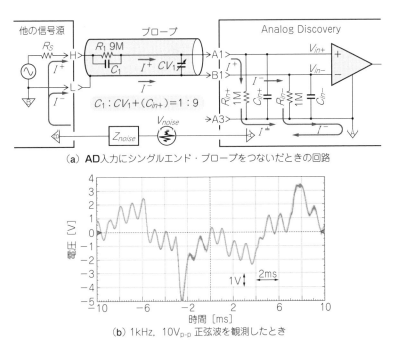

(a) AD入力にシングルエンド・プローブをつないだときの回路

(b) 1kHz, 10$V_{p-p}$ 正弦波を観測したとき

**図2.11 差動入力にシングルエンドのプローブを接続すると雑音の影響が出てしまう**

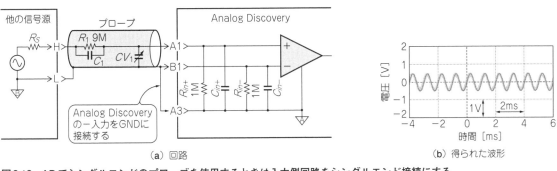

(a) 回路

(b) 得られた波形

**図2.12 ADでシングルエンドのプローブを使用するときは入力側回路をシングルエンド接続にする**
プローブを使用するときは入力の片側をグラウンドに接続すると, 入力信号の1/10の振幅1$V_{p-p}$として正しく測定できる

一方, マイク・アンプなどの微小信号を扱うアンプでは, **図2.10(b)**に示す差動入力と呼ばれる入力形式になっています. 差動入力は, ＋入力($V_{in}{}^+$), －入力($V_{in}{}^-$), グラウンドの3つの線から構成されています. ＋入力と-入力の電位差だけを増幅します. グラウンドと($V_{in}{}^+$), あるいはグラウンドと($V_{in}{}^-$)間にはコモン・モード・ノイズ($V_N$)があるのですが, この$V_N$は(理想的には)差動増幅回路(差動入力アンプ)が除去してくれます.

● ADは差動入力

**AD**で使用するオシロ…**Scope**のアナログ入力は差動入力になっています. よって**図2.11(a)**に示すようにA1, B1にそのままシングルエンドのプローブを接続すると, 波形が正常に観測できません. **図(a)**に示す経路による雑音の混入が多くなるからです. **図(b)**に**図(a)**の接続による測定結果を示します. 電源雑音(ハム)が信号成分(10 $V_{p-p}$)よりも多く混入してしまっています.

**AD**にシングルエンドのプローブを使用するときには, **図2.12(a)**に示すように片側B1の入力をGND(A3)に接続し, シングルエンド(不平衡)にして使用します. すると**図2.12(b)**に示すように振幅は1/10になりますが雑音の混入がなく, 正しく正弦波が観測されています.

**AD**では通常のオシロスコープ用プローブが使用できるように, それぞれの入力インピーダンスは1 MΩ//24 pF(1 MΩと24 pFの並列)になっています.

2.3 AD のアナログ入力回路を理解する **25**

## 2.4 繰り返し波形を 止めて表示するトリガ機能

### ● アナログ・オシロスコープのトリガ機能

オシロスコープのトリガは，観測波形の見たい部分を安定に表示させるために重要な機能です．

真空管時代，アナログ・オシロスコープの初期段階では図2.13に示すように，Y軸（振幅軸）に観測のための信号を，X軸（時間軸）にのこぎり波を加え，X軸に加えた信号とY軸ののこぎり波の交点を光らせ波形表示していました．

このとき信号周期とのこぎり波の周期が同期していないと信号波形が左右に流れてしまい，止まって見えません．そこでのこぎり波の周期を信号周期の整数倍になるように手動で調整し，波形を静止させて観測していました．

これでは面倒だということで，信号があるレベル（トリガ点）を通過したときのこぎり波を発振開始させ，のこぎり波を1周期で停止し，再びトリガ点を通過したときのこぎり波を繰り返し開始させ，信号にのこぎり波を自動同期させました．この機能によって，のこぎり波の手動周期調整が不要になりました．

画期的な機能であったためか，この機能を搭載したオシロスコープを岩崎通信機では「シンクロスコープ」という商品名で販売していました．他のメーカでは変わらずオシロスコープと呼んでいました．

トリガ点からのこぎり波のスイープが開始するため，トリガ点以前の信号の挙動は見えません．この不都合を解消するため高級アナログ・オシロスコープでは入力信号を遅延線（50 Ωの同軸ケーブルを信号が10 m通過すると約47 nsの遅れが生じる）で遅延させ，トリガ点以前の状態をも表示させましたが，当然ながらトリガ点以前の表示範囲は狭いものでした．

### ● ディジタル・オシロスコープのトリガ機能

トリガ機能を決定的に進化させたのがディジタル・ストレージ・オシロスコープ（DSO）です．DSOでは信号をA-Dコンバータでディジタル信号に変換し，メモリに記憶させていきます．

たとえば画面の表示点数が2048点の場合は，トリガ信号から2048点メモリに格納し，トリガ点以前のデータと合わせ4096点の記憶データとします．すると図2.14に示すように，記憶されたデータ範囲4096を自由に移動して表示できます．たとえばトリガ点を中心にもってくれば，トリガ点以前の1024点とトリガ点後の1024点の波形が画面に表示され，トリカ点以前の波形も難なく観測できます．

また最新のDSOではトリガ点を信号通過レベルだけでなく，信号パルス幅やロジック・スコープと連動させ，特定のロジック・パターンをトリガ点とするなど多くのトリガ機能をもっています．

WaveFormsのDSO機能である[Scope]も，高級DSOに負けない多種のトリガ機能をもっています．

## 2.5 Scopeの豊富なトリガ機能

### ● ふつうの正弦波を入力すると

図2.15（a）に，Scopeで周波数1 kHz，振幅4 $V_{p-p}$の正弦波を観測している例を示します．ここでは立ち上がりエッジ・トリガでトリガ・レベル：+1 V，Position：800 $\mu$sに設定しています．

図に示すように波形表示画面上部にトリガ・タイミング，右端にトリガ・レベルの矢印が表示され，トリガ点が示されます．Positionを800 $\mu$sに設定したので，波形表示画面のX軸の中央が0.8 msの目盛りになり，トリガ点が0 msの目盛りになっています．

トリガ・タイミングやトリガ・レベルの矢印はマウスで移動してもトリガ点の設定変更が行えます．

### ● Run Mode…通常はRepeatedを使用する

図2.15（b）がRun Modeの選択パネルです．Run Mode

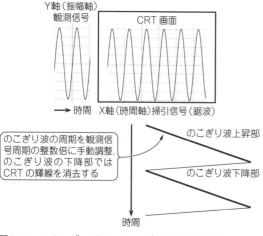

図2.13 アナログ・オシロスコープ時代の波形表示

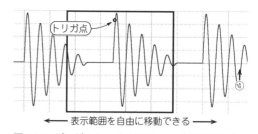

図2.14 ディジタル・オシロスコープの波形表示
ディジタル・オシロスコープでは一定区間、波形がメモリに記憶されているのでトリガ点以前の波形も範囲を自由に選択して表示できる

は波形表示方法の設定です．通常波形のときはRepeated
を使用します．

しかし，波形が1秒程度以下でゆっくりと変動し，
その変動のようすを観測したいときは，ShiftやScreen
を使用します．Shiftでは，波形が画面右から左に流
れるように表示されます．Screenでは波形が左から
右に繰り返し掃引されて表示します．Recordは遅い
信号をテキスト・ファイルに同時記録するときに使用
します．

### ● Trigger Mode…Auto/Normal

図2.15(c)はTrigger Modeの設定です．トリガ点
が明確な波形の場合はNormalを使用します．

Normalではトリガ点が見つからないと，掃引開始
せず波形表示がされません．トリガ点が見つけにくい
波形の場合は，Autoに設定すると2秒以内に指定した
トリガ条件が満たされない場合には自動掃引するので，

波形のようすを観測することができます．Noneでは
トリガ機能を使用せず，連続掃引して波形表示します．

### ● TriggerソースとTriggerタイプの選択

図2.15(d)に示すように，表示しているCH$_1$，CH$_2$
の信号以外でもたくさんの信号をトリガ信号源にする
ことができます．

図2.15(e)はTrigger Typeの設定です．通常の信
号はEdgeでトリガをかけますが，その他3種のトリ
ガ方法を選ぶことができます．

図2.16はTrigger TypeにおけるPulseの使用例で
す．W$_1$から1kHz，2V$_{p-p}$の方形波を出力し，図(a)
に示す設定でランプ波によるFM変調波にしています．
Edgeトリガではパルス幅の異なるすべての波形でト
リガがかかり，スイープ波形が静止した状態にはでき
ません．

この繰り返し波形にトリガをかけるため，一番パル

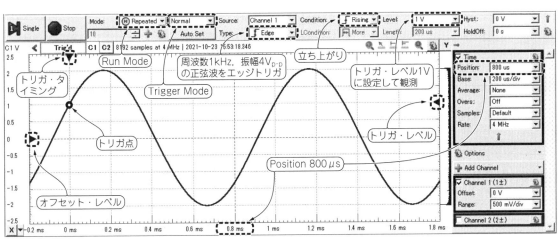

（a）エッジ・トリガ，立ち上がり，トリガ・レベルは1Vに設定

Repeated：通常の繰り返しトリガ
Shift：1秒程度以下の遅い信号変動を観測するときに使用，波形を画面右から左に流れるように表示
Screen：同様に遅い信号変動を左から右に掃引して表示
Record：遅い信号をテキストファイルに同時記録

（b）Run Mode

None：波形をフリーラン表示にしてトリガ機能を使用しない
Auto：指定したトリガ条件で掃引開始し，2秒以内に指定したトリガ条件が満たされない場合には自動掃引する
Normal：指定したトリガ条件で掃引開始する

（c）Trigger Mode

Edge：波形が指定した信号レベルを通過したときをトリガ点にする
Pulse：波形が指定した幅（以上または以下）になったときをトリガ点にする
Transition：波形が指定した範囲で指定した変化速度（以上または以下）になったときを
　　　　　トリガ点にする
Window：波形が発生・停止したときをトリガ点にする

（e）Trigger Type

（d）Trigger Source

**図2.15　Scopeのトリガ設定**（1kHz 4V$_{p-p}$の正弦波を入力）

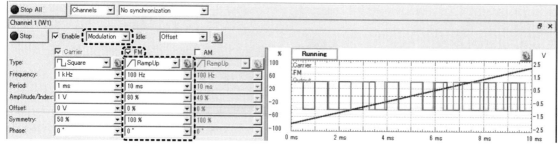

（a）W₁出力を 1kHz，2Vp-p の方形波にしてランプ波形で FM 変調する

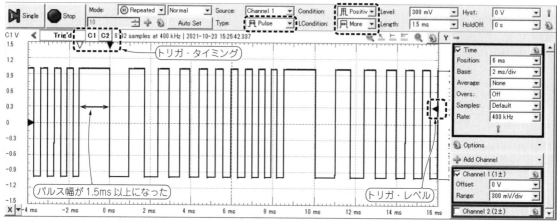

（b）正のパルス幅が 1.5ms 以上になった箇所をトリガにして波形表示

**図2.16　Trigger Type…Pulse の使用例**

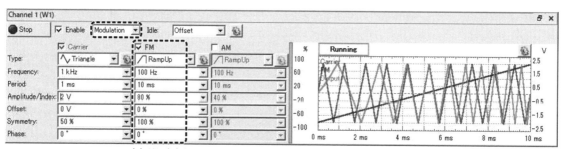

（a）W₁出力を 1kHz，4V_p-p の三角波にしてランプ波形で FM 変調する

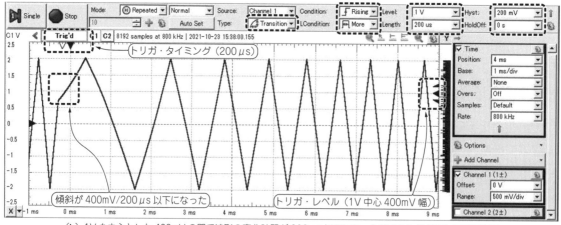

（b）1V を中心とした 400mV の間で波形の変化時間が 200μs 以下になった箇所をトリガにして波形表示

**図2.17　Trigger Type…Transition の使用例**

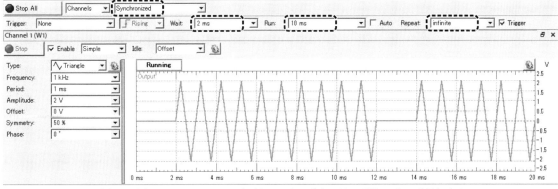

（a）W₁ 出力を 1kHz，4V$_{p-p}$ の三角波にして 2ms 停止，10ms 発生のバースト波にする

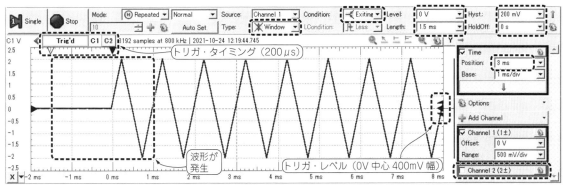

（b）1.5ms 以上の休止期間から 0V±200mV 以上の波形が発生した箇所をトリガにして波形表示

**図2.18　Trigger Type…Window の使用例**

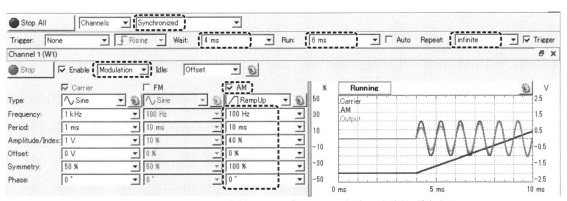

（a）W₁ 出力を 1kHz の正弦波とし，AM 変調のかかったバースト波形に設定する

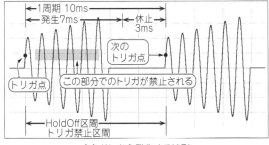

（b）W₁ から発生する波形

（c）バースト波形の発生直後の部分だけ安定に表示できる

**図2.19　HoldOff 時間の使用例**

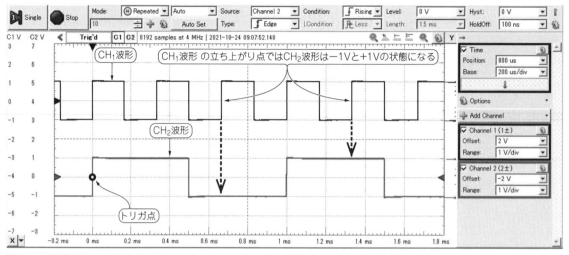

図2.20　周期の異なる複数波形では一番長い周期の波形にトリガをかける

ス幅の広い波形の箇所をトリガ点にするため**図(b)**の設定にします．すると300 mVのレベルで正のパルス幅が1.5 ms以上になったタイミングでトリガがかかり，FM変調されたスイープ波形が静止して観測できます．

● Transition

　**図2.17**はTransitionの使用例です．$W_1$から1 kHz，4 $V_{p-p}$の三角波を出力し，**図(a)**に示す設定でランプ波によるFM変調波にします．この波形もEdgeトリガではすべての波形でトリガがかかり，それぞれ周波数が異なるため静止した状態にはできません．

　この繰り返し波形にトリガをかけるには，一番電圧変化が少ない波形をトリガ点にするため**図(b)**の設定にします．すると1 V±200 mVの範囲で変化時間が200 $\mu$s以上になった箇所がトリガ点になり，FM変調されたスイープ波形が静止して観測できます．

● 連続波形の抜けを観測…Window(窓)の使用

　**図2.18**はWindowの使用例です．$W_1$から1 kHz，4 $V_{p-p}$の三角波を出力し，**図(a)**に示す設定で10波出力力し，2波停止するバースト波にします．この波形もEdgeトリガではすべての波形でトリガがかかり，停止した箇所があるため静止した波形になりません．

　このバースト波形にトリガをかけるために波形が発生した箇所をトリガ点にするため，**図(b)**の設定にします．すると1.5 ms以上の休止期間を経て波形が発生した箇所がトリガ点になり，バースト波形が静止した状態で観測できます．

　なんらかの故障で連続波形が不規則に抜け落ちるような現象が起きたとき，このWindowを使用すれば抜け落ちた波形の前後の状態を観測することができます．

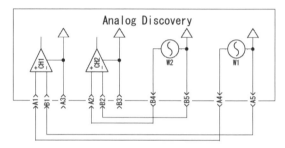

図2.21　$W_1$を$CH_1$に，$W_2$を$CH_2$に接続する

● その後のトリガを禁止するHoldOff

　**図2.19**はHoldOff時間の使用例です．HoldOffとは一度トリガがかかると一定時間その後のトリガを禁止する機能です．

　$W_1$から1 kHzの正弦波を出力し，**図(a)**に示す設定でAM変調のかかった一時的な連続波…バースト波形にします．

　**図(b)**が$W_1$から出力される波形です．このバースト波形の最初の部分だけを静止させて観測しようとしても，バーストの後段の部分でもトリガがかかり波形が静止して観測できません．

　このため**図(c)**に示すようにHoldOff時間に9 msを設定します．すると**図(b)**に示すように最初の波形でトリガがかかり，後に続く5つの波形ではトリガ点がHoldOff時間内になり，トリガ点にはなりません．この機能により，**図(c)**に示すようにバースト波形の最初の部分だけを静止して観測することができます．

● 異なる周期の複数波形を観測したいとき

　**図2.20**は周期の異なる複数波形を観測する場合のトリガの使い方を示しています．$CH_1$は3 kHzの方形波，$CH_2$は1 kHzの方形波です．

◀(a) チャネルのプルダウン・メニューから $W_1$ と $W_2$ にチェックを入れる

(b) 同期のプルダウン・メニューから Syncronized を選択する ▶

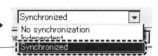

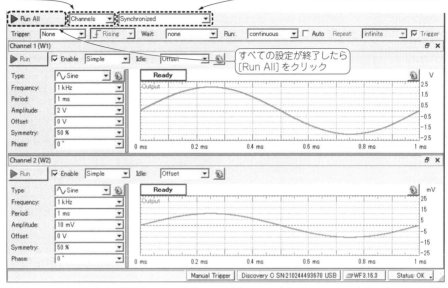

すべての設定が終了したら [Run All]をクリック

図2.22　Wavegenを同期した2チャネル・モードで使用する

(c) $W_1$, $W_2$ とも正弦波, 周波数 1 kHz, 位相 0° に設定, $W_1$ は振幅 $2V_{0-p}$　$W_2$ は振幅 $10mV_{0-p}$ に設定

波形の立ち上がり…Edgeトリガをかける場合, $CH_1$波形の立ち上がり部分では, $CH_2$波形は $-1$ V のときと $+1$ V のときがあります. $CH_1$波形でトリガをかけると観測される $CH_2$波形が静止せず, $\pm 1$ V でバラツクことになります. $CH_2$波形の立ち上がりをトリガ点とすれば, $CH_1$波形もつねに立ち上がり点になり, 観測波形のバラツキがなくなります.

このように周期の異なる波形を複数同時に観測する場合は, 一番周期の長い波形にトリガをかけると静止した波形が観測できます.

## 2.6 Average の使い方

● Wevegen を同期した2チャネル・モードにする

図2.21 に示すように, 信号発生器Wavegen $W_1$ の出力を $CH_1$ の入力に, $W_2$ の出力を $CH_2$ の入力に接続します.

[Welcome]画面で[Wavegen]を選択し, 図2.22 に示すように, Wavegen チャネルのプルダウン・メニューから $W_1$ と $W_2$ にチェック・マークを入れます. すると $W_1$ と $W_2$ の設定画面が表示されます.

同期のプルダウン・メニューから, [Synchronized] (注2.1)を選択します. $W_1$ と $W_2$ の周波数が同じ場合には[Synchronized]を選択して[Run All]をクリックすると, $W_1$ と $W_2$ の波形が設定した位相関係で出力されます.

● $W_1$ と $W_2$ を $CH_1$, $CH_2$ で観測すると

$W_1$, $W_2$ とも正弦波, 周波数1 kHz, 位相0°に設定します. 振幅は $W_1$ を $2$ $V_{0-p}$, $W_2$ を $10$ $mV_{0-p}$ に設定します. 設定が終わったら[Run All]をクリックします.

次に[Welcome]をクリックし, [Scope]を選択します. トリガ設定はデフォルトのままで, Time Base を $200$ $\mu$s, 電圧レンジを $CH_1$:$500$ mV/div, $CH_2$:$5$ mV/div に設定します. すると図2.23 に示す波形が表示されます.

電源投入直後は $CH_2$ の波形に直流オフセット電圧が現れる可能性があります. $20 \sim 30$ 分経過すると直流オフセット電圧が小さくなり $0$ V付近で安定します. このとき直流オフセット電圧が大きくずれている場合はキャリブレーション不良なのでキャリブレーションをやり直します.

● $CH_1$ と $CH_2$ の振幅目盛りを表示させるには

図2.23では $CH_2$ の振幅目盛り値が表示されていません. これを表示させるには図2.24 に示す歯車をクリックします. 設定画面の[Multiple Scales]にチェックマークを付けると, 図2.24 に示すように $CH_1$ と

注2.1：WaveFormsの古いバージョンでは [Auto Synchronized] のモードがあり, $W_1$の周波数に対し$W_2$の周波数が整数倍のときにも設定した位相関係になった. しかし, Version 3.16.3 では [Auto Synchronized] のモードがなくなった. $W_2$の周波数が整数倍の場合, 発振直後は設定位相になっているが, 次第に位相がずれていってしまう.

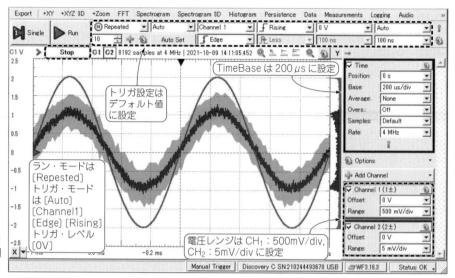

図 2.23　Scope で W₁ と W₂ を CH₁，CH₂ で観測すると

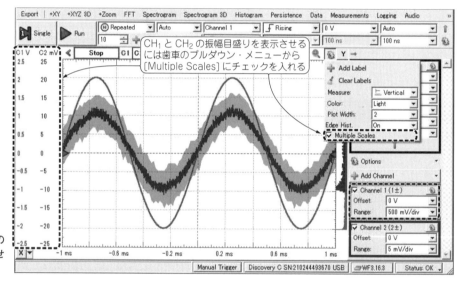

図 2.24　CH₁ と CH₂ の振幅目盛りを表示させるには

CH₂ の振幅目盛り値が表示されます．

　この歯車設定では他にメジャーのモードの[Free]
[Vertical][Pulse]が設定できますが，これは左隣のア
イコンと同じ機能です．[Free]ではマーカの位置の
時間と CH₁，CH₂ の電圧，[Vertical]では時間と CH₁
と CH₂ の波形の電圧，[Pluse]では CH₁ と CH₂ の波形
の周期と周波数が表示されます．

　Color は **Scope** の背景色で[Light]：白，[Dark]：
黒の選択です．[Plot Width]は波形の太さで 1～4 が
選べます．[Edge Hist]は波形の右端に表示されてい
るヒストグラムの表示，非表示の選択です．

　**図 2.24** では，CH₂ の波形が小さいため雑音が重畳
されています．そして波形に色の濃い部分と薄い部分
があります．ここでの波形表示はデフォルトの 8192
点で，各サンプルの間隔は 4 MHz（250 ns）になってい

ます．色の濃い部分は各サンプル点での波形です．
**AD** の A-D コンバータは 100 MHz（10 ns）の変換スピ
ードをもっています．したがって，サンプル間隔の
250 ns の間に 25 回データを採取できます．この採取
された 25 個のデータの最大値と最小値の間を表示し
ているのが薄い部分です．

　この薄い雑音部分の表示を消すには，**図 2.25** に示
すように CH₂ の歯車をクリックして Noise のチェッ
ク・マークを外します．チェック・マークを外すと**図
2.25** の波形表示になります．

● Sample Mode の Average と Decimate
　**図 2.26** は CH₂ の歯車の Sample Mode を，[Average]
から[Decimate]に設定変更したときの波形表示です．
**図 2.25** に比べると CH₂ の波形の雑音幅が増加してい

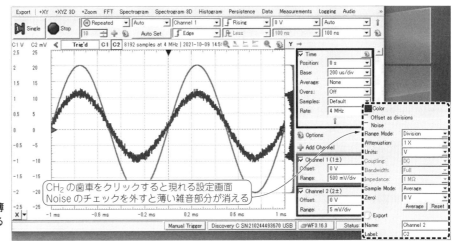

図2.25 表示波形の薄い雑音部分を消去するには

CH₂ の歯車をクリックすると現れる設定画面
Noise のチェックを外すと薄い雑音部分が消える

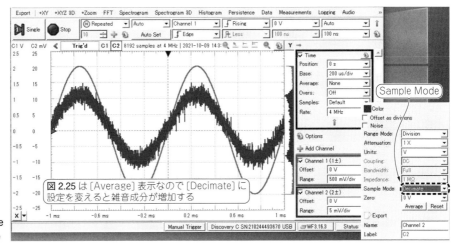

図2.26 Sample Mode の Average と Decimate

図2.25 は [Average] 表示なので [Decimate] に設定を変えると雑音成分が増加する

Sample Mode

---

ます．先に説明した1サンプル25個の平均値を表示しているのが[Average]モード，最初のデータのみ使用し，残りの24個のデータを捨てて表示しているのが[Decimate]です．

掃引時間(Time Base)が速くなるとA-Dコンバータの変換スピードは10 ns以上速くならないので，1サンプルあたりのデータ数が減少します．[Average]と[Decimate]の雑音量の差は少なくなります．したがって掃引時間が遅いほど[Average]の効果が大きくなります．テクトロニクス社のDSOではこの[Average]をハイレゾ・モードと呼んでいます．

● 歯車で設定できる他の機能

CH₂の歯車により表示される他の設定機能は下記のとおりです．

▶ Attenuation：10:1の電圧プローブやプリアンプなどを接続したときの振幅表示の倍率を変えるための設定です．10:1の電圧プローブの場合は0.1×，利得10倍のプリアンプを接続したときは10×に設定すると

計測信号の振幅が正しく表示されます．

▶ Units：電流-電圧変換器などを接続した場合に表示単位を変更するための設定です．

▶ Coupling, Bandwidth, Impedance：上位機種のADP 3250，3450のための機能で，**AD**では使用できません．

▶ Zero：下に配置されている[Average]のボタンをクリックすると表示波形の平均値が表示されます．[Reset]ボタンを押すと0にクリアされます．

▶ Name, Label：このチャネルの名前とラベルです．データをエクスポートしたとき等の表示になります．

● Timeのアベレージを100回に設定すると

図2.27はTimeのAverageを[None]から[100]に設定変更したときの波形表示です．この平均化は1掃引ごとのデータを平均化して表示するものです．雑音の量は掃引回数の平方根に比例して減少します．したがって100回平均化すると雑音の量が1/10に減少します．

図2.28は図2.27のトリガ・チャネルを[Channel 2]に変更したときのようすです．CH₂に加えられている

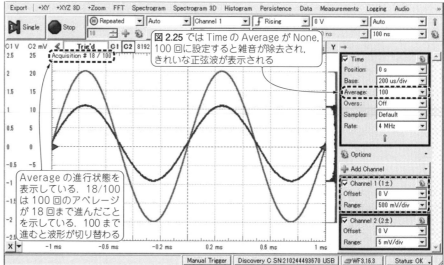

図2.25では Time の Average が None。100回に設定すると雑音が除去され、きれいな正弦波が表示される

Average の進行状態を表示している。18/100 は 100 回のアペレージが 18 回まで進んだことを示している。100 まで進むと波形が切り替わる

図2.27　Time のアペレージを 100 回に設定すると

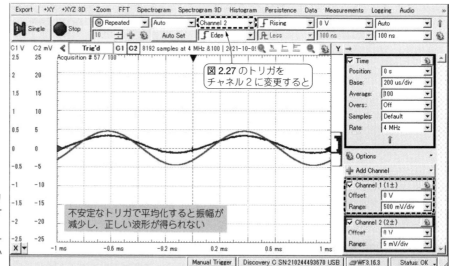

図2.27のトリガをチャネル2に変更すると

不安定なトリガで平均化すると振幅が減少し、正しい波形が得られない

図2.28　図2.27のトリガをチャネル2に変更すると
不安定なトリガで平均化すると振幅が減少し、正しい波形が得られない

信号は $10\,\mathrm{mV_{0-p}}$ と小さく、雑音が多く含まれているためトリガが安定にかからず波形が左右にブレます。この状態で平均化するため図2.28のように振幅が小さく、平均化ごとにその振幅が変動します。

このように Time の Average が有効に使用できるのは安定したトリガが得られることが前提条件です。

## 2.7　Overs による高速波形の観測

● AD のサンプリングは 100 M サンプル/秒

AD に使用されているアナログ入力部の A-D コンバータは、冒頭にも示したように $100\,\mathrm{MHz}$…100 M サンプル/秒、14ビットとなっています。よって、[Scope] における最高サンプリング速度は $10\,\mathrm{ns}$ です。

このため一般の波形測定では数 MHz 以下、周期

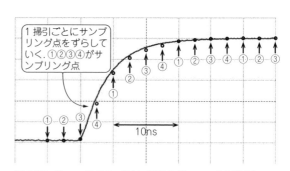

1掃引ごとにサンプリング点をずらしていく。①②③④がサンプリング点

10ns

図2.29　Overs のサンプリング動作（Overs：4の場合）

$100\,\mathrm{ns}$ 程度以上の波形が扱えることになります。この上限周波数をなんとか改善するための機能が、Scope のメニュー Time の中にある Overs です。

この機能は、最高サンプリング速度は $10\,\mathrm{ns}$ ですが、

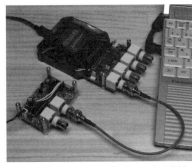

（a）AD とクロック・ジェネレータの接続

写真2.6　製作したクロック・ジェネレータと出力波形をAD で観測しているようす

（b）クロック・ジェネレータ

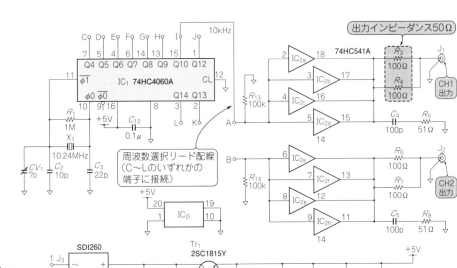

図2.30　製作したクロック・ジェネレータ回路
水晶振動子は10.24 MHz を使用．74HC4060A の分周比に応じた2種類の方形波（50 Ω）出力が得られる

図2.29に示すように掃引の度にサンプリング点を少しずつずらして合成すれば，より詳細に波形を表示できるというものです．ただし，これは掃引の度に同じ波形になる信号に限られます．

　ここでは，そのOvers動作を確認するために**写真2.6**に示すようなクロック・ジェネレータを製作して，**AD**で波形観測しました．

● 原発振10 MHz クロック・ジェネレータの製作
　図2.30が製作したクロック・ジェネレータの回路図です．74HC4060は水晶発振回路が内蔵されたBinary14段の分周器です．このICの注意すべき点は，

1～3段目と11段目の出力ピンが外部には出ていないことです．10.24 MHz の水晶振動子を使用すると$Q_{10}$（15ピン）からは10 kHz のクロック信号が得られます．

　出力に使用している74HC541Aは出力インピーダンスが低く，ほぼ電源電圧とグラウンド電位の方形波が得られます．このため$RV_2$で電源電圧を+5 V に調整すれば，正確な周波数と正確な0～+5 V 振幅の方形波が得られます．

　特性インピーダンス50 Ω の同軸ケーブルが接続されることを想定して，$R_3$，$R_4$そして$R_6$，$R_7$で出力インピーダンスを50 Ω にしています．**図2.31**に示すように約4.6 ns の立ち上がりスピードが得られています．

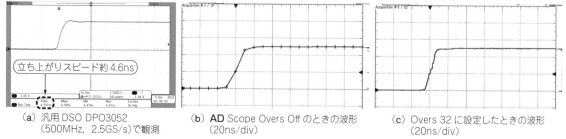

（a）汎用 DSO DPO3052
　　（500MHz，2.5GS/s）で観測

（b）AD Scope Overs Off のときの波形
　　（20ns/div）

（c）Overs 32 に設定したときの波形
　　（20ns/div）

図2.31　クロック・ジェネレータ出力の立ち上がり波形

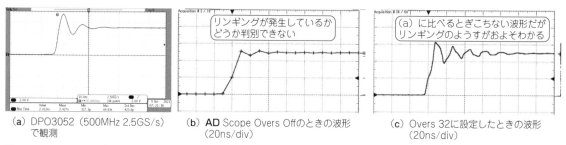

（a）DPO3052（500MHz 2.5GS/s）
　　で観測

（b）AD Scope Overs Offのときの波形
　　（20ns/div）

（c）Overs 32に設定したときの波形
　　（20ns/div）

図2.32　クロック・ジェネレータ出力の立ち上がり波形…出力インピーダンスを 0 Ω（図2.30の$R_3$，$R_4$を短絡）にしてリンギングを発生させたときの波形

図2.33　AD Wavegen $W_1$出力を矩形波
に設定して観測した波形

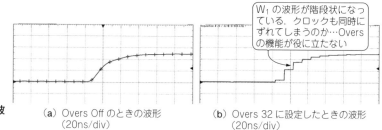

（a）Overs Off のときの波形
　　（20ns/div）

（b）Overs 32 に設定したときの波形
　　（20ns/div）

　図（a）は汎用オシロスコープ（DSO）DPO3052（500 MHz，2.5 GS/s）で観測したときの波形です．図（b）と図（c）は AD による測定波形ですが，比べると Overs の効果が明白です．DPO3052 と AD では増幅部の周波数特性が異なりますが，AD でもなんとか10 ns 程度の立ち上がり波形のようすがわかります．

　図2.32は，クロック・ジェネレータの出力抵抗$R_3$，$R_4$をショートして故意にインピーダンス・マッチングを乱したときの波形です．リンギングを発生しています．図（c）の波形は図（a）にくらべるとぎこちない波形ですがリンギングのようすがおよそわかります．

● ADの出力信号にはOversの効果が出ない

　図2.33は AD の$W_1$出力を矩形波に設定して，Overs の効果を調べた波形です．図（b）の波形が図2.31（c）のように Overs の効果が現れず，波形の立ち上がりが階段状になってしまいました．原因は不明ですが，$W_1$の波形を作っているクロックも同時にずれてしまっているのかもしれません．つまり，AD の信号出力

を使用したときには，Oversの機能が役に立たないことになります．

## 2.8　グラフやデータが同時表示できる

　Scopeはオシロスコープとして波形を表示するとともに，測定した波形データからさまざまな機能を使ってグラフやデータを同時表示することができます．

● ＋X Y（リサージュ）表示機能

　図2.34は$W_1$と$W_2$から1 kHz，位相差を30°の正弦波を出力し，それぞれ$CH_1$と$CH_2$で観測した図です．

　［＋XY］をクリックすると，波形の右側にリサージュが表示されます．$CH_1$は X 軸，$CH_2$は Y 軸に信号が加わり，その交点を描いたのがリサージュ（XY）です．

　ADから出力された波形が電子回路に加わり，その入出力波形の位相は Network 機能で測定できます．しかし，まったく別の装置から発生した信号の場合は Network 機能が使えません．別の装置から発生した2

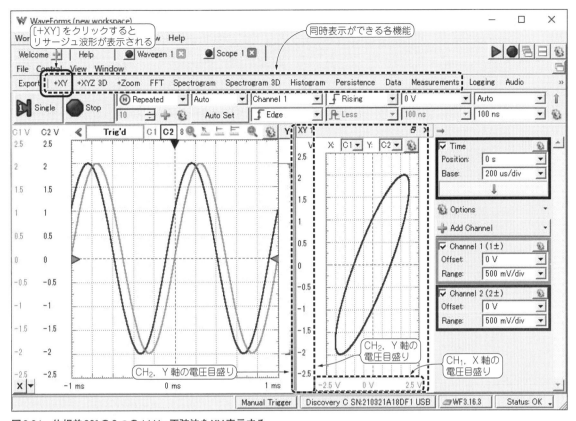

図2.34　位相差30°の2つの1 kHz 正弦波をXY表示する

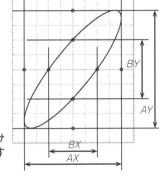

図2.35　2つの正弦波のリサージュ波形から位相を算出するには

リサージュ波形が右に傾いているとき（上の図）

$$\theta = \sin^{-1}\left(\frac{BX}{AX}\right) = \sin^{-1}\left(\frac{BY}{AY}\right)$$

リサージュ波形が左に傾いているとき

$$\theta = 180° - \sin^{-1}\left(\frac{BX}{AX}\right) = 180° - \sin^{-1}\left(\frac{BY}{AY}\right)$$

つの正弦波信号の位相差を測定する場合には，このリサージュを使用します．

　図2.35に示すように，リサージュがX軸またはY軸と交差する点の振幅から位相が算出できます．正確に位相差を算出する場合には，2つの正弦波のオフセットを正確に0にしてから，データをエクスポートします．2つの正弦波の数値データに基づき，0 Vをよぎる時間差と周期から位相を算出します．

● BPFの中心周波数を調整するとき
　図2.36はBPF（Band Pass Filter：バンド・パス・フィルタ）の中心周波数を調整するときの使用例です．

　図（a）は，2つの単峰形BPFを組み合わせて，急峻で中心周波数付近の平坦性の良いBPFを実現する回路です．この例で初段のBPFは，中心周波数：931.6 Hzになるように$RV_1$を調整します．この特性は，図（b）のシミュレーションに示す利得・位相-周波数特性になります．中心周波数付近の振幅の変化は，緩やかで調整点が見つけづらくなります．これに対して位相の変化は-180°を中心に直線的に変化し，位相が-180°になるようにすれば容易に中心周波数を調整できます．

　図（c）はWavegen $W_1$の発振周波数を中心周波数の

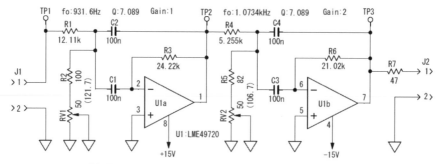

（a）単峰形 BPF を 2 段組み合わせたバタワース Q:5 の BPF 回路

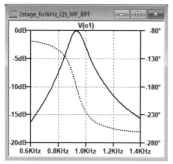

（b）1 段目の利得 - 位相・周波数特性の
シミュレーション

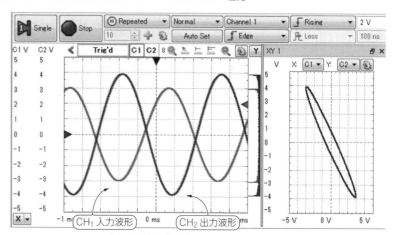

（c）調整前の入出力波形とリサージュ波形

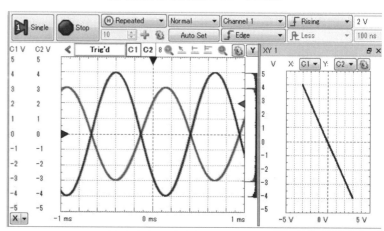

リサージュ波形の膨らみがなくなり，
直線になるよう $RV_1$ を調整する

（d）調整後の入出力波形とリサージュ波形

図2.36　バンド・パス・フィルタの中心周波数を調整するときの例

931.6 Hz に設定して，観測した波形です．調整前なの
で位相が180°からずれてリサージュが膨らんでいま
す．この膨らみがなくなるように $RV_1$ を調整すると，
図（d）に示すようなリサージュになり，BPFの中心周
波数が正確に調整できます．

● ノッチ・フィルタを調整するとき

　図2.37は，ひずみ計測に使用するノッチ・フィル
タの特性を調整するときの使用例です．

　図（a）が1 kHzノッチ・フィルタの初段回路です．
図（b）に示すように，ノッチ点は鋭い特性で最大減衰
量になるように調整しますが，調整は非常にクリティ
カルです．

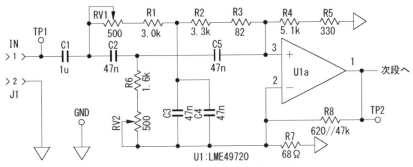

（a）1kHz ノッチ・フィルタ回路の初段

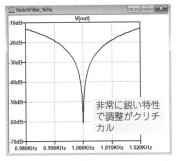

（b）利得-周波数特性のシミュレーション

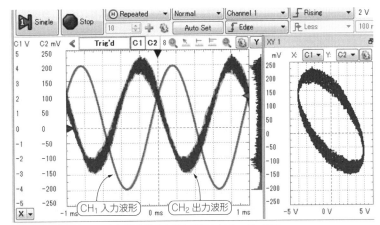

（c）調整前の入出力波形とリサージュ波形

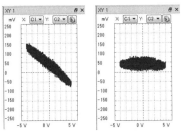

（d）$RV_2$でリサージュ の膨らみがなく なるように調整　（e）$RV_1$でリサージュ が水平になるよ う調整

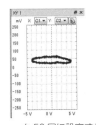

（f）Average を 50 回に設定するとまだ 調整できることがわかる

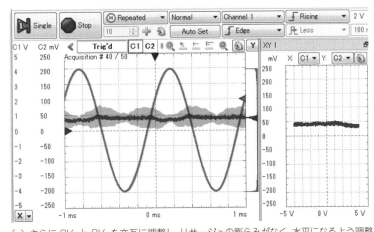

（g）さらに $RV_1$ と $RV_2$ を交互に調整し，リサージュの膨らみがなく，水平になるよう調整

図2.37　ノッチ・フィルタを調整するときの例

　図（c）が調整する前の波形ですが，図（d）に示すように $RV_2$ を回すと，リサージュの膨らみが増減するので，膨らみが最小になるように調整します．つぎに $RV_1$ を回すとリサージュの傾きが変化するので，図（e）に示すように水平になるよう調整します．

　Scope にある Average を 50 回に設定すると，図（f）に示すようにまだ調整が未完であることがわかります．

Average回数が増えると応答が遅くなるので調整しづらくなりますが，念入りに $RV_1$ と $RV_2$ を交互に調整していくと，図（g）に示すようにリサージュの膨らみがなく，水平になるまで調整することができます．

　+XYZ 3D機能はXY表示にさらにZ軸を加えた3D表示機能です．**AD2** の兄貴分である ADP3450 では入力が4チャネルあるので，残りのチャネルをZ軸にす

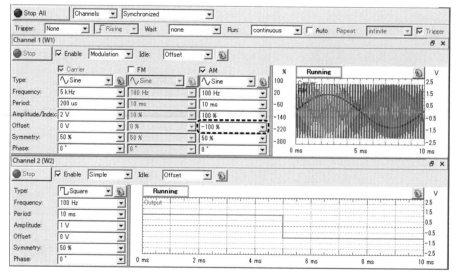

(a) Wavegen の設定（W₂ は 100Hz にトリガをかけるために使用）

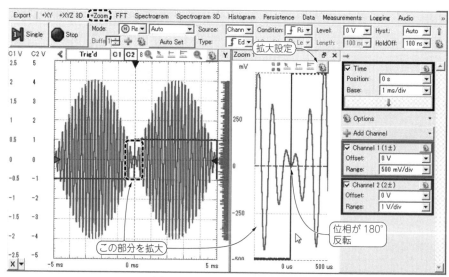

(b) 観測波形と追加された拡大波形

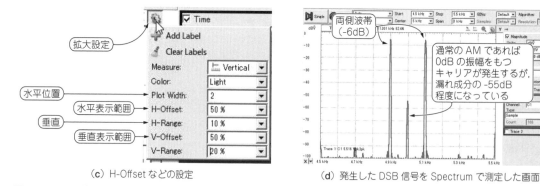

(c) H-Offset などの設定

(d) 発生した DSB 信号を Spectrum で測定した画面

**図2.38　Zoom機能**
W₁に搬送波5kHzで100HzのAM変調をかけ変調100%，オフセット−100%に設定

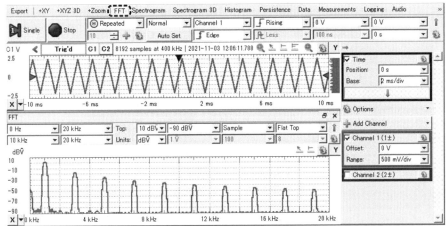

図2.39 波形のFFT表示が行える(1 kHzの三角波波形を観測している例)
表示波形を増やす(時間軸を長くとる)ほど, FFTの周波数分解能が細かくなる

ることができます.

### ● 波形クローズアップなどを行う＋Zoom表示機能

Zoom表示機能は, 波形の一部分を拡大して別の場所に同時表示する機能です. ここではWavegenのW₁にDSB(Double Side Band：搬送波抑圧両側波帯信号)を発生させ, そのゼロ付近を拡大してみました. 図2.38にZoom表示機能による例を示しています.

図(a)はWavegenの設定画面です. 搬送波を5 kHzとして100 Hzの正弦波で変調をかけています. AM変調は, 搬送波に直流オフセットを100 ％加えた変調波で乗算して得られます.

この直流オフセット100 ％をキャンセルするために, 図(a)では変調波形のオフセットを−100 ％に設定しています. こうすると単純に5 kHzの正弦波に100 Hzの正弦波を乗算することになり, DSB信号が得られます. また変調波にトリガをかけるためW₂に100 Hzの方形波を設定し, ScopeではCH₂をトリガ源に設定します.

図(b)がDSB信号の波形観測結果です. ＋Zoomをクリックすると, 右側に拡大した波形が現れます. 拡大設定の歯車をクリックすると図(c)の設定画面が現れます. H-Offsetで拡大水平位置を, H-Rangeで拡大水平幅を設定します. そしてV-Offsetで拡大垂直位置を, V-Rangeで拡大垂直幅を設定します.

図(b)の拡大波形を見ると, 0 μsのところで位相が180°反転していることがわかります. これは変調波が0点で極性が反転するために発生する現象です. したがって, 変調波1周期で搬送波がちょうど半分ずつ位相反転するため, トータルで平均すると搬送波成分がなくなることを意味しています.

図(d)が, 発生したDSB信号をSpectrumで測定している画面です. 両側波帯が搬送波周波数5 kHzから変調周波数100 Hzだけ離れた左右に−6 dB現れてい

ます. そして搬送波成分の漏れが−55 dB現れています.

### ● FFT表示機能

図2.39は1 kHzの三角波を観測し, FFTをクリックしてスペクトラムを同時表示している画面です.

FFT表示するとき, 波形数が少ないと周波数分解能が粗くなります. 周波数の分解能を細かくしたいときは表示波形数を増やします.

スペクトラム特性を主に測定したいときはSpectrum機能を使い, TIME機能で波形表示します. こうすると少ない波形数で周波数の分解能を細かくできます.

### ● スペクトログラム(声紋)の表示機能

図2.40はマイク・アンプの出力をCH₁に接続し, 筆者が「トラギ」と発声したときのスペクトログラム(Spectrogram)です.

波形を採取してSpectrogramをクリックすれば, 直ちに図2.40のSpectrogram画面が現れます. Spectrogram画面はX軸が時間で, Y軸が周波数, 色がそれぞれの周波数成分の強さを表しています.

Spectrogramは声紋とも呼ばれ, 個人を特定できるそうです. また動物の鳴き声の分析やソナーやレーダなどにも使われています.

### ● ヒストグラム(振幅確率密度関数)の表示機能

信号の振幅の分布状態を示すのがヒストグラム(Histgram)です. HistgramはScopeの波形表示の右側に表示されていますが, 図2.41に示すように, Histgramをクリックすると拡大して目盛りをつけた画面が現れます.

図(a)はCH₁にW₁から出力された2 V₀₋ₚの1 kHz正弦波, CH₂にW₂から出力された雑音波形を, カットオフ周波数50 kHzのLPFを通して加えたときのようすです.

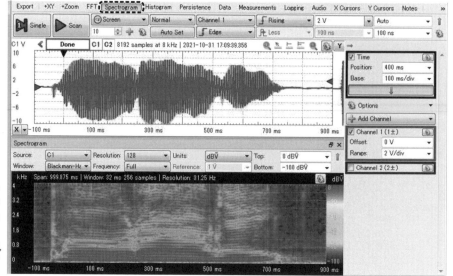

図2.40 スペクトログラムも表示される(筆者がトラギと発声したときのSpectrogram)

X軸が時間，Y軸が周波数，色がそれぞれの周波数成分の強さを表している

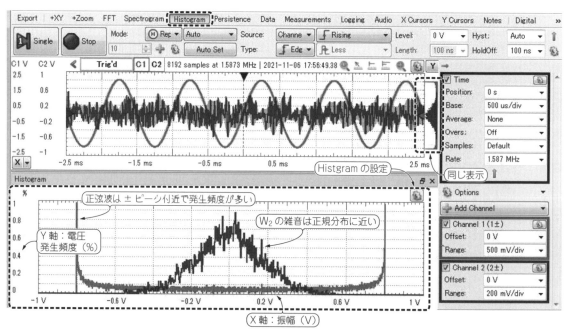

(a) Wavegen $W_1$：正弦波 1kHz $2V_{0-p}$，$W_2$：Noise 1MHz $4V_{0-p}$ LPF(50kHz)を通して $CH_2$ に接続

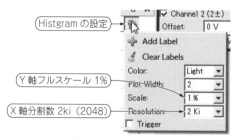

(b) Histgram の設定

図2.41 測定値のヒストグラム Histgram の表示

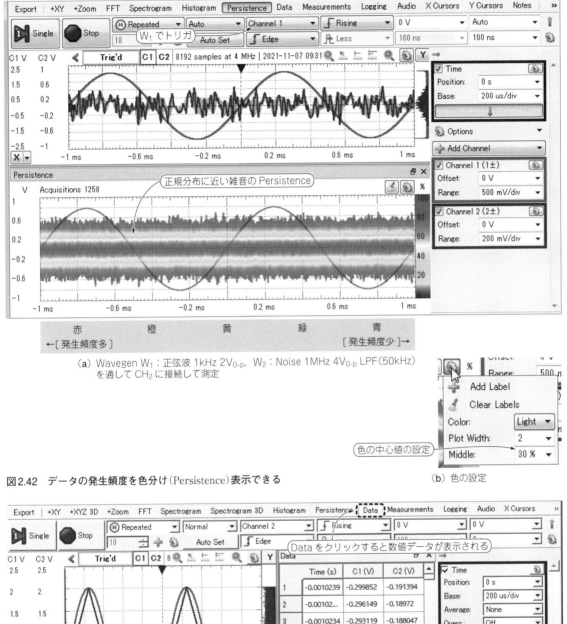

（a）Wavegen $W_1$：正弦波 1kHz $2V_{0-p}$，$W_2$：Noise 1MHz $4V_{0-p}$ LPF（50kHz）
を通して $CH_2$ に接続して測定

**図2.42 データの発生頻度を色分け（Persistence）表示できる**

（b）色の設定

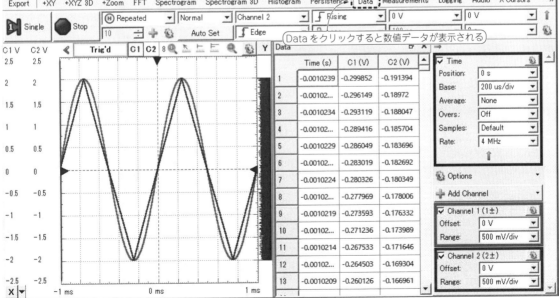

**図2.43 測定したディジタル・データが表示される（エクスポートもできる）**

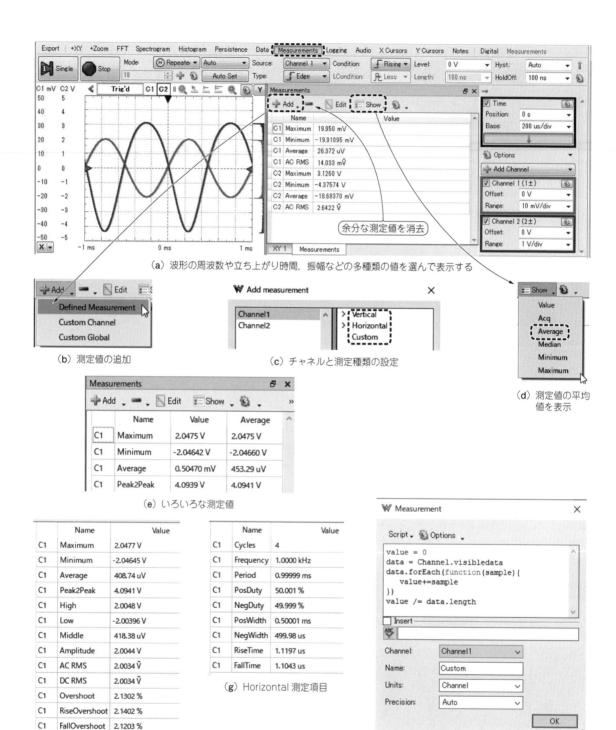

(a) 波形の周波数や立ち上がり時間，振幅などの多種類の値を選んで表示する

(b) 測定値の追加

(c) チャネルと測定種類の設定

(d) 測定値の平均値を表示

(e) いろいろな測定値

(f) Vertical 測定項目

(g) Horizontal 測定項目

(h) Custom 測定機能

**図2.44 測定値 Measurement の表示機能が充実している**

図(b)に示すようにHistgramの歯車をクリックすると，Y軸のフルスケールとX軸の分割数の設定ができます．確率密度なので分割数が多くなるほど1分割のデータ数が少なくなるのでグラフの値が小さくなります．

正弦波は0V付近の傾きが最大で，ピーク付近になるほど傾きが緩やかになり，ピークでは平坦になります．この結果図(a)に示すようにピーク付近の振幅密度が多くなり，Histgramの両端でグラフが上昇します．三角波の場合は波形全体の傾きが等しいので

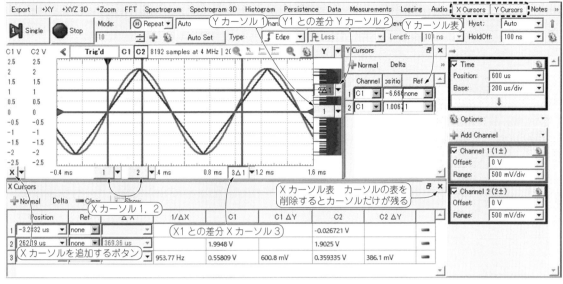

**図2.45　XカーソルとYカーソルの表示機能**（補助的なカーソル線を追加できる）

Histgramは平坦になります.

　抵抗で原理的に発生する熱雑音は正規分布します. 図(a)のCH₂の雑音のHistgramはガタガタしていますが, 長時間平均するとなめらかな正規分布に近づきます. 雑音発生器としてはHistgramが正規分布に近いほど, 熱雑音に近づいた良質な雑音と言えます.

● 発生頻度を色分け表示するPersistence機能

　英語のPersistenceには粘り強さ, こだわりなどの意味がありますが, DSOで使用されるPersistenceはHistgramのY軸の発生頻度を色や輝度で表したものです. 図2.42はその一例を示しています.

　図(a)は図2.41(a)と同じ信号を加え, Persistenceをクリックして表示した画面です. 正規分布に近いので0V付近の発生頻度が多く, 赤で表示され, 上端と下端は発生頻度が低く, 青で表示されています.

　図(b)に示すようにPersistenceの歯車をクリックすると, 表示の背景色グラフの太さとともに色の中心値を設定することができます.

● ディジタル・データの表示機能

　図2.43は1kHzの正弦波と三角波を観測し, Dataをクリックして表示したときの画面です. すべてのサンプル点の時間とCH₁, CH₂の数値データが表示されます. ピン・ポイントでの正確な測定値を知りたいときに使用します. データをエクスポートするとこのデータがCSVファイルで得られます.

● 測定値(Measurement)の表示機能

　測定表示している波形から実効値や平均値などのデ

ィジタル・データを直接読み取るのは困難ですが, これらをサンプリングして得た波形データから演算して表示する機能がMeasurementです. 図2.44にその表示例を示します.

　アナログ・オシロスコープの時代には, オシロスコープのほかにカウンタや電圧計を机の上に置いて実験・測定を行っていました. しかし, DSOが進化してくると, 特別な高精度の測定でない限りDSO1台でほとんどのパラメータが測れるようになり, 机上スペースが広く使えるようになりました.

　ADでは垂直(振幅)軸の測定パラメータは, 図(f)に示す項目, 水平(時間)軸の測定パラメータは図(g)に示す項目が算出でき, 不足する項目が思い当たらないほどです.

　しかも通常のDSOはA-Dコンバータの分解能が8ビットしかありませんが, ADは14ビットという高分解能・高精度です. (キャリブレーションの確度によるが)計測値の誤差も少なくなっています.

　図(c)では, チャネルと測定種類を指定するとすべてのパラメータが表示されます. 表示されてから余分なパラメータはクリックして選択し, [−]のプルダウン・メニューから消去します. 余分なパラメータが多い場合は消去が若干やっかいです.

　測定値がばらつく場合は図(d), 図(e)に示すように平均値や最大・最小の表示項目を追加することができます. また図(h)に示すようにスクリプトを書き込むことにより, 独自の測定項目を表示することもできます.

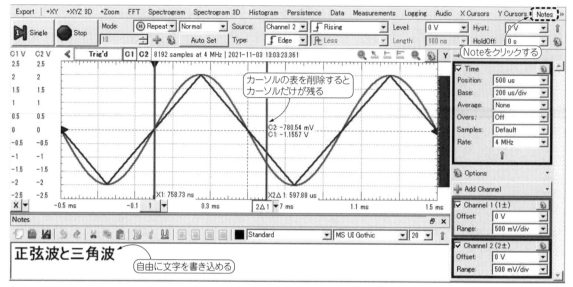

**図2.46　Note（注釈）の表示機能**

● **カーソルとノートの表示機能**

　カーソル（cursors）とは測定値を見やすくするための補助的な目盛り線のことです．**図2.45**に示すのは波形画面にカーソルを表示させ，波形との交点を表示するXYのカーソル機能です．XまたはYカーソルをクリックし，＋Normalをクリックするとカーソルが現れ，波形との交点の数値が表示されます．＋Deltaでは基準のカーソルとの差分のカーソルが表示されます．

　**図2.45**に示すようにカーソルの表を削除すると，波形画面のカーソルが残り，波形画面上に交点の数値が表示されます．

　また右上のNotesをクリックすると，**図2.46**に示すように注釈画面が表示され，自由にメモ（文字）を記入することができます．実験の覚え書きなどとしてとても貴重です．

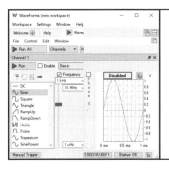

Intro
Scope
Wavegen
+Booster
+3相
+低歪
Network
Spectrum
+LPF
Impedance
Tracer
App

# 第3章

## ファンクション・ジェネレータ＋AM/FM変調信号源

# 高機能DDS 信号発生器…
# Wavegen 活用法

新しいOPアンプやモジュール，あるいは試したい回路があったとき，その回路の挙動を実際に調べるには，信号発生器と確認のためのオシロスコープや各種アナライザが欠かせません．素早い実験には，使い慣れた信号発生器を身近につねに用意しておくことがとても重要です．

Analog Discovery（以下**AD**と表記）には従来のファンクション・ジェネレータを上回る機能をもつ**Wavegen**（ウェブジェネ）が内蔵されています．

## 3.1 信号発生器のあらまし

### ● 市販のファンクション・ジェネレータでは

**写真3.1**に，製品として販売されているファンクション・ジェネレータの一例を示します．ファンクション・ジェネレータは，各種測定のための信号源として使われるもので，方形波や三角波，正弦波などを生成

する信号発生器のことです．（従来タイプのセットは）**図3.1**に示すように，コンパレータと積分器によって周波数を可変できる方形波と三角波を発生させ，三角波からダイオードを使った折れ線近似回路によって正弦波を生成するような構成になっています．

現在のファンクション・ジェネレータは**図3.2**に示

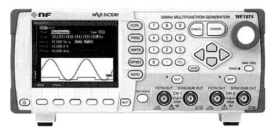

**写真3.1 製品として販売されているファンクション・ジェネレータの一例**

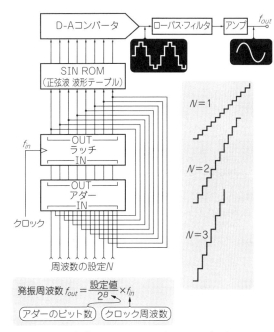

$$発振周波数\ f_{out} = \frac{設定値}{2θ} \times f_{in}$$

（アダーのビット数）（クロック周波数）

**図3.2 DDS方式によるファンクション・ジェネレータの構成**

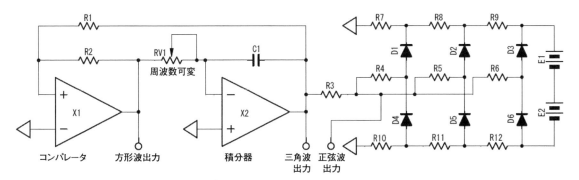

**図3.1 アナログ回路方式ファンクション・ジェネレータの構成**

すように，まず基準クロックを加算器とラッチで演算し，のこぎり波状のディジタル・データを生成します．そして，このディジタル・データを正弦波データが書かれたメモリのアドレスとして使用します．その後，正弦波ディジタル・データをD-Aコンバータでアナログ信号に変換し，LPF（ロー・パス・フィルタ：Low Pass Filter）で階段状の波形をなめらかな正弦波にして出力しています．この波形生成法をDDS（Direct Digital Synthesizer）と呼んでいます．

● Wavegenも DDS方式

ADのWavegenでも，同様にDDSによって波形が生成されています．図3.3に，筆者がリファレンス・マニュアルから書き写した波形発生部分の回路図を示します．

Wavegenでは（周波数変動の小さい）低ジッタの20MHz水晶発振器が基準周波数になっています．この基準信号をPLL（Phase Locked Loop）回路で100MHzに逓（てい）倍しています．D-Aコンバータのクロック周波数は100MHz一定のようなので，DDS方式の波形生成はFPGA内部で行い，D-Aコンバータに送っているようです．

そしてOPアンプIC15AでD-Aコンバータの出力電流を電圧に変換し，IC16Aで11倍しています．IC16Aはゲインが高いので回路をたどってみると，IC15Aの出力はヘッドホン・アンプに接続されています．ヘッドホン・アンプの最大出力電圧が±992mVであることから，IC15Aの出力電圧を低く抑えてあるようです．信号周波数がオーディオ帯域であれば，ヘッドホン出力によって（耳で）信号周波数を確認することができます．

ADは本来は，米国の電気・電子系学生の教材向けということなので，このような配慮があるのだと思われます．

## 3.2 Wavegen出力の特性を改善しておく

● 小信号出力時のS/Nが良くない

図3.3に示すように，IC16Aのゲインが11倍と大きいので，図中の式のように雑音を概算したところ，744$\mu$V$_{RMS}$の値が得られました．この値はWavegenの最大出力振幅の0.021％に相当します．したがって計算上のひずみ率は，増幅器でひずみが発生しなくてもこの値よりも低くならないことになります．ただし，市販ひずみ率計の高域カットオフ周波数は1MHz程度以下です．高域雑音は減衰して計測されるのでこの値以下になります．

一般的なファンクション・ジェネレータの場合，LPFはOPアンプ増幅器の後に挿入し，最高発振周波数以上の雑音を除去しています．また数十mV程度の低い電圧を出力する場合は，OPアンプでは数Vの出力とし，その後，抵抗で構成する50Ω程度のアッテネータで減衰させて出力しています．

しかし，ADではコストとスペースの都合なのか，このLPFと出力アッテネータが付いていません．OPアンプ出力が直接，出力コネクタに接続されています．このため出力電圧を低くする場合は，ディジタル・データを小さな値にして出力しています．結果，図3.4に示すように10mV$_{RMS}$程度の低い信号電圧の場合でも，雑音成分は744$\mu$V$_{RMS}$（雑音波形の±ピーク値はその6～8倍）と変わらず，S/N（信号対ノイズの比）が

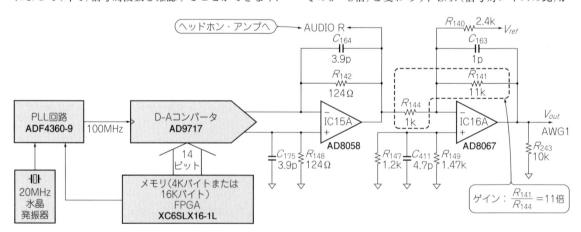

・IC$_{15A}$の入力換算雑音電圧密度7$_{nV}$/$\sqrt{Hz}$，IC$_{15A}$の雑音ゲインを2倍とすると 14nV/$\sqrt{Hz}$
・IC$_{16A}$の入力換算雑音電圧密度 6.6nV/$\sqrt{Hz}$，IC$_{16A}$の雑音ゲイン 12倍から
・IC$_{16A}$の出力雑音電圧密度＝$\sqrt{14^2 + 6.6^2} \times 12 \approx 186$nV/$\sqrt{Hz}$
・10MHz帯域での出力雑音実効値＝186nV/$\sqrt{Hz} \times \sqrt{10MHz} \times 1.57 \approx 744\mu$V$_{RMS}$
・最大出力電圧実効値との比は744$\mu$V$_{RMS} \div$（5V$_{peak} \div \sqrt{2}$）＝0.021％

図3.3 ADに内蔵されている波形発生部Wavegenの構成

悪化しています.

### ● トランジスタ200倍増幅回路を測定すると

図3.5に示すのは，トランジスタの基本回路として知られているエミッタ共通増幅[注3.1] + エミッタ・フォロワ回路の構成です．写真3.2がその入出力波形を

---

注3.1：エミッタ接地増幅と呼ばれる例も多いが，本書では原語［common］から，「共通」と呼ぶことにした

観測しているようすです.

エミッタ共通増幅回路は，$Q_1$単独では出力インピーダンスが高く（およそ$R_5$の値），接続する測定器やケーブルの影響が無視できません．そのため図3.5では，$Q_2$によるエミッタ・フォロワ回路を挿入し，出力インピーダンスを低くしています．また，エミッタ共通増幅回路は比較的大きな入力容量があるので，信号源インピーダンスによって周波数特性に差が生じます．そこで通常動作には不要ですが，$R_1 = 1\,\mathrm{k}\Omega$を挿

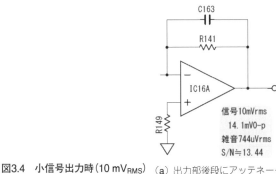

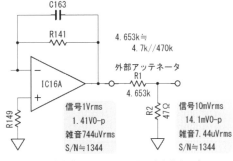

図3.4　小信号出力時（$10\,\mathrm{mV_{RMS}}$）の外部アッテネータの効果

（a）出力部後段にアッテネータがないと $\mathrm{IC_{16A}}$ 固有の雑音は減衰しない

（b）出力部後段にアッテネータを入れると $\mathrm{IC_{16A}}$ 固有の雑音が減衰できる

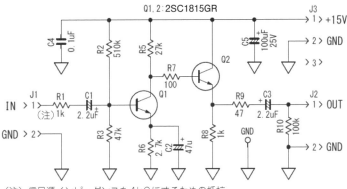

図3.5　エミッタ共通アンプ＋エミッタ・フォロワ回路

（注）信号源インピーダンスを $1\,\mathrm{k}\Omega$にするための抵抗

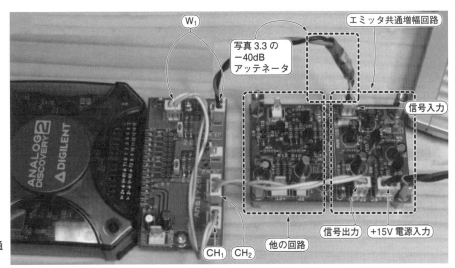

写真3.2　エミッタ共通アンプの測定のようす

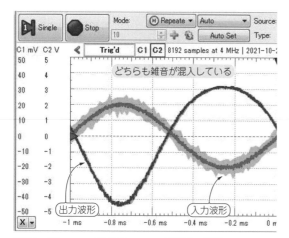

図3.6 Wavegen $W_1$ 出力：1 kHz正弦波，振幅20 mV$_{0-p}$に設定して入出力波形を観測した結果

入して信号源インピーダンス1 kΩのときの特性にしてあります.

● **Wavegen出力波形にノイズが含まれている**

図3.6はWavegen $W_1$ 出力を1 kHz正弦波，振幅20 mV$_{0-p}$に設定して図3.5の増幅回路に接続し，**Scope**で入出力波形を観測した結果です．入力波形，出力波形ともノイズが多く混入していて，汚い波形になっています．これはWavegen $W_1$ 出力を微小な振幅に設定すると，**AD**内蔵 信号出力増幅器のノイズが無視できなくなるためです.

ふつうの信号発生器(シグナル・ジェネレータ)では，出力段に抵抗で構成されたアッテネータが配置されています．そして，微小信号出力の場合はこのアッテネータで信号を減衰させ，$S/N$が悪化しないよう工夫してあります．ところが**AD**ではコストとスペースの関係か，$W_1$ 出力にはアッテネータがついていません．OPアンプ出力がそのまま$W_1$に出力され，Wavegen

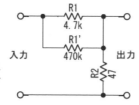

図3.7 Wavegen $W_1$ 出力に挿入する−40 dB(1/100)アッテネータの構成

のD-Aコンバータにあるディジタルの設定値だけで振幅を可変しています.

● **$W_1$ 出力に−40 dBアッテネータを追加する**

そこで小信号出力時のノイズ低減策として，ここでは図3.7と写真3.3に示す1/100のアッテネータを製作しました．このアッテネータを$W_1$出力のケーブルに組み込みます．より正確なアッテネータにしたい方は，図3.7の$R_1$と$R_2$を実測し，$R_1$と$R_1'$で，$R_2$の99倍の抵抗値になるように$R_1'$の値を決定します．また，他の部品に接触しないようにラベルを貼って，熱収縮チューブを被せてあります.

$W_1$出力は2 Vを設定し，アッテネータで20 mVになるよう入力に加えます．**AD**のCH$_1$は，アッテネータで減衰する前の$W_1$の2 Vを計測しています．図3.8に示すように，CH$_1$の歯車をクリックしてAttenuationを×0.01に設定すると，計測された値が1/100になって表示されます.

図3.8(b)が，1/100のアッテネータを使用して計測した結果です．入出力波形のノイズが消え，図3.6に示した出力ノイズは，$W_1$出力ノイズが支配的だったことがわかります.

図3.9は$W_1$出力を400 mVに設定し，アッテネータで4mVにしてから入力した結果です．図3.6で発生していた出力波形のひずみが，振幅を減少したためほぼ正弦波の形になり，4 mV$_{0-p}$の入力が約800 mV$_{0-p}$に増幅され，ゲインが約200倍であることがわかります.

このように簡単な工夫で，**AD**の弱点をカバーすることができ，より正確な測定が可能になります.

## 3.3 Wavegenがもっている機能

● **独立したDDSが2組(2チャネル)ある**

Wavegenには図3.3に示したDDS回路が2組内蔵されています．この2組の発振出力は，独立した2つの発振器として使用できます．また，この2つの出力波形を任意の位相差に設定し，2相発振器としても動作させることができます.

さらにAM変調とFM変調も行えます．周波数と振幅を同時にスイープすることが可能です．任意波形も生成できます.

(a) 出力ケーブルにアッテネータを付加

写真3.3 −40dBアッテネータ

(b) シールを貼り，熱収縮チューブを被せる

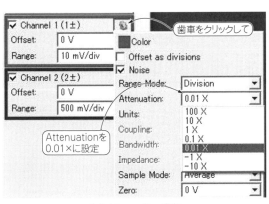

（a）Attenuation設定

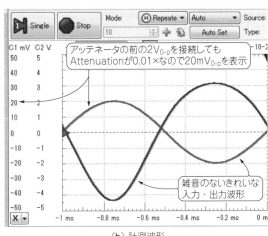

（b）計測波形

図3.8　CH₁のAttenuation設定と計測波形

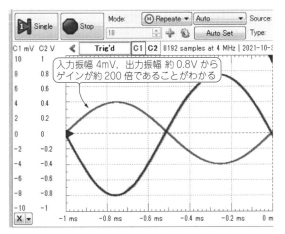

図3.9　入力信号を4 mV₀₋ₚに絞ってひずみを減少させて観測した入出力波形

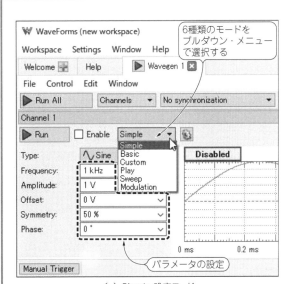

（a）Simple 設定モード

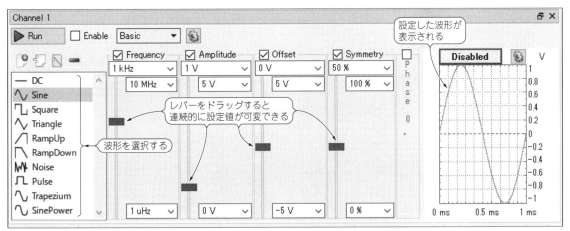

（b）Basic 設定モード

図3.10　モードの選択

● 波形には6つのモード設定がある

信号波形は**図3.10**に示すWavegenの設定画面から，プルダウン・メニューで，

- Simple
- Basic
- Custom
- Play
- Sweep
- Modulation

の6つのモードが選べます．

**Simple**モードでの波形はプルダウン・メニューから，他の5種のパラメータ設定はプルダウンから数値を選ぶほかに，任意の数値がキー入力できます．

**Basic**モードは**Simple**と設定項目は同じですが，波形がすべて表示され，他の5種の設定は数値キー入力のほかに，レバーをドラッグして設定値を連続変化させることができます．このレバーは，増幅器の入力信号レベルを変化させながら出力波形のひずみ具合を観測するときなどに便利です．

**Custom**は任意波形の設定，**Play**は音楽データの再生，**Sweep**と**Modulation**は後の項で説明します．

● 2つの信号出力源$W_1$と$W_2$の選択

図3.11に示すのは2つあるDDSのチャネルの設定

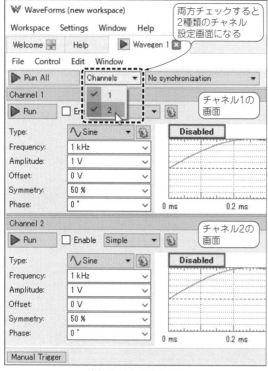

（a）チャネルの設定画面

**図3.11　DDSのチャネル設定**

です．$W_1$，$W_2$の使用／不使用を選択します．2チャネルともチェック・マークを付けると2チャネルの設定画面になります．

2つの出力を別々の周波数で発振させる場合は，Independent（独立）を選びます．2チャネル同じ周波数で位相差を設定する場合はSynchronization（同期）を選びます．必要な設定を行った後Run Allのボタンを押すと，指定した位相差を保ったまま連続発振します．

基本波と高調波のリサージュ波形を描かせるときは，双方の位相関係を固定する必要があります．

● Version3.16.3の注意事項

現在筆者が使用しているWaveForms Version3.16.3のWavegenでは，Synchronizationを選択しているときの注意があります．

1kHzと5kHzというような整数倍周波数で双方の位相を設定すると，Run Allボタンをクリックした直後は，設定した位相関係になっています．ところが次第に位相がずれていってしまい，リサージュ波形が変動してしまう症状があります．要注意です．

以前のバージョンではAuto Synchronizationのモードがあり，基本波と高調波のリサージュ波形が固定できました．Auto Synchronizationのモードの復活が望まれます．

---

## 3.4　Wavegenの特性を測ってみる

● 周波数確度の測定は市販計測器の力を借りる

ではWavegenに内蔵されている発振器の周波数の確度を調べてみましょう．これは市販の計測器によって確かめてみます．

ここではKeysight（旧HP）社のモジュレーション・

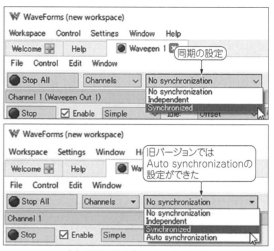

（b）同期の設定（Version 3.16.3）

ドメイン・アナライザと呼ばれる名称の53310Aを使用しました．古くて未校正のセットですが，高安定オーブン入り水晶発振器のオプションが付いているので，1 ppm以下の確度が期待できます．

この53310Aの機能は，周波数カウンタにグラフ表示が付いたものです．周波数の時間変化や周波数ジッタのヒストグラムのグラフ表示ができ，平均値や標準偏差などがCRTに数値表示されます．

### ● 自作クロック・ジェネレータの周波数確度は

図3.12に示すのは，第2章（p.35，図2.30）で製作したクロック・ジェネレータを53310Aで測定した結果です．室温23℃でクロック・ジェネレータの電源を投入し，約30分経過したときに測定しています．電源投入時から発振周波数が約20 mHz程度低下し，図3.12のような表示になりました．測定時間は10 ms/divです．測定時間を長くすると周波数を平均化する時間が長くなるため，短時間の周波数変動のグラフは減少します．

図（b）は図（a）のデータをヒストグラムにして約2万個のデータを統計処理した結果です．クロック・ジェネレータの発振周波数はこの53310Aで調整したので調整誤差ということになりますが，約－0.33 ppmの誤差です．最大値と最小値の差は5.38 mHzで標準偏差が586 $\mu$Hz，変動係数が5.9×10$^{-8}$です．

### ● AD Wavegenの周波数確度は

図3.13に，同じく53310Aで測定したWavegen信号発生器の特性を示します．

図（a）は正弦波10 kHzを出力し，30分経過したときのデータです．発振周波数の平均値が電源投入時から約42 mHz低下しました．図（b）は図（a）からヒストグラム表示に切り替え，統計処理した結果です．標準偏差が先の図3.12（b）に比べると約100倍広がっています．これはPLLで20 MHzを100 MHzに変換する際

に生じたジッタの影響と思われます．ただし市販されている有名メーカのファンクション・ジェネレータの値と同等程度であり，けっして劣る値ではありません．

### ● 市販CR発振器の周波数確度は

図3.13（c）はひずみ計測に使用した旧松下通信工業のVP-7722Aの正弦波10 kHz出力のデータです．この発振器はCR発振器のため，発振周波数確度は落ちますが，ひずみの少ないきれいな正弦波です．そのため標準偏差はADと大差ない結果になっています．

Wavegenには発振周波数の分解能はとくに規定されていません．発振周波数範囲が1 $\mu$Hz～10 MHzになっているので，基本的なDDSならば分解能が1 $\mu$Hzになります．ただし，ソフトウェアで設定値の有効桁数が制限されることがあります．

図3.13（d）の1 kHzに対し，図3.13（e）は10 mHz上の1.00001 kHzを設定したときの計測値です．平均値の差の周波数が設定値どおり約10 mHzになっています．標準偏差が約8.8 mHzなので互いのバラツキが重なることになります．このように非常に高分解能なので，通常の使用方法では分解能が不足することはまずないでしょう．

### ● Wavegenの波形スペクトラム

Wavegenの波形スペクトラムの測定には，周波数高分解能が得られるKeysight（旧HP）社のベクトル・シグナル・アナライザ89441Aを使用しました（図3.14）．分析帯域幅（RBW）は0.1 Hzです．

発振周波数近傍の不要スペクトラムを位相雑音と呼びます．図（a）が第2章で製作したクロック・ジェネレータのスペクトラムです．位相雑音がほとんど観測

Wavegen
＋Booster
＋3相
＋低電圧

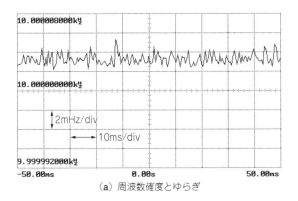

（a）周波数確度とゆらぎ

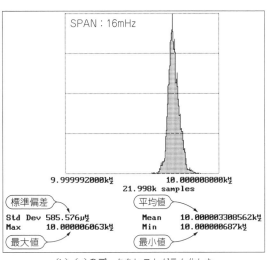

（b）（a）のデータをヒストグラム化した
（Center：10kHz, Span：16mHz）

**図3.12　第2章 水晶発振器（クロック・ジェネレータ）の周波数を53310A（Keysight）で測定した**

されず，89441Aでは検出できないレベルになっています．

　図(b)はADに内蔵されている10 kHz正弦波（メモリ4 Kバイト時）のスペクトラムです（メモリを16 Kバイトにしてもほぼ同じスペクトラム）．発振周波数から1 Hz離れた周波数でのスペクトラムが−70 dBV$_{RMS}$（316 $\mu$V$_{RMS}$）です．分析帯域幅が0.1 Hzなので，1 Hzあたりの雑音電圧（雑音電圧密度）を求めるとちょうど1 mV/$\sqrt{Hz}$になります．10 kHzでの振幅が8.972 dBV$_{RMS}$（2.8 V$_{RMS}$）なので，キャリアから1 Hz離れた点での位相雑音は，1 mV/$\sqrt{Hz}$ ÷ 2.8 V$_{RMS}$ ≒ −68.9 dBc/$\sqrt{Hz}$と算出できます．

　図(c)はオーディオ・アナライザVP-7722Aのスペクトラムです．ADよりも位相雑音が少なくなっています．

　不要スペクトラムが発生している原因は，周波数のゆらぎと振幅のゆらぎの2つです．ADとVP-7722Aの周波数のゆらぎは図3.14(b)と図3.14(c)を見ると同程度です．したがって，ADの波形発生部の雑音電

圧はこの不要スペクトラムの要因と推測されます．

● Wavegenの高調波ひずみをVP-7722Aで測定

　オーディオ用パワー・アンプなどのひずみ計測には低ひずみの信号が必要です．ADのWavegen出力波形がどの程度のひずみ率なのかを，松下通工のオーディオ・アナライザVP-7722Aを使用して測定してみました（図3.15）．

　VP-7722Aには下記の3種のひずみ測定モードがあります．

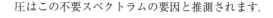

- 一般的なひずみ率である基本波のみを除去し，残りの雑音も含んだ高調波ひずみ率（*Distn*）
- 2〜10次の周波数範囲の成分でひずみ率を算出する（*THD1*）
- 基本波成分の2，3，4，5倍の高調波ひずみだけ

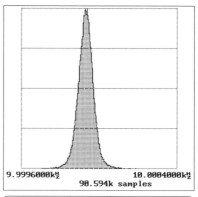

```
平 均 値 9.99993074kHz
誤   差 −69.3mHz 6.93×10⁻⁶(6.93ppm)
標準偏差 41.4mHz
変動係数 41.4mHz÷10kHz≒4.1×10⁻⁶
```

（b）（a）のデータをヒストグラム化した（Center:10kHz, Span:800mHz）

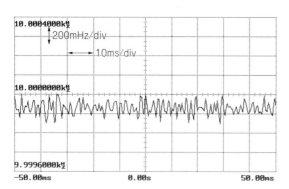

（a）10kHz 正弦波（メモリ 4K）

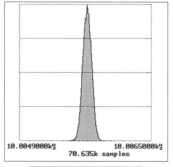

```
平 均 値 10.0057174kHz
誤   差 +5.72mHz 5.72
        ×10⁻⁴(572ppm)
標準偏差 52.6mHz
変動係数 52.6mHz÷10kHz
        ≒5.26×10⁻⁶
```

（c）Audio Analyzer VP-7722A
　　10kHz 正弦波

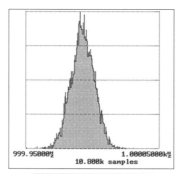

```
平 均 値 999.99298Hz
誤   差 −7.02mHz−7.02
        ×10⁻⁶(7.02ppm)
標準偏差 8.83mHz
変動係数 8.83mHz÷1kHz
        ≒8.83×10⁻⁶
```

（d）AD Wavegen 1kHz 5Vpeak
　　正弦波（メモリ 16K）

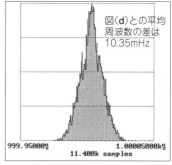

```
平 均 値 1.00000333Hz
誤   差 −6.67mHz−6.67
        ×10⁻⁶(6.67ppm)
標準偏差 8.30mHz
変動係数 8.3mHz÷1kHz
        ≒8.3×10⁻⁶
```

（e）AD Wavegen 1.00001kHz
　　5Vpeak 正弦波（メモリ 16K）

**図3.13　53310A（Keysight）で測定したWavegen出力の周波数確度とゆらぎ**

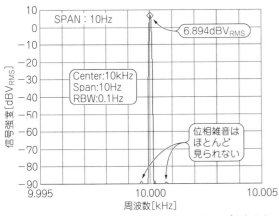

（a）第2章で製作したクロック・ジェネレータのスペクトラム

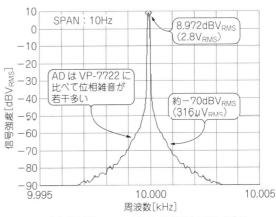

（b）AD Wavegen 10kHz 正弦波（メモリ 4K)のスペクトラム

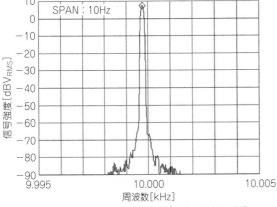

（c）VP-7722A（松下通工）オーディオ・アナライザ
10kHz 正弦波のスペクトラム

**図3.14　89441A**（Keysight）**ベクトル・シグナル・アナライザで測定した周波数スペクトル**

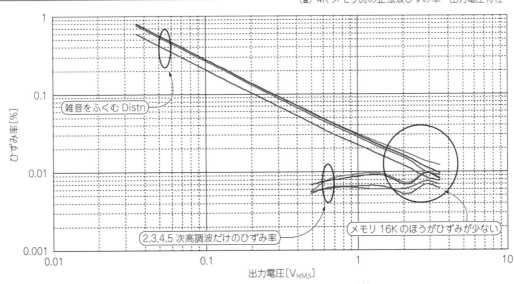

（a）4K メモリ時の正弦波ひずみ率 - 出力電圧特性

（b）16K メモリ時の正弦波ひずみ率 - 出力電圧特性

**図3.15　VP-7722A で測定した AD Wavegen の高調波ひずみ特性**

## ［コラム（2）］データのばらつきを示す標準偏差と変動係数

　測定データにばらつきが見られるとき，ばらつきの度合いを示す一つの方法が標準偏差と呼ばれるものです．標準偏差は以下の式から求まります．

$$S = \sqrt{\frac{1}{n} \sum_{i=1}^{n} (x_i - \bar{x})^2}$$

　ここで$S$：標準偏差，$n$：データの総数，
　　$x_i$：各データの値，$\bar{x}$：データの平均

　抵抗から発生する熱雑音のように，ばらつきが正規分布をしている場合は，**図3.A**に示すような割合になります．

- 平均値±標準偏差：全データの約68%（約2/3）が含まれます
- 平均値±（標準偏差×2）：全データの約95%（約19/20）が含まれます
- 熱雑音は正規分布をしており，その実効値は標準偏差の値に等しくなります

　標準偏差を平均値で割った値を変動係数と呼びます．異なる周波数信号の周波数ばらつきなどの優劣比較には変動係数が適しています．

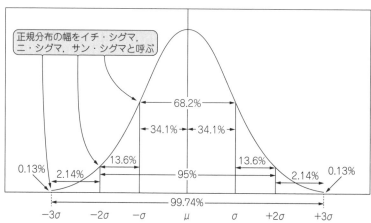

**図3.A　正規分布の標準偏差**　$\sigma$：標準偏差　$\mu$：平均値

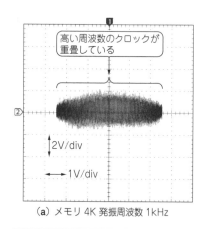

（a）メモリ4K 発振周波数 1kHz

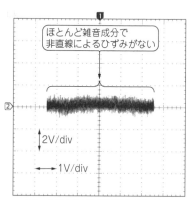

（b）メモリ4K 発振周波数 1.1kHz

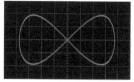

（c）2次ひずみのみ（位相：0°）

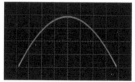

（d）2次ひずみのみ（位相：90°）

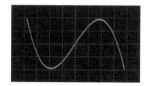

（e）3次ひずみのみ（位相：0°）

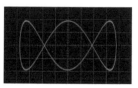

（f）3次ひずみのみ（位相：90°）

**図3.16　信号とVP-7722A モニタ出力（ひずみ成分）のリサージュ波形**

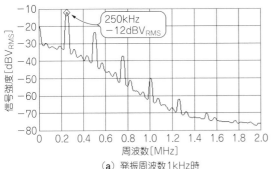

（a）発振周波数1kHz時

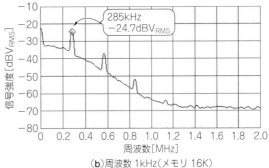

（b）周波数 1kHz（メモリ 16K）

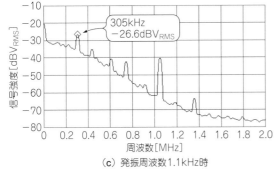

（c）発振周波数1.1kHz時

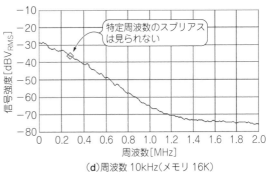

（d）周波数 10kHz（メモリ 16K）

**図3.17　ベクトル・シグナル・アナライザ89441Aで測定したVP-7722Aモニタ出力（ひずみ成分）のスペクトラム**

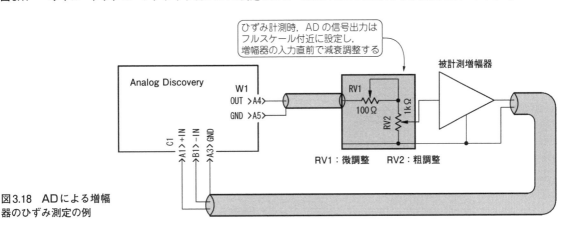

ひずみ計測時，ADの信号出力は
フルスケール付近に設定し，
増幅器の入力直前で減衰調整する

被計測増幅器

Analog Discovery

W1
OUT >A4>
GND >A5>

RV1
100 Ω

RV2
1kΩ

C1
A1>+IN
B1>−IN
A3>GND

RV1：微調整　　RV2：粗調整

**図3.18　ADによる増幅
器のひずみ測定の例**

### のひずみ率を算出する（*THD2, 3, 4, 5*）

　ここではDistnと*THD2, 3, 4, 5*で測定しました．

　図（a），図（b）がメモリ4 K，16 Kのときのひずみ特性です．

　図（a）を見るとわかるように1 kHzだけがひずみ率が悪く，周波数を1.1 kHzにすると他の周波数と同じ程度のひずみになります．出力電圧1 V$_{RMS}$以上ではメモリ16 Kのほうがひずみが少ないのがわかります．

### ● 高調波ひずみを分析すると

　VP-7722Aには基本成分を取り除いた高調波ひずみ成分のモニタ出力がついています．そこで，基本波成分とひずみ成分のリサージュ波形をDSOで観測した

のが**図3.16**です．1 kHzでは高い周波数成分クロックが見られますが，1.1 kHzではなくなっています．

　整数倍の高調波ひずみがあると，図（c）〜（f）のようなリサージュ波形が観測されます．dBのリサージュ波形でわかるように，ほとんど雑音成分で占められており，非直線性によるひずみはごく少ないのがわかります．

　**図3.17**はVP-7722Aのひずみ成分のモニタ出力を89441Aでスペクトラム分析した結果です．メモリ4 Kのとき，1 kHzでは約250 kHzのスプリアスが大きく観測されています．メモリ16 Kの1 kHzでは，やはり285 kHzにスプリアスが見られます．しかし，その量は約1/4に減少しています．

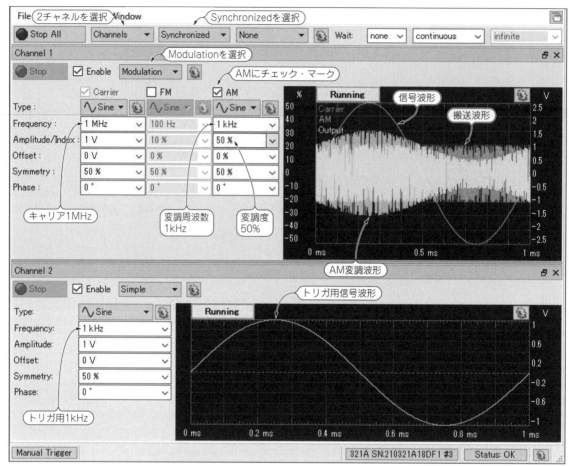

（a）AM 変調の設定画面

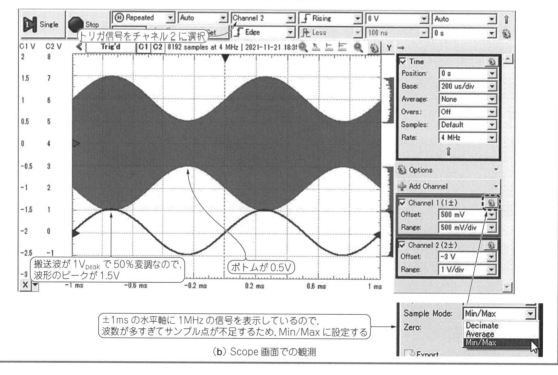

（b）Scope 画面での観測

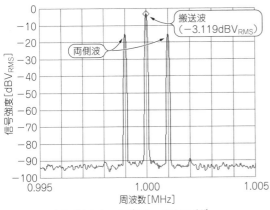

(c) ベクトル・シグナル・アナライザ
89441 で観測したスペクトラム波形

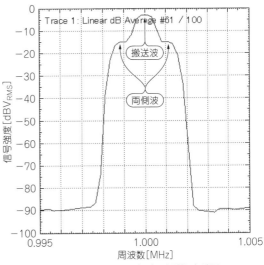

(d) AD Spectrum(4K)で観測した波形

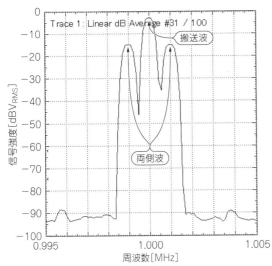

(e) AD Spectrum(16K)で観測した波形

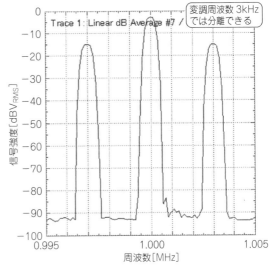

(f) 変調周波数を 3kHz にして
AD Spectrum(16K)で観測した波形

**図3.19　AM変調波形の設定と観測**

図3.17(c)に示すように同じメモリ4Kでも，周波数を1.1kに少しずらすだけでスプリアスが約1/5に減少しました．図3.17(d)のメモリ16Kの10kHz発振では特定の周波数成分のスプリアスが見られません．

1kHzで漏れクロックが増大する理由はわかりませんが，ADで1kHzのひずみを測定するときは周波数を少しずらすと良くなることは知っておくと良いでしょう．

図3.17(a)，(b)に示すように，信号の振幅が少ないと雑音成分によるひずみ率悪化が顕著になります．したがって増幅器等のひずみを測定するときには，図3.18に示すように増幅器の入力直前に可変抵抗による分圧器を挿入し，ADの信号出力はフルスケール付近に設定して使用するのが良いでしょう．

## 3.5　Wavegenの変調波形

### ● AM変調波形の設定と観測

図3.19(a)に示すように，Wavegenの設定画面でModulationを選択すると，FM，AM変調設定画面が開きます．ここではオシロスコープで観測しやすいように，W₁に変調波形，W₂にトリガ用の信号を設定します．

図3.19(a)ではキャリア(搬送波)周波数1MHz，変調周波数1kHz，変調度50%に設定しています．W₂にはトリガ用に変調周波数と同じ1kHzを設定しています．

図3.19(b)はADのScopeで波形観測した結果です．

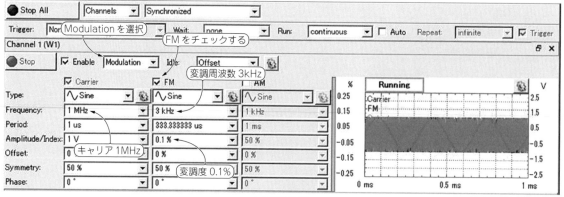

（a）設定画面

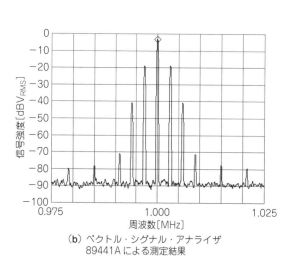

（b）ベクトル・シグナル・アナライザ
89441Aによる測定結果

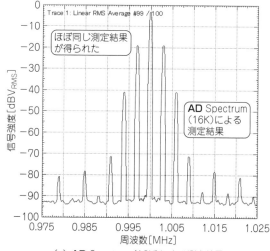

（c）AD Spectrum（16K）による測定結果

**図3.20　FM変調波形の設定と観測**

$CH_2$ でトリガをかけています．$\pm 1\,\mathrm{ms}$ の水平軸に
$1\,\mathrm{MHz}$（1周期 $1\,\mu s$）の信号を表示しているので，波数
が多すぎてサンプル点が不足します．このため $CH_1$ の
Sample Mode を Min/Max に設定しています．

● **AM変調波形のスペクトラムは**

図3.19（c）はベクトル・シグナル・アナライザ
89441Aで観測したスペクトラムです．コラム（3）に示
す数式にあるように，側波帯のレベルは搬送波×変調
度×0.5になります．搬送波の振幅が，

$$1\,\mathrm{V_{peak}} \fallingdotseq 0.707\,\mathrm{V_{RMS}} \fallingdotseq -3.01\,\mathrm{dBV_{RMS}}$$

両側波帯のレベルが，

$$1\,\mathrm{V_{peak}} \times 0.5 \times 0.5 \fallingdotseq 0.25\,\mathrm{V_{peak}}$$

$$\fallingdotseq 177\,\mathrm{mV_{RMS}} \fallingdotseq -15.04\,\mathrm{dBV_{RMS}}$$

なのでほぼ理論どおりの値が測定されています．

図3.19（d）は分析部のメモリを4KにしてADの
Spectrumで観測したスペクトラムです．搬送波と両
側波帯が分離できずに重なってしまっています．

View→Measurement→Add→Constant
で設定していくと，測定仕様が表示されます．*RBW*
（Resolution Band Width）が測定分解能で939.3 Hzと
表示され，この幅が広いため分離できないことがわか
ります．

図3.19（e）は分析部のメモリを16 Kに設定したとき
のようすです．*RBW* が469.6 Hzになり，搬送波と両
側波帯があるのがわかりますがちょっと不十分です．
変調周波数を3 kHzにすると図3.19（f）のようにハッ
キリと区別できるようになりました．

● **FM変調波形の設定と観測**

図3.20（a）がFM変調の設定画面です．搬送波周波
数1 MHz，変調周波数3 kHz，変調度0.1％に設定し
ています．

コラム（3）で説明しているように，FM変調は搬送
波周波数の両側に変調周波数だけ離れた周波数のスペ
クトラムだけではありません．その整数倍離れた周波

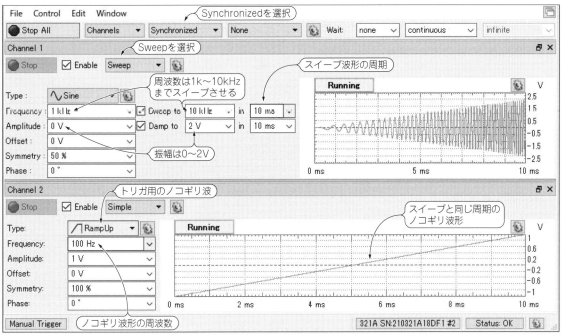

(a) 周波数と振幅同時スイープの設定

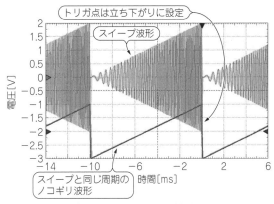

(b) AD Scope による測定波形

**図3.21 スイープ波形の設定と観測**

数のスペクトラムも生じ，変調度が深くなるほどその数が増加します．

図3.20(b)と(c)がベクトル・シグナル・アナライザ89441AとADのSpectrumで測定した結果です．変調周波数を3kHzにしたこともあり，ほぼ同等の結果が得られています．

● **スイープ波形の設定と観測**

図3.21にスイープ波形の設定と観測例を示します．

図(a)は，Sweepを選択すると現れるスイープの設定画面です．任意の周波数範囲で，任意の出力振幅を同時にスイープすることができます．ここではScopeで観測しやすいように，チャネル2にスイープと同じ周期のノコギリ波を設定しています．

図(b)がADのScopeで観測した結果です．チャネル2の立ち下がりで同期をかけています．図ではわかりませんが，スイープ開始周波数での位相は確定できず，開始点の波形がウネウネと動いています．画面は観測をストップさせてキャプチャしました．

Wavegenには，まだまだ任意波形や波形データの再生などたくさんの機能がありますが，説明しつくすのが大変です．

## ［コラム（3）］ 変調によって生じる側波成分

　振幅変調（Amplitude Modulation）は一般に次の式で表せます.

$$V_{AM} = V_c(1 + m \cdot \cos 2\pi f_m t)\cos 2\pi f_c t$$

$$= V_c \cos 2\pi f_c t + \frac{mV_c}{2}\{\cos(2\pi f_c + 2\pi f_m)t$$

$$+ \cos(2\pi f_c - 2\pi f_m)t\}$$

　上式からわかるように, AM変調すると搬送波（キャリア）を中心に両脇に変調周波数だけ離れて,（キャリア振幅×変調度×0.5）の振幅をもった側波（sideband）成分が現れます.

　一方, 周波数変調（Frequency Modulation）では

$$変調指数(\beta) = \frac{最大周波数偏移(\Delta f)}{変調周波数(f_m)}$$

とすると, 次の式で表せます.

$$V_{FM} = V_c \cdot \cos\{2\pi \cdot f_c \cdot t + \beta\sin(2\pi \cdot f_m \cdot t)\}$$

この式を展開すると

$$V_{FM} = V_c \cdot \cos(2\pi \cdot f_c \cdot t)\cos\{\beta\sin(2\pi \cdot f_m \cdot t)\}$$

$$- V \cdot \sin(2\pi \cdot f_c \cdot t) \cdot \sin\{\beta\sin(2\pi \cdot f_m \cdot t)\}$$

となり, sinおよびcosのなかにさらにsinが入っているので次式のベッセル関数を用いて展開します.

$$\cos\{\beta\sin(2\pi \cdot f_m \cdot t)\}$$

$$= J_o(\beta) + 2\sum_{n=1}^{\infty} J_{2n}(\beta)\cos(4n\pi \cdot f_m \cdot t)$$

$$\sin\{\beta\sin(2\pi \cdot f_m \cdot t)\}$$

$$= 2\sum_{n=0}^{\infty} J_{2n+1}(\beta)\sin\{2\pi(2_n+1)f_m \cdot t\}$$

　これらの関係を代入すると, 各周波数成分に分解したFM波の式を求めると次式が得られます.

$$V_{FM} = V \cdot J_o(\beta) \cdot \cos(2\pi \cdot f_c \cdot t) \quad キャリア周波数$$

$$+ V_c \cdot J_1(\beta)\cos\{2\pi(f_c + f_m)t\}$$

$$- V \cdot J_1(\beta)\cos\{2\pi(f_c - f_m)t\} \quad 第1上下側波$$

$$+ V_c \cdot J_2(\beta)\cos\{2\pi(f_c + 2f_m)t\}$$

$$+ V \cdot J_2(\beta)\cos\{2\pi(f_c - 2f_m)t\} \quad 第2上下側波$$

$$+ \cdots\cdots$$

$$+ V_c \cdot J_n(\beta)\cos\{2\pi(f_c + n f_m)t\}$$

$$+ (-1)^n V_c \cdot J_n(\beta)\cos\{2\pi(f_c - n f_m)t\}$$

$$第n上下側波$$

$$+ \cdots\cdots$$

　このようにFM変調された信号は, 単一正弦波で変調されたときでも多数の側波成分が生じます. そして側波成分はキャリアの両側に変調周波数の整数倍離れた周波数に発生します. そして変調度が大きくなるにつれ, 側波の数が増加することになります.

　図3.Bが変調指数による, FM波の各側波成分のベクトルの変化を示すベッセル関数の曲線です. この図から変調指数（β）が0から増加していくと, キャリアの振幅は次第に減少し, β＝2.405ではキャリアがなくなってしまうことがわかります.

　ちなみに第1側波の係数は以下の式から求められます.

$$J_1(\beta) = \sum_{r=0}^{\infty} \frac{(-1)^r}{r!(r+1)!}\left(\frac{\beta}{2}\right)^{1+2r}$$

$$= \frac{\beta}{2} - \frac{\beta^3}{1!\,2!\,2^3} + \frac{\beta^5}{2!\,3!\,2^5} - \frac{\beta^7}{3!\,4!\,2^7}$$

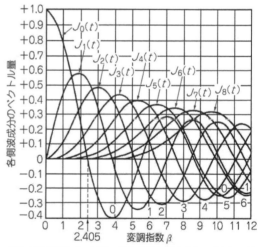

X軸：変調指数β, Y軸：発生する各側波成分のベクトル量

**図3.B　変調指数によるFM波の各側波成分のベクトルの変化を示すベッセル関数の曲線**

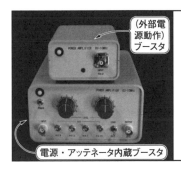
（外部電源動作）ブースタ

電源・アッテネータ内蔵ブースタ

# 第4章

市販ファンクション・ジェネレータと肩を並べるために

# Wavegen出力ブースタの設計・製作

Intro
Scope
Wavegen
+Booster
+3相
+低差
Network
Spectrum
+LPF
Impedance
Tracer
App

AD（Analog Discovery）はPC＋USBによる動作をコンセプトにしているため，アナログ信号は最大±5Vまでしか出力することができません．一方，市販のファンクション・ジェネレータでは無負荷の場合，最大±10V程度まで出力できるタイプが多いです．

本章では，無負荷のとき±18V，50Ω負荷のとき±9Vまで出力できるアンプをADの外部に追加することにします．これにより，±5V以上のOPアンプ回路の評価実験や，ゲート駆動電圧として10Vくらい印加しないといけないときの評価実験が行えるようになります．

## 4.1 信号発生器Wavegenの性能

### ● ADの出力は最大±5V・50mAまで

前述のように，ADの最大出力電圧は±5Vです．最大出力電流の定格値は記載されていません．

ADの信号発生部の出力回路にはOPアンプIC AD8067（アナログ・デバイセズ社）が使用されています．このICのデータシートを見ると，周波数1MHz，SFDR（スプリアス・フリー・ダイナミック・レンジ）が60dB以上での出力電流が30mA（typ），負荷短絡時の電流が105mA（typ）と記載されています．最大出力電流は約±50mAのようです．図4.1にADの信号発生器Wavegenの出力段構成を示します．ADでは出力電圧を最大化するときには，図（a）に示すように負荷は100Ω以上にします．

### ● 無負荷時出力は最大±10V・100mA欲しい

一般的なファンクション・ジェネレータは無負荷のときに±10V（max），50Ω負荷のときは（出力インピーダンスが50Ωなら）振幅が半分になるので，±5V（max）まで出力することができます．50Ω負荷でも波形がクリップすることはないので，最大出力電流は±100mA流すことができます．

ファンクション・ジェネレータの場合は図4.1（b）に示すように，出力アンプの後に50Ωの抵抗を挿入し，出力インピーダンスを50Ωにしています．出力アンプ自体の出力インピーダンスは，負帰還によって1Ω以下と低インピーダンスです．

近年のファンクション・ジェネレータは，出力電圧が数値設定できるようになっています．メーカによっては，設定する数値が定格負荷50Ωを接続したときと無負荷の場合があります．ファンクション・ジェネレータの出力電圧は，負荷条件を確認したうえで設定する必要があります．

### ● パワフルOPアンプADA4870を使えば無負荷時最大±18V・1A

図4.1（c）に示すのが，製作するブースタ・アンプの出力回路です．使用するのは広帯域でパワフルなOPアンプADA4870（アナログ・デバイセズ社）です．図4.2にADA4870の概要を示します．難があるとすれば，現時点では入手性かもしれません．電源電圧±20Vで使用でき，最大出力電流が1Aです．50MHz

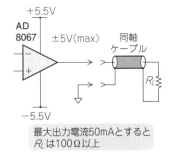

最大出力電流50mAとすると
$R_L$は100Ω以上

（a）ADの出力回路

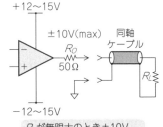

$R_L$が無限大のとき±10V$_{max}$
$R_L$：50Ωのとき±5V$_{max}$

（b）一般的なファンクション・ジェネレータの出力回路

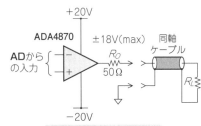

$R_L$が無限大のとき±18V$_{max}$
$R_L$：50Ωのとき±9V$_{max}$

（c）製作するブースタの出力回路

図4.1 信号発生器の出力段の構成

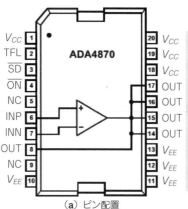

**図4.2 ADA4870の概要**

ADA4870

| ピン配置 | |
|---|---|
| $V_{CC}$ 1 | 20 $V_{CC}$ |
| TFL 2 | 19 $V_{CC}$ |
| $\overline{SD}$ 3 | 18 $V_{CC}$ |
| $\overline{ON}$ 4 | 17 OUT |
| NC 5 | 16 OUT |
| INP 6 | 15 OUT |
| INN 7 | 14 OUT |
| OUT 8 | 13 $V_{EE}$ |
| NC 9 | 12 $V_{EE}$ |
| $V_{EE}$ 10 | 11 $V_{EE}$ |

（a）ピン配置

▶電源とダイナミック特性
・電源電圧：$40V_{max}$（±20V），10V（±5V）から動作
・出力電圧：$36V_{p-p}$（±18V）50Ω負荷時
・出力電流：$1A_{max}$
・フル・パワー帯域幅：52MHz
・スルーレート：2500V/$\mu$s
・ゲイン1（ユニティ・ゲイン・バッファ）で安定
・電源電流：32.5mA，シャット・ダウン機能あり
・負荷短絡保護および加熱保護回路内蔵
▶DC特性
・オフセット電圧：−15〜10mV $1mV_{typ}$
・オフセット・ドリフト：$4\mu$V/℃$_{typ}$
・入力バイアス電流非反転入力 $23\mu A_{max}$
　　　　　　　　反転入力 $-25\mu A_{max}$

（b）特徴

までフル・パワーで動作します．10 MHzまで出力できる**Wavegen**用出力アンプとしては十分な性能です．

OPアンプの出力波形がクリップするようすを観測する場合，電源電圧±15 V，ゲイン1倍のバッファを接続すると±15 V程度の信号振幅が必要です．出力アンプは無負荷のときに±18 Vまで出力できるので，十分な振幅です．

## 4.2 ブースタ・アンプの製作

### ● ゲインを5倍にする

図4.3に示すのが製作したブースタ・アンプです．ADA4870は，最大出力電流を1 A取り出せるため電源と出力信号のピンが4本並列に配置されています．また負帰還のための抵抗のプリント・パターンが長くならないよう，−入力端子(7ピン)の隣の8ピンにも出力信号が出ています．このためゲインを決定する$R_3$〜$R_5$が最短で配置できます．

**Wavegen**の最大出力電圧が±5 Vなので，最大出力電圧±18 Vを得るために必要な最低ゲインは3.6倍です．オフセット調整の抵抗$R_6$を省略すると，ゲインは$(R_3+R_4+R_5)/(R_4+R_5)$で決定されます．余裕をみてキリの良い5倍にしました．

なお，ADA4870には直流オフセット電圧調整用の端子がありません．ここでは$VR_1$，$R_6$，$R_5$による調整回路を形成しています．

### ● レベル調整用可変抵抗の配線は極力短くする

信号振幅を変化させながら波形クリップの状態などを調べるには，キーボードなどからの数値設定よりも手動による可変抵抗のほうが手軽です．このため図4.3に示した$VR_a$で振幅の微調整，$VR_b$で振幅の粗調整ができるように，これを正面パネルに配置しました．

ただし可変抵抗をパネルに配置すると，図4.4に示すように抵抗と配線のシールド線によってLPF(ロー・パス・フィルタ)が形成されてしまいます．**AD**

の最高周波数が10 MHzなので，矩形波や三角波の高調波成分を考えると高域カットオフ周波数を50 MHz程度確保する必要があります．

図4.4の信号源インピーダンスを0Ωとすると，1 kΩの可変抵抗では500Ωどうしの並列で250Ωになります．$f_C = 1/2\pi CR$から，高域カットオフ周波数50 MHz確保するのに許される浮遊容量は13 pF以下となります．50Ω同軸ケーブル1 mの容量は約94 pFです．

ここでは可変抵抗を1 kΩとし，配線はできるだけ短くします．基板取り付けタイプの可変抵抗を使うと配線が最短になり理想的です．

### ● 出力インピーダンスを50Ωにする

$R_{11}$〜$R_{14}$が出力インピーダンスを50Ωにするための抵抗です．1/4 Wの200Ωを4本並列にしています．50Ωの負荷を接続して出力電圧±18 $V_{peak}$(12.7 $V_{RMS}$)の正弦波を出力すると，127 $mA_{RMS}$が流れます．$R_{11}$〜$R_{14}$で半分の電力が消費され，約0.8 Wになります．

なお，ADA4870の2ピン(TFL端子)には，チップの温度をモニタするための端子が付いています．データシートでは$V_{EE}$からの電位が1.5〜1.9 Vで−3 mV/℃の温度係数をもっていると書かれています．

周囲温度16 ℃で50Ω負荷，1 MHz±18 $V_{peak}$の正弦波を連続出力したら，電源投入時に1.87 Vでその後1.79 Vで安定しました．したがって約27 ℃の温度上昇なので周囲温度を加算するとチップ温度は43 ℃ということになります．

### ● 出力短絡保護機能を追加する

ADA4870のデータシートには，動作温度範囲が−40℃から+85℃と書かれています．

4ピンのON端子は電源投入時$V_{EE}$の電位に固定し，その後フローティングにしておくと書かれています．そのまま$V_{EE}$電位にすると，出力ショートの保護回路が動作しないと書かれています．ここでは出力に50Ωの抵抗が挿入されているので，出力短絡になること

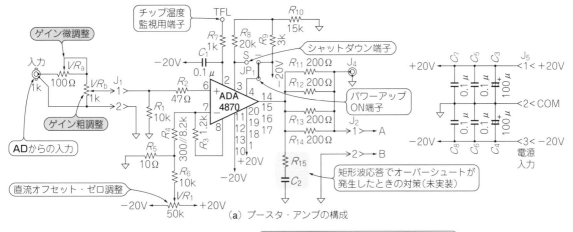

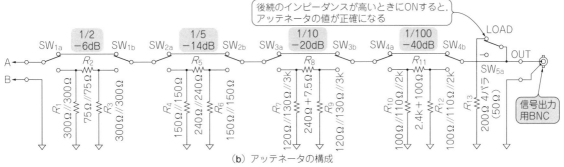

**図4.3 製作したブースタ・アンプとアッテネータ回路**
出力インピーダンスは50Ω．ADA4870のオフセット調整回路やADのS/N改善のためのアッテネータも用意した

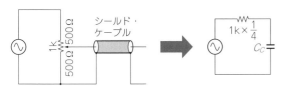

**図4.4 レベル調整用可変抵抗はできるだけ配線を短くする**
可変抵抗をパネル面に配置すると，その抵抗分と配線のシールド線でLPFが形成される．スライダの半分の位置がインピーダンスが一番高くなる

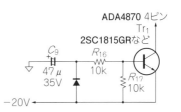

**図4.5 出力短絡保護機能を動作させたいときに利用する回路**（電源ONの瞬間だけ$Tr_1$がONになる）
アンプの出力に50Ωの抵抗が挿入されているので，出力は短絡しない．ADA4870の4ピンはジャンパ・プラグで$V_{EE}$と接続する

はありません．ジャンパ・プラグで$V_{EE}$と接続しています．出力短絡保護機能を動作させたいときは，図4.5に示す回路を挿入します．

3ピンのSD端子は$V_{EE}$電位にすると動作停止になり，消費電流が750μAに低減されます．ここでは使用しませんが，フローティングの状態ではいけないと書かれているので，評価基板と同様の定数の$R_8$〜$R_{10}$で電位を固定しています．

#### ● 出力アッテネータでS/Nを改善する

出力信号レベルを小さくするとき，ADの数値設定で信号レベルを絞ると，ベースの雑音はそのままで，信号だけが小さくなり，S/N（信号対雑音の比）が悪化することになります．よってADの数値設定は大きな

レベルにしておき，最終アンプの後段にアッテネータを配置して可変するようにしておくと，信号と雑音が同量減衰し，S/Nの悪化を防ぐことができます．

入出力インピーダンスが等しいアッテネータには図4.6に示すような2つの方法があります．使用する抵抗値が大きくなり過ぎると，浮遊容量の影響が大きくなります．逆に小さくなりすぎると浮遊インダクタンスやスイッチの接触抵抗の影響が大きくなります．

操作性は，ロータリ・スイッチで切り替えるほうが良いです．しかし最近はロータリ・スイッチが高価になったことと抵抗の数が増えることから，シンプルに実装できるトグル・スイッチによるアッテネータにしました．0.5，0.2，0.1，0.01の4種なので組み合わせ

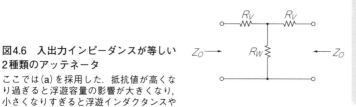

(a) π型アッテネータ

$$R_V = \frac{K^2-1}{2K} \times Z_O \qquad R_W = \frac{K+1}{K-1} \times Z_O$$

ただし, $K$：減衰量

減衰量：$\frac{1}{10}$（−20dB）, $Z_O$：50Ωのときは,

$$R_V = \frac{10^2-1}{2\times10} \times 50 = \frac{99}{20} \times 50 = 247.5\,\Omega$$

$$R_W = \frac{10+1}{10-1} \times 50 = \frac{11}{9} \times 50 ≒ 61.11\,\Omega$$

**図4.6　入出力インピーダンスが等しい2種類のアッテネータ**
ここでは（a）を採用した．抵抗値が高くなり過ぎると浮遊容量の影響が大きくなり，小さくなりすぎると浮遊インダクタンスやスイッチの接触抵抗の影響が大きくなる

(b) T型アッテネータ

$$R_V = \frac{K-1}{K+1} \times Z_O \qquad R_W = \frac{2K}{K^2-1} \times Z_O$$

ただし, $K$：減衰量

減衰量：$\frac{1}{100}$（−40dB）, $Z_O$：50Ωのときは,

$$R_V = \frac{100-1}{100+1} \times 50 = \frac{99}{101} \times 50 = 49.01\,\Omega$$

$$R_W = \frac{200}{10000-1} \times 50 = \frac{200}{9999} \times 50 ≒ 1.0001\,\Omega$$

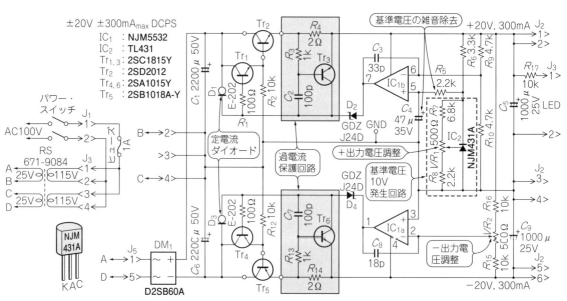

**図4.7　±20 Vの電源回路**
ブースタ用にはやや過剰設計．LM317やLM337の可変出力の3端子レギュレータを使用すれば，部品点数を少なくできる

ると1〜0.0001まで16とおりの設定ができます．

　負荷抵抗が50Ωのとき表示の減衰値が得られ，50Ωから外れると表示の減衰値が得られません．負荷抵抗が10kΩ以上の高インピーダンスのときは，$SW_{5a}$のLOADスイッチをONにして負荷抵抗を50Ωに合わせます．

● 電源を準備する

　図4.7に示すのは±20 Vの電源回路です．別な用途で利用していたプリント基板が手元にあったので，それを流用しました．低雑音の出力電圧が得られますが，部品点数が多く，少し過剰仕様です．LM317やLM337の可変出力の3端子レギュレータを使用すれば，

部品点数が少なくなり経済的です．

● ADA4870のはんだ付けと放熱設計

　OPアンプADA4870はプリント基板に実装しますが，特殊なので注意が必要です．ここでは写真4.1（a）に示すように，文房具屋さんで売っているバンカーズ・クリップで表面実装ICを固定した後，はんだ付けしています．

　写真4.1（b）と（c）に示すようにスルーホールを大きめにして，直接サーマル・パッドにはんだのこて先を当て，確実にはんだ付けします．

　ADA4870は，底面のサーマル・パッドをプリント基板にはんだ付けしてプリント基板で放熱します．こ

（a）バンカーズ・クリップでICを固定する

（b）手はんだなので大きなスルー・ホール(φ2.5mm)にする

（c）はんだごての先をサーマル・パッドに直接当ててはんだ付けする

**写真4.1　プリント基板にADA4870を搭載する方法**

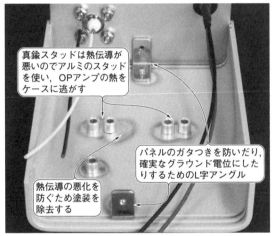

真鍮スタッドは熱伝導が悪いのでアルミのスタッドを使い，OPアンプの熱をケースに逃がす

熱伝導の悪化を防ぐため塗装を除去する

パネルのガタつきを防いだり，確実なグラウンド電位にしたりするためのL字アングル

**写真4.2　アルミのスタッドを介してADA4870の熱をケースに逃がす**（アンプ基板のみのタイプ）

こではプリント基板の面積が小さいので，**写真4.2**に示すようにアルミのスタッドを介してADA4870の熱をケースに逃がしています．通常使われているニッケルめっきの真鍮スタッドは熱伝導率が悪いので，アルミ・スタッドを使いました．

完成した出力アンプの内部を**写真4.3**に示します．電源スイッチを正面右側に配置すれば，AC100 Vの配線が短くなり良かったと後悔しています．

小型のアンプ・ユニット（アンプ基板のみのタイプ）も同時に製作しました［**写真4.4(a)**］．こちらは外部電源で動作し，入力レベル調整や出力アッテネータもありません．

## 4.3　出力ブースタの特性評価

### ● 10 MHzまでの利得周波数特性がほぼフラット

製作した出力アンプの特性を確認してみます．

**図4.8**に，USB型ネットワーク・アナライザVNWA3Eを使って利得・位相-周波数特性を計測した結果を示します．レベル調整や出力アッテネータのないアン

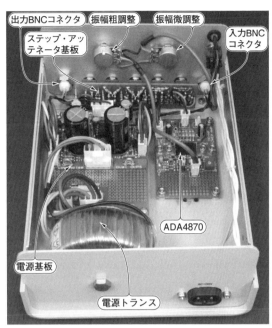

出力BNCコネクタ　振幅粗調整　振幅微調整

ステップ・アッテネータ基板

入力BNCコネクタ

ADA4870

電源基板

電源トランス

**写真4.3　製作した出力アンプの内部**（電源・アッテネータ内蔵タイプ）

プ・ユニットでは素直な利得・位相-周波数特性が得られています．

**写真4.4(a)**に示すように外部に自作の−40 dB同軸アッテネータを取り付けたときのデータも素直な特性になっています．**写真4.4(b)**が市販の−20 dB同軸アッテネータと自作したアッテネータの外観です．自作アッテネータはBNCコネクタと六角スタッドを使って製作しました．それでも100 MHzまではフラットな減衰特性が得られています．

レベル調整や出力アッテネータを内蔵した出力アンプでは，**図4.8(b)**に示すように10 MHzくらいまではフラットな特性になっていますが，60 MHz付近に暴れが見られます．出力のステップ・アッテネータを切り替えると，この暴れが変化します．インピーダンスが50 Ωと低いので，出力アッテネータ部の抵抗とプリント基板の浮遊インダクタンスの影響によって暴れが発生していると考えられます．

### ● 1 MHzまではきれいな正弦波が出力される

**図4.9**〜**図4.12**は，WavegenのW₁出力信号を出力アンプで増幅した波形とW₂の出力信号波形をDSO（ディジタル・オシロスコープ DPO3052）で同時に観測した結果です．

**図4.9**と**図4.10**に示すように，1 MHzの正弦波では振幅が減衰せずに観測されています．ただし10 MHzになるとWavegenの出力信号自体が減衰するため，低域に比べると−3.85 dB低下しています．

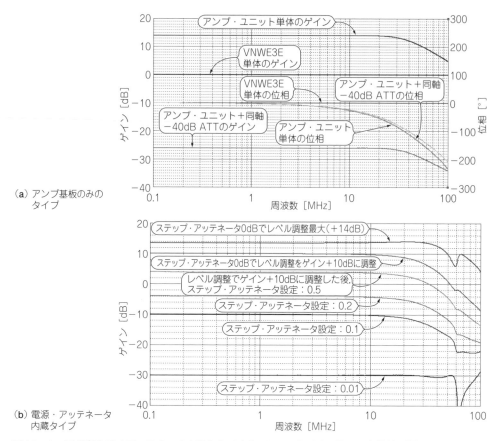

（a）アンプ基板のみの
タイプ

（b）電源・アッテネータ
内蔵タイプ

**図4.8　レベル調整や出力アッテネータを追加しても約10 MHzまではフラットな特性が得られる**
（a）では自作の−40 dB同軸アッテネータを取り付けても素直な特性になる．（b）では60 MHz付近に暴れが見られる

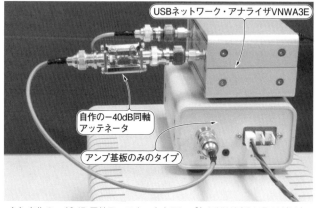

（a）自作の−40 dB同軸アッテネータをアンプとVNWA3Eに取り付けた
ところ

（b）自作アッテネータはBNCコネクタと六角スタッド
を使って製作する

**写真4.4　USB型ネットワーク・アナライザVNWA3Eと自作の同軸アッテネータを利用して，出力アンプのゲイン・位相−周波数特性を調べた**

　図4.11は1 MHzの正弦波が少しクリップしたようすです．アンプが不安定だとクリップ後の波形にリンギングが見られたりしますがスムーズに回復し，安定します．

● **矩形波の立ち上がり時間は約19 ns**

　図4.12に示すのは1 MHzの矩形波です．本図ではわかりにくいですが少し細かな振動が見られました．図4.8（b）の60 MHz付近の暴れの影響と思われます．
　2つの回路を通過したパルスの立ち上がり速度は次

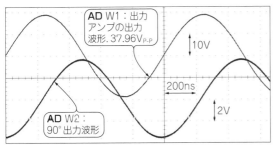

図4.9　1 MHzの正弦波を入力すると，ひずみがない37.96 $V_{p-p}$の出力が得られる

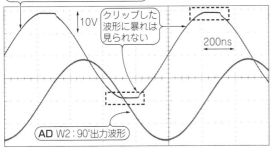

図4.11　1 MHzの正弦波で大きな振幅を入力しても，クリップした波形に暴れは見られない

式で求まります．

$$t_t = \sqrt{{t_1}^2 + {t_2}^2}$$

ただし，$t_t$：トータルの立ち上がり速度，
$t_1$：1の回路での立ち上がり速度，
$t_2$：2の回路での立ち上がり速度

**AD**の波形の立ち上がり時間と出力アンプを通った後の立ち上がりの時間から，出力アンプ単体の立ち上がり時間が約19 nsと算出できます．

● ひずみは0.1～10 V$_{RMS}$，1 k～100 kHzで0.04 %以下

図4.13に示すのは，出力アンプ単体をひずみ率計VP7722Aで測定したひずみ－出力電圧特性です．高域カットオフ周波数が高いため，1 k～100 kHzで大体同じひずみになっています．

ADA4870の入力換算雑音電圧密度が2.1 nV/$\sqrt{Hz}$と低いため，低振幅でのひずみの増加も少ないです．

**AD**の$W_1$出力信号を1 kHzの正弦波にし，第5章で解説するひずみ低減のための1 kHz BPFを通し，出力アンプに入力しました．得られた出力波形をベクトル信号アナライザ98441Aで分析した結果を図4.14に示します．

図4.14(a)はそのまま観測した結果です．1 kHzの振幅が10.219 dB/V$_{RMS}$（約3.24 V$_{RMS}$）で高調波成分が観測されていません．図4.14(b)はこの状態で1 kHzのノッチ・フィルタを挿入し，基本波を除去して60

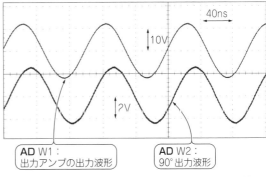

図4.10　10 MHzの正弦波を入力すると，ゲインは平たんであるが，**AD**の出力波形が減少したため，振幅は24.47 $V_{P-p}$に減少する

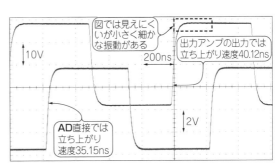

図4.12　出力アンプだけのパルス波の立ち上がり速度は約19 ns
60 MHz付近の暴れによる影響が少し見られる

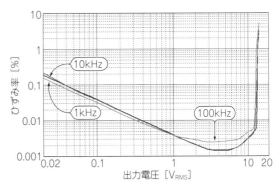

図4.13　1 kHzから100 kHzまで低ひずみになっている
ひずみ－出力電圧特性 VP7722Aにて計測

dB増幅した結果です．図4.14(b)の計算式から2次の高調波ひずみが0.00112 %と算出できます．

製作した出力アンプは**AD**の出力波形の品位を損ねることなく増幅できます．

◆参考・引用文献◆
(1) 登地 功．マイコン直結 出力3 W 50 MHz 広帯域OPアンプ ADA4870，トランジスタ技術2018年1月号．CQ出版(株)
(2) ADA4870データシート．アナログ・デバイセズ社

Wavegen
＋Booster
＋3相
＋低速

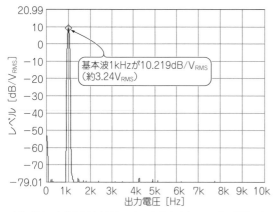

(a) ADの出力信号を1kHzのBPFを通し出力アンプで増幅した結果

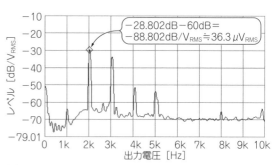

(b) 1kHzのノッチ・フィルタで基本波を除去し60dB増幅した結果

**図4.14 出力アンプの前段に第6章p.84とp.86で紹介する1kHzのBPFを追加すると高調波成分が観測されない**

1kHzのノッチ・フィルタで基本波を除去し60dB増幅すると，2次の高調波ひずみが0.00112％になる

---

## ［コラム（4）］出力インピーダンスを50Ωにして定在波の発生を防ぐ

測定器・計測器分野では，信号ケーブルには一般に50Ωの同軸ケーブルが多用されています．図4.Aに，同軸ケーブル1mを使用したとき負荷抵抗$R_L$が高抵抗…1MΩあった場合の信号の伝達特性を示します．

出力抵抗$R_o$が50Ω以下では，約50MHzとその奇数倍の周波数で利得のピークが現れています．理由は50Ωの同軸ケーブル1mでは，約50MHzで1/4波長になり，定在波が発生するためです．同軸ケーブルが10mになると，伝達時間が10倍になるのでピークが5MHzと低くなります

また$R_o$が50Ωの場合，負荷端は1MΩなので反射が生じますが，信号がアンプに戻ったときに$R_o$が同軸ケーブルの特性インピーダンスに等しいので反射が生じず，反射が繰り返されず定在波が発生しません．

ADの出力周波数は最高10MHzです．図4.A(a)の$R_o$が6Ωのときの特性を見ると，周波数10MHzで少し利得が上がっています．

$R_o$の抵抗がない状態で同軸ケーブルが長くなるとケーブル容量が出力アンプの容量負荷になり，出力アンプが発振するなどの不安定な動作になる危険があります．

定在波の発生防止と容量負荷対策のため，市販のファンクション・ジェネレータには，出力に50Ωの抵抗が挿入されています．ここで製作した出力アンプにも50Ωを挿入しています．

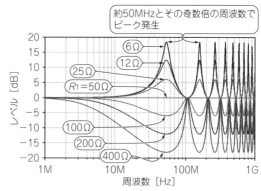

(b) 信号源抵抗$R_o$の値を変えて同軸ケーブルの伝達特性をシミュレーションする

**図4.A 出力抵抗が50Ωの場合は同軸ケーブルの特性インピーダンスとマッチングするので反射は生じない（LTspiceによるシミュレーション）**

他の抵抗値では信号源でも反射し，定在波が発生してゲイン特性にピーク・ディップが生じる．電子信号が50Ωの同軸ケーブルを伝わる速さは4.7ns/mなので，$T_d = 4.7$nsで同軸ケーブル1mをモデリングしている

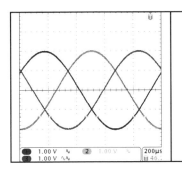

Intro

Scope

Wavegen

+Booster

+3相

+低歪

Network

Spectrum

+LPF

Impedance

Tracer

App

# 第5章
## 2相出力をベクトル合成して任意の位相信号を生成
# Wavegen出力から3相交流を作る

一般に信号発生器は，1出力または2出力です．周波数と位相が同期した3つ以上の信号を生成するタイプはありません．したがって，たとえば3相交流の実験を行うときは，3相発振器と3台の電力増幅器で構成することになります．

3相発振器は交流電源のオプションとして組み込まれ，単独で販売されることはほとんどありません．特注するとかなり高価になります．

ここでは，3相交流電源やモータの基礎実験などに活用できる3相発振器を **AD Wavegen** の2相出力を利用して作ります．**Wavegen** が出力する0°と90°の信号をベクトル合成すれば，任意位相の信号を複数，同時に生成することができます．

## 5.1　3相交流のしくみ

### ● 大電力の送電に向いている

工作機械などで大電力を必要とするとき，日本では200 Vの3相交流電源が用いられています．この3相交流電源は図5.1に示すように，位相が120°ずつずれた3つの交流発電出力が組み合わされ送電されています．送電システムのことを電力系統と呼びます．

この3相交流 3つの位相は，業界や使用場所によってRST，UVW，ABCなど，呼び名が異なります．電力を作っている電力会社でも配線色が異なるなど，複雑です．RSTの呼び名ではR相が基準相，120°遅れているのがS相，240°遅れているのがT相と呼ばれています．

日本の電力分野では，たんに120°というと120°遅れであることを意味します．位相進みでの数値は使用しないようです．計測器の分野では＋120°は位相進み，−120°は位相遅れを意味します．

### ● 日本では3相3線式，世界では3相4線式

単相を3つ組み合わせる3相交流電源は，図5.1に示すように共通線（中性点）も含めると4本です．共通の線は常時電圧がゼロになります．これを中性点と呼び，事故が起こると異常電圧が発生します．日本ではこの中性点は需要家（電力を消費する側をこう呼ぶ）には配線されない3相3線式になっています．

世界では3相4線式送電のほうが多いようです．3相4線式送電の場合は，電力消費の大きい機器は高電圧の線間電圧を使用した3相電源になっています．小さい消費電力の機器は低圧の相電圧を使用した単相電源として併用できます．

図5.2に示すように送電側の中性点からの電圧を相電圧，各線の間の電圧を線間電圧と呼びます．日本では線間電圧が200 Vです．したがって，各位相が120°と等しいので相電圧は$1/\sqrt{3}$の約115 Vです．

3相交流の負荷には，図5.3に示すスター結線と図5.4に示すデルタ結線があります．現在は配線の少ないデルタ結線が多く使われています．デルタ結線では負荷に線間電圧が加わります．図5.4(b)にデルタ結線のシミュレーション結果を示します．線間電圧は相

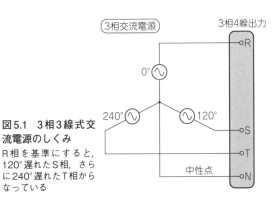

**図5.1　3相3線式交流電源のしくみ**
R相を基準にすると，120°遅れたS相，さらに240°遅れたT相からなっている

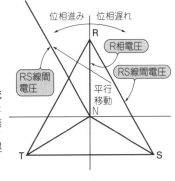

**図5.2　平衡3相交流電源のベクトル表示**
平衡3相では各相の振幅が等しく，位相が0°，120°，240°なので線間電圧は相電圧の√3倍になっている

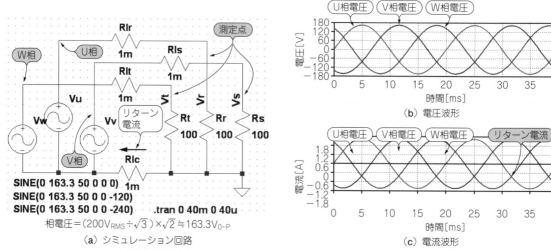

(b) 電圧波形

(c) 電流波形

ある瞬間の位相を$\theta$とし相電圧を$V_P$とすると，3相各相の電圧は次のように求まる
$V_U=V_P\sin\theta$，$V_V=V_P\sin(\theta-120°)$，$V_W=V_P\sin(\theta-240°)$
W相の240°遅れは120°進みと同じなので，$V_W=V_P\sin(\theta+120°)$
V相とW相を加算すると，三角関数の積和の法則から，次のように求まる
$V_P\sin(\theta-120°)+V_P\sin(\theta+120°)=2V_P(\sin\theta\times\cos120°)=-V_P\sin\theta$
ただし，$\cos120°=-0.5$
したがってV相とW相を加算した電圧にU相の電圧を加算すると0になる

**図5.3 3相スター結線（Y結線）のシミュレーション**
平衡3相結線の電源では合成されたリターン電流がゼロになるので，コモン電線を太くしなくてもすむ

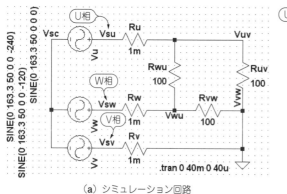

SINE(0 163.3 50 0 0 -240)
SINE(0 163.3 50 0 0 -120)
SINE(0 163.3 50 0 0 0)

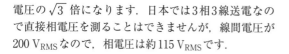

.tran 0 40m 0 40u

（a）シミュレーション回路

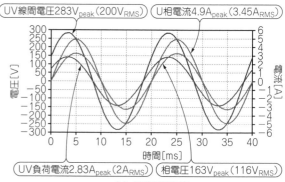

（b）過渡解析結果

**図5.4 3相デルタ結線のシミュレーション**
U相電圧に対し，UV線間電圧は$\sqrt{3}$倍になり位相が30°進む

電圧の$\sqrt{3}$倍になります．日本では3相3線送電なので直接相電圧を測ることはできませんが，線間電圧が$200\ \mathrm{V_{RMS}}$なので，相電圧は約$115\ \mathrm{V_{RMS}}$です．

## 5.2 Wavegenから3相出力を得るには

### ● 基本的な3相交流の模擬電源

図5.5に実験を行うときのための3相交流模擬電源の構成を示します．0°，120°，240°正弦波の3相発振器と3つの電力増幅器が必要となりますが，図5.6に示すように2チャネル出力をもつADと2相-3相コンバータを使用すれば，電力増幅器との組み合わせによ

って，模擬実験回路を実現することができます．

### ● ADの2相出力を利用する

ADの発振器出力は2相です．正確に90°位相のずれた2つの信号が発生できます．したがって図5.7に示すように0°の信号と90°の信号をベクトル合成すれば，任意の位相の信号を任意の数，同時に発生できます．

図5.7に示したように，基準R相は0°出力信号をそのまま使用します．S相は120°遅れています．0°出力信号を反転して$\sin30°$（＝0.5倍）にします．90°出力信号も反転して$\cos30°$（≒0.866倍）にした電圧の2つを加算すれば，120°遅れた信号が得られます．

**図5.5　3相交流の模擬電源は3相発振器と電力増幅器3台で構成する**

汎用の3相信号発生器は（たぶん）存在しない．特注したり市販の信号発生器を組み合わせたりして，0°，120°，240°の信号を生成する

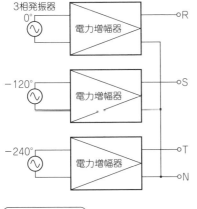

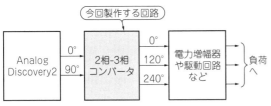

**図5.6　ADの2相出力を利用して3相発振器を作る**

ADは0°，90°信号から0°，120°，240°の信号を生成する．モータや3相電源の実験に使用できる

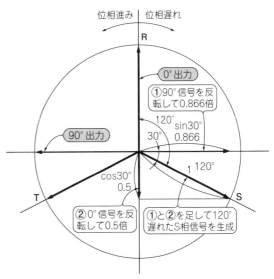

**図5.7　振幅が等しく正確に90°ずれた信号があれば，120°遅れたS相信号などは生成できる**

ADの0°，90°信号から0°，120°，240°の信号を生成すると3相電源の実験に使用できる

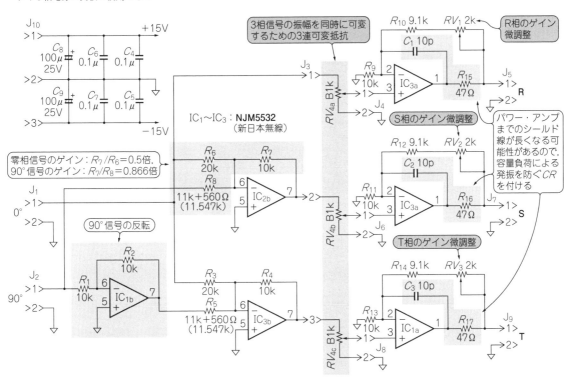

**図5.8　2相-3相コンバータ回路**

ADの最大出力が5 $V_{peak}$ なので最大10 $V_{peak}$ が得られる

　T相は120°進んでいます．同じように0°出力を反転して0.5倍，90°出力信号をそのまま0.866倍して加算すれば120°進んだ信号が得られます．

　パワー・アンプの構成についてはここでは述べませんが，負荷の種類・容量によって異なってきます．低周波であれば，オーディオ・アンプなどの利用は現実的ともいえます．

● 2相-3相コンバータ回路の構成

図5.8に2相-3相コンバータの回路構成を示します。0°信号をそのままIC$_{3a}$で2倍に増幅し、R相として出力します。**AD**の最大出力が$5\,V_{peak}$なので最大$10\,V_{peak}$が得られます。

そして、前述したように図5.8からS相の信号は0°信号と90°信号を反転して加算します。IC$_{2b}$は反転加算器になっています。このため0°信号を$R_7/R_6$倍（0.5倍）、90°信号を$R_7/R_8$倍（約0.866倍）し加算すれば、S相の信号が得られます。T相は90°信号を反転する必要がありません。IC$_{3b}$が反転加算機なのでIC$_{1b}$で反転してから加算します。

**写真5.1**に製作した2相-3相コンバータを示します。

● 信号レベルを可変する方法

平衡3相信号として信号レベルを可変するため、$RV_4$には3連可変抵抗を利用しています。

$10\,k\Omega$程度がOPアンプの負荷としてちょうど良い

のですが、$1\,k\Omega$の3連可変抵抗が手元にあったので、それを使用しました。現在では3連可変抵抗を手に入れるのは難しいようです。使ってみると、回転角によってそれぞれの段の分圧比が数％程度ずれるようです。図5.9に示すようにロータリ・スイッチを使用すれば、正確に3相の信号のレベルが可変できます。

## 5.3　位相差の確認

● 0°信号との位相差は120°

製作した回路を実測してみました。図5.10にディジタル・オシロスコープMSO3014（テクトロニクス）で観測した出力信号を示します。DSOのMEASURE機能で位相を表示すると120.3°を示しました。NJM5532（日清紡マイクロデバイス）を使用したので、$100\,kHz$程度まで使えます。$200\,kHz$になるとスルーレートで飽和し、三角波状になってしまいます。低域の制限はないので超低周波まで使えます。

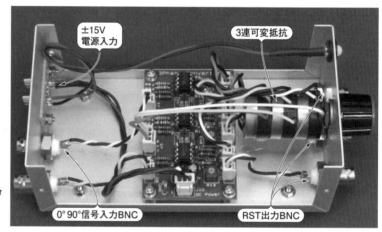

写真5.1　製作した2相-3相コンバータの内部
ケースはMB-11（タカチ電機工業）

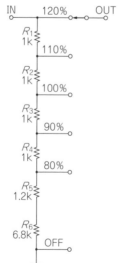

図5.9　ロータリ・スイッチによる振幅設定アッテネータ
正確に3相信号のレベルを可変できる。3連可変抵抗の代わりになる

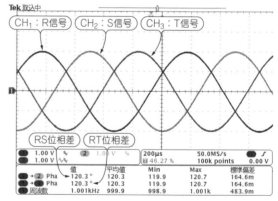

図5.10　2相-3相コンバータの0°出力との位相差は120°なので正しく出力されている
DSOで観測した。DSOには位相遅れ進みの表示はない

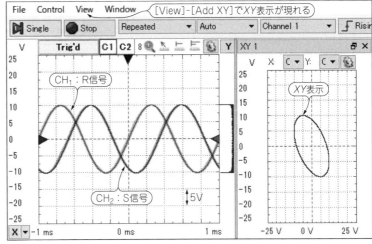

**図5.11　AD Scopeで出力波形を観測しているところ**
ADでは直接位相を測定できないので，リサージュ波形から位相を算出する

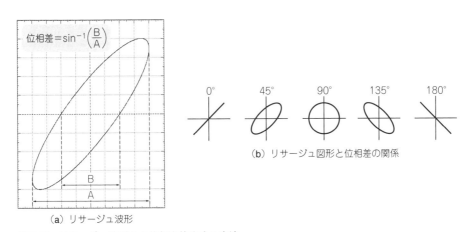

$$位相差 = \sin^{-1}\left(\frac{B}{A}\right)$$

（a）リサージュ波形

（b）リサージュ図形と位相差の関係

**図5.12　リサージュ波形から位相を算出する方法**

● ADで位相を測定する方法

図5.11にADで観測した波形を示します．ADには直接位相を測定する機能はないので，Scopeのリサージュ波形から図5.12に示す方法で位相を算出します．リサージュ波形は[View]-[Add XY]で表示することができます．

それぞれの波形の0°をよぎる時間差からも位相が算出できます．カーソルを表示させ数値を読み取ることもできます．正確に位相を見たいときには，図5.13に示すように[File]-[Export]でデータをエクスポートし，図5.13に示すように数値データから算出するのが確実です．

| 11 | Time（s） | Channel 1（V） | Channel 2（V） |
|----|----------|---------------|---------------|
| 12 | -0.00053235 | 1.014064231 | 3.73551758 |
| 4106 | -1.30E-07 | -0.007177318 | -4.349558958 |
| 4107 | 0 | -0.003516954 | -4.353298587 |
| 4108 | 1.30E-07 | 0.003803774 | -4.349558958 |

（a）CH$_1$の波形が負から正に変化する0°の時間

| 11 | Time（s） | Channel 1（V） | Channel 2（V） |
|----|----------|---------------|---------------|
| 12 | -0.00053235 | 1.014064231 | 3.73551758 |
| 6670 | 0.00033319 | 4.337674723 | -0.015329676 |
| 6671 | 0.00033332 | 4.337674723 | -0.004110791 |
| 6672 | 0.00033345 | 4.334014359 | 0.003368466 |
| 6673 | 0.00033358 | 4.330353995 | 0.003368466 |

（b）CH$_2$の波形が負から正に変化する0°の時間

$$\frac{CH_1とCH_2の時間差}{1周期の時間} \times 360° = \frac{333.45\mu s}{1ms} \times 360° \fallingdotseq 120.42°$$

**図5.13　位相を正確に見たいときは，波形をExportして数値データを出力する**
ADの[File]-[Export]でデータをエクスポートできる

## ［コラム(5)］ 3相交流の利点

### ● モータを3相で回すと円滑な回転が実現できる

モータが動力源として使用され始めたころ，直流モータでは整流子で火花が発生して摩耗が早いという欠点がありました．また，単相交流モータでは脈動（トルクの変動）が多いという欠点がありました．

このようななか，モータを3相で回すと脈動が少なく，円滑な回転が実現できるようになりました．交流はトランスで効率よく変圧できることから，電力消費の多い3相モータを駆動するため，20世紀初頭ころから3相交流送電が世界に広く普及していきました．

### ● 送電に必要な電線の量が少ない

一般的な3相交流は，**図5.5**に示したように位相が120°ずれている平衡3相です．負荷の値が等しい平衡負荷のときは，リターン電流がゼロです．このため送電に必要な電線の量が少なく，経済的に大き

な長所があります．

### ● リプルが少ない

交流を直流に変換する場合，**図5.A**に示すように3相全波整流のほうがリプルが少なく，同じ電力を得るのに平滑回路が経済的になるという利点があります．このため大電力の直流が必要な工場などでは3相全波整流が多く使われています．

日本では工場などで大電力を消費する大きなモータを駆動する3相3線式と，比較的電力消費の少ない家庭用の単相3線式に分かれています．

世界では3相4線式送電のほうが多いようです．3相4線式送電の場合には，電力消費の大きい機器は高電圧の線間電圧を使用した3相電源にします．少ない消費電力の機器は低圧の相電圧を使用した単相電源として併用できます．

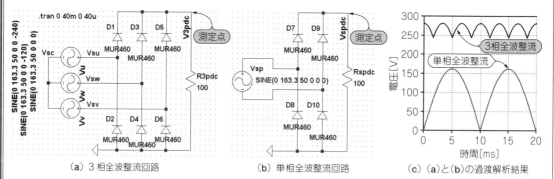

（a）3相全波整流回路 　　（b）単相全波整流回路 　　（c）（a）と（b）の過渡解析結果

**図5.A　3相全波整流回路の出力と過渡解析**
全波整流に比べリプル電圧が小さく，周波数が3倍になる．後段に接続するリプル除去のための平滑フィルタの*LC*を小さくできる．
LTspiceによるシミュレーション

# 第6章
## オーディオ測定を高度化する
# Wavegen用
# ひずみ低減フィルタの設計・製作

Intro

Scope

Wavegen

+Booster

+3相

+低歪

Network

Spectrum

+LPF

Impedance

Tracer

App

市販のファンクション・ジェネレータは，機能や発生できる波形の種類などがとても多彩です．しかし，オーディオ帯域で重視される *THD*（Total Harmonic Distortion；全高調波ひずみ）は0.2％程度で，オーディオ測定を目的にする用途では不満足です．キーサイト社の最新ファンクション・ジェネレータ33500Bシリーズでも0.04％です．

ここではAD（Analog Discovery）のWavegen出力にフィルタとアッテネータを挿入して，オーディオ帯域でのひずみ改善を試みます．出力電圧100 mV$_{RMS}$，1 kHz時の *THD* を1/10（約0.01％）に低減しています．写真6.1が仕上がったフィルタを使用している風景，写真6.2が製作したフィルタとアッテネータの外観です．

## 6.1 ひずみは高域周波数を制限すれば低減できる

### ● 信号発生器のひずみ要因

信号発生器においてひずみが生じる要因は，信号の元になるディジタル・データをD-A変換してアナログ波形に変換する際の量子化誤差と，クロック漏れに

よる雑音の混入があるためです．またADにおけるWavegenでは，周波数帯域が10 MHz以上と広いためです．

しかし，オーディオ帯専用発振器の上限周波数は一般に100 kHz程度です．Wavegenは周波数帯域が広いため雑音が多くなってしまい，*THD* を悪化させています．

### ● 雑音は周波数帯域幅の平方根に比例して増加する

抵抗から発生する原理的な雑音は，熱雑音と呼ばれていて，周波数スペクトラムが平坦です．

抵抗から発生する熱雑音$v_n$は以下の式で表されます．

$$v_n = \sqrt{4k \times T \times R \times B} \ [V_{RMS}]$$

$k$：ボルツマン定数（$1.38 \times 10^{-23}$J/K）
$T$：絶対温度[°K]
$R$：抵抗値[Ω]
$B$：周波数帯域幅[Hz]

計算しやすい式では$T = 300$ K（27℃）とすると，

$$v_n = 0.126\sqrt{R[k\Omega] \times B[kHz]} \ [\mu V_{RMS}]$$

また，たとえばOPアンプなどで発生する雑音も，中域ではスペクトラムが平坦で，周波数帯域幅の平方根に比例した雑音量になります．同じ雑音密度（1 Hzあたりの雑音電圧）のOPアンプでも，高域カットオフ周波数10 kHzと1 MHzでは周波数が100倍違うため，10 kHz帯域に比べると，1 MHz帯域では雑音電圧が10倍増加します．

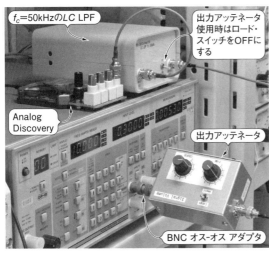

写真6.1 ひずみ低減フィルタと出力アッテネータの使用例
AD Wavegenのひずみを改善目的…ケーブル容量の影響を少なくするため，出力アッテネータはひずみ率計またはパワー・アンプの直前に設置する

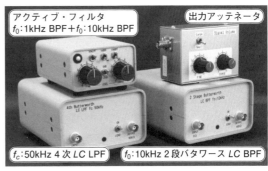

写真6.2 製作したフィルタとアッテネータ

● D-A変換後のOPアンプ増幅回路が…

ADでは第4章4.1項で説明したように，Wavegen出力のD-Aコンバータが14ビットで高分解能ということもあって，LPF（ロー・パス・フィルタ）が入っていません．そのためD-A変換後のOPアンプによる増幅回路の雑音によって，*THD*が悪化しています．したがって出力にLPFを挿入して，OPアンプで発生する高域雑音成分を除去すれば，*THD*を改善することができます．

周波数帯域を制限するLPF…アナログ・フィルタの構成には，コイルとコンデンサだけで構成するパッシブ・タイプの*LC*フィルタと，OPアンプを使用したアクティブ・フィルタがあります．ここでは両者を設計・製作して，特性を比較してみます．

## 6.2 *LC* LPFの設計・製作

● *LC*フィルタ用コイルの作り方

ずっと以前は，低周波領域でも*LC*フィルタが多く用いられていました．コイルのインダクタンスを稼ぐために壺型フェライト・コアなどが販売されていましたが，現在ではほとんどが製造中止で簡単に入手できません．

コイルにフェライト・コアを使用するとコイルの巻き数が少なくでき，好都合ですが，コアの存在によってひずみが生じるという難点があります．

ここでは図6.1に示す空芯コイル用プラスチック小型ボビンがオヤイデ電気から販売されているので，これを利用することにしました（写真6.3）．空芯コイルなので巻き数は増えてしまいますが，ひずみ発生の心配がなくコイルが飽和することもありません．

● 空芯コイルの巻き線に挑戦

コイルやトランスなどに用いられる銅線は，一般にマグネット・ワイヤと呼ばれています．線材の周りに塗られた絶縁材の種類によって，ポリウレタン線（UEW）とポリエステル線（PEW）があります．

UEWは耐熱温度130℃なので，はんだこてを直に線に当て，被覆を溶かしてはんだ付けすることができます（紙やすりで少し絶縁材を落としてからのほうが

はんだ付けしやすいですが）．

PEWは耐熱温度155℃なのではんだこてでは被覆が溶けにくく，紙やすりで絶縁体を取り除いてからはんだ付けすることになります．ここでの用途では発熱しないので，線材としてはUEWが適しています．UEWもオヤイデ電気で少量の小売りをしています．

カットオフ周波数が100 kHz以上になるとコイルが小型になり，*LC*フィルタのメリットが出てきます．しかし，ここでは周波数が低いので巻き数が多く，コイルは大きくなります．

図6.2は，図6.1のボビンを使用する一般的な*LC*フィルタの製作に役立つように，3種のUEW径を使用した巻き数-インダクタンスのグラフを作成したものです．実際にコイルを巻いて測定した値なので参考にしてください．

コイルを巻くには，写真6.4に示すような巻き線機があると便利です．根気よく巻けば手巻きも可能です．ただし他人に話しかけられると巻き数を忘れてしまうので，人がいないところで巻く必要があります．

● 50 kHz 4次 *LC* LPFの設計

4.1項では**AD Wavegen**の信号周波数1 kHzにおいて，高域のクロック漏れが目立つことを説明しました．そこで，これらの不要成分を取り除き，オーディオ帯だけを通過させるためのカットオフ（遮断）周波数50 kHzのLPFを設計・製作します．

*LC*フィルタは当然のことながら電源は不要です．またアクティブ・フィルタでは，OPアンプによって許容入力電圧が制限されます．ここでは空芯コイルなのでコイルが飽和しないことから，コンデンサの耐圧が許す範囲で大きな振幅の信号にも使えます．

*LC*フィルタは，信号源抵抗と負荷抵抗を明確にしてから設計します．これらの抵抗値が使用時に異なると設計した周波数特性が乱れてしまいます．

ここでは50 kHz 4次*LC* LPFが目標ですが，設計には回路シミュレータによるモンテカルロ解析を行います．図6.3に回路構成とシミュレーション結果を示します．通常は信号源抵抗$R_1$と負荷抵抗$R_2$が等しい

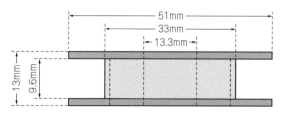

図6.1　空芯コイル用プラスチック小型ボビンの外形（オヤイデ電気）

写真6.3　巻き線が完了した空芯コイル
ポリウレタン線（UEW）を使用

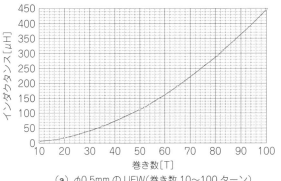

(a) φ0.5mm の UEW(巻き数 10～100 ターン)

(b) φ0.3mm の UEW(巻き数 10～260 ターン)

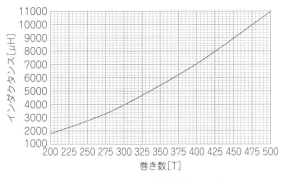

(c) φ0.3mm の UEW(巻き数 200～500 ターン)

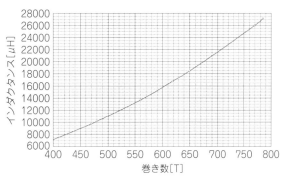

(d) φ0.2mm の UEW(巻き数 400～800 ターン)

**図6.2　図6.1のボビンに対応した巻き数-インダクタンス・グラフ**
このグラフは本記事用途外の*LC*フィルタ用コイルを作るときにも利用できる

Wavegen

+Booster

+3倍

+低歪

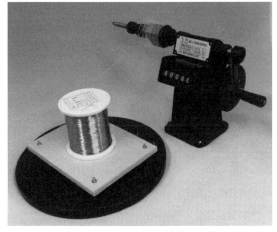

(a) Amazon で入手できる巻き線機

(b) タップを立てるときのタッパも巻き線機として使用できる.
撚り線にも使用できる(Amazon で工具タッパーで検索)

**写真6.4　巻き線機があると製作は楽になる**

*R-R*タイプを使用しますが，これだと信号振幅が半分になってしまいます．

　ここでは**AD**の最大出力振幅が±5 V と小さいことから，これ以上に出力信号は小さくしたくありません．信号源抵抗0Ωの0-*R*タイプを使用することにしました．

● **信号源抵抗0Ωの0-*R*タイプで実現する**

　**図6.4**に信号源抵抗を0Ωとする0-*R*タイプ4次バタワース特性LPFの構成を示します．

　**図6.3**および**図6.4**のシミュレーション結果に示すように，0-*R*タイプは*R-R*タイプに比べて素子の誤差による特性の暴れが大きくなる欠点があります．そのぶん，コンデンサとコイルの誤差を少なくする必要があ

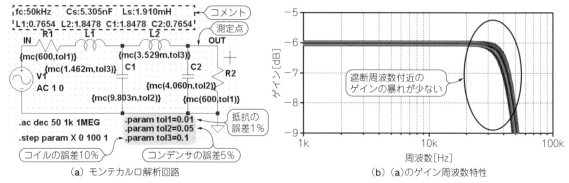

（a）モンテカルロ解析回路

（b）（a）のゲイン周波数特性

図6.3　信号源抵抗と負荷抵抗が同じ値の$R$-$R$タイプ4次バタワース特性LPF（$f_c=50\,\mathrm{kHz}$）のシミュレーション

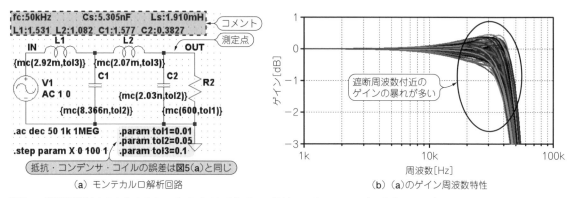

（a）モンテカルロ解析回路

（b）（a）のゲイン周波数特性

図6.4　信号源抵抗を0Ωとする0-$R$タイプ4次バタワース特性LPF（$f_c=50\,\mathrm{kHz}$）のシミュレーション
ゲインの暴れが大きくなっている．$LC$の誤差を小さくすることが必要

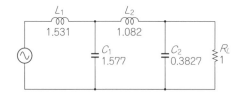

$R_L=600\,\Omega$，$f_c=50\mathrm{kHz}$とすると，基準の$L_S C_S$は，
$$L_S=\frac{R_L}{2\pi f_c}\fallingdotseq 1.91\mathrm{mH}, \quad C_S=\frac{1}{2\pi f_c R_L}\fallingdotseq 5.305\mathrm{nF}$$
正規化値を乗算するだけで$L_1$, $L_2$, $C_1$, $C_2$が求まる
$L_1=L_S\times 1.531\fallingdotseq 2.92\mathrm{mH}$，　$C_1=C_S\times 1.577\fallingdotseq 8.37\mathrm{nF}$
$L_2=L_S\times 1.082\fallingdotseq 2.07\mathrm{mH}$，　$C_2=C_S\times 0.3827\fallingdotseq 2.03\mathrm{nF}$

図6.5　0-$R$タイプ4次バタワース$LC$ LPFの回路，
正規化値と$LC$定数の算出

ります．$LC$フィルタの設計は正規化値から定数を算出するのが間違いが少なくて実際的です．

図6.5に設計する0-$R$タイプ4次バタワース特性$LC$ LPFの回路と正規化値を示します．最初にカットオフ周波数と負荷抵抗の値から，基準のコイルの値（$L_s$）とコンデンサの値（$C_s$）を求め，正規化値を乗算すれば簡単に各定数が求まります．

$L_1$が2.92 mHなので，図6.2（c）に示したグラフから$\phi$0.3 mmのUEWを258回，$L_2$が2.07 mHなので図6.2（b）から$\phi$0.5 mmのUEWを217回巻けばよいことが

わかります．少し余分に巻いておき，測定しながら巻き数を減らしていくと確実です．

$C_1$は8.37 nFなので，E系列から8.2 nFのコンデンサを実測し，不足分をE12系列から選んで並列に接続します．$C_2$は2.03 nFですが，出力にケーブルと増幅器の入力容量が加わるので理論値よりも100 pF程度少なめにします．

● 使用するコイルとコンデンサの測定は…

使用するコイルとコンデンサは**AD**の**Impedance**機能で計測し，設計値の1％程度以内に収まっていることを確認します．

**Impedance**機能の詳しい使い方については第10章をご覧ください．インピーダンスを測定する際には，測定周波数と基準抵抗を設定します．測定周波数はフィルタのカットオフ周波数付近，基準抵抗は測定周波数でのコイルとコンデンサのインピーダンスに近い値を選択します．

なおコイルを測定する際には，自己共振周波数付近ではインダクタンスの誤差が大きくなります．よって自己共振周波数の1/10以下の周波数で測定する必要があります．

**AD**では図6.6に示すように**Analyzer**機能で，イン

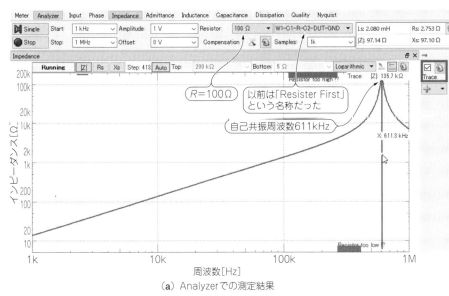

（a）Analyzerでの測定結果　　　　　　　　　　　（b）Meterでの測定結果

図6.6　製作したコイルの測定結果

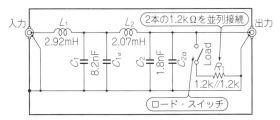

図6.7　製作した50 kHz 4次 *LC* LPFの構成

ピーダンス-周波数特性の全体を確認します．それから図（b）に示すように測定周波数を決めて，**Meter**機能で計測値を得ると確実です．

ここでは測定周波数10 kHzで，アベレージを10回にして計測しました．$L_2$：2.079 mHの計測結果を図（b）に示します．コンデンサも同様にして計測できます．

● 製作した4次 *LC* LPFの特性確認

図6.7に示すのが50 kHz *LC* LPFの回路構成です．オーディオ・アンプなどは入力インピーダンスが10 kΩ以上と高い場合が多いので，そのときは図6.7のロー

ド・スイッチをONに設定します．

写真6.5に示すように，LPFの2つのコイルは結合しやすいので方向を90°ずらし，できるだけ離します．

図6.8はゲイン-位相・周波数特性を測定する専用機FRA5087（NF回路設計ブロック）と，**AD**のネットアナ機能を使った測定結果です．また，シミュレーション値の3つを比較するためExcelで作成したグラフです．

実測値とシミュレーションを比べると，素子の誤差によるゲインのもち上がり（0.2 dB程度）が見られます．しかし，オーディオ帯域の上限である20 kHzまでは±0.1 dB以内に収まっています．ゲインが−70 dB以下になると**AD**のダイナミック・レンジが不足し，これ以上の減衰特性が計測できません．

FRAの測定結果においては，高域に2つのディッ

写真6.5　製作した50 kHz *LC* LPF

（a）LPFの外観（ケースはタカチ UC12-7-16GG）

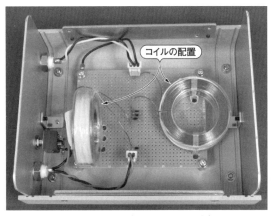

（b）ケース内の実装（2つのコイルの結合を避けるために配置は90°ずらしている）

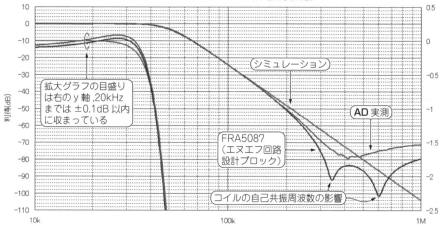

図6.8 *LC* LPFのゲイン
周波数特性のシミュレー
ションおよびFRAとAD
による実際の特性

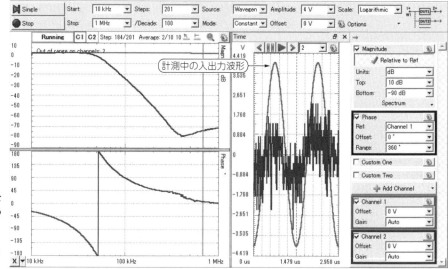

図6.9 *LC* LPFの特性を
AD Network で測定する
と

Options で Settle：10 ms,
Average：10, Avaraging：
10 ms に設定している

プが見られます．これはコイルに含まれる浮遊容量に
よる自己共振特性の影響と思われます．

**● AD ネットアナによる *LC* LPF の測定**

　図6.9は**AD**で*LC* LPFを測定している画面のよう
すです．古いバージョンではネットアナ機能でのアベ
レージ機能がありませんでしたが，Version 3.16.3で
はアベレージ機能が追加されています．Options で
Settle：10 ms, Average：10, Avaraging：10 ms に
設定しています．

　LTspiceのシミュレーション結果をエクスポートし
たデータは，そのままExcelでは読み込みにくい形式
になっています．下記Webページの「アナログお役
立ち実験室」から無料変換ツールがダウンロードでき
ますので利用してください．

　https://yumilab.ei.st.gunma-u.ac.jp/AnalogKnowled
ge/Laboratory/index.html

## 6.3　出力アッテネータの製作

**● 出力アッテネータの必要性**

　第3章，図3.3で説明したように，Wavegen $W_1$ の
増幅回路における雑音発生は，計算値でおよそ744 $\mu$
$V_{rms}$ になります．これは最大出力振幅5 $V_{0-p}$（≒3.54
$V_{rms}$）の0.021 %に相当します．そして**AD**では，出力
振幅の値をメモリ・データのディジタル値で可変しま
す．したがって出力電圧を0.5 $V_{0-p}$にしたときの出力
信号は1/10になりますが，増幅回路で発生した雑音
量は744 $\mu V_{rms}$で同じです．つまり，出力信号の全高
調波ひずみ率は10倍悪化することになります．

　そこで，**AD** Wavegenの出力電圧は最大値付近の
ひずみ率最良の振幅に設定します．そして出力に付加
した$VR_1$で振幅を減衰させると信号と雑音が同率に減
衰するので，出力振幅を絞ったときの全高調波ひずみ

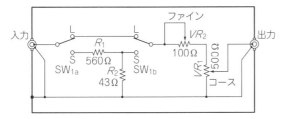

**図6.10 出力アッテネータの回路構成**

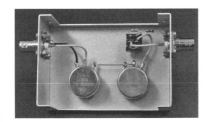

**写真6.6 出力アッテネータ**

（a）内部回路のようす

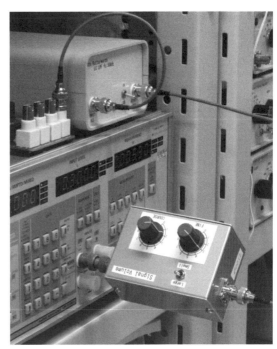

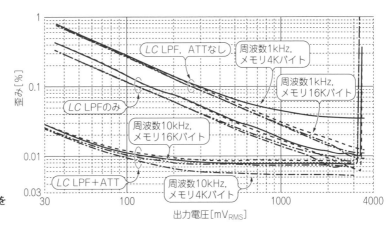

（b）ケーブル容量を防ぐために測定器と一体にして使用する

**図6.11 *LC* LPFと出力アッテネータを使用したときの全高調波ひずみ特性**

の悪化を防ぐことができます．

図6.10が出力アッテネータの回路構成，**写真6.6**に示すのが内部構成と使用例のようすです．この出力アッテネータは*LC* LPFの負荷になることから，抵抗値は600Ω付近にしました．よって，この出力アッテネータを*LC* LPFの出力に接続するときには，*LC* LPFのロード・スイッチはOFFにします．$VR_1$が粗調整用，$VR_2$が微調整用のボリュームです．微小信号を出力する場合はSW$_1$でさらに減衰させます．

機器と接続するときは，ケーブル容量の影響を少なくするために**写真6.6(b)**に示すように後続の機器の近くに配置します．

### ● 全高調波ひずみ計測の結果

図6.11に*LC* LPFと出力アッテネータを使用したときの全高調波ひずみのグラフを示します．

使用したひずみ率計VP-7722Aの高域カットオフ周波数は500kHzに規定されています．したがって，50kHzのLPFを挿入すると周波数帯域幅が1/10になるため，スペクトルが平坦な雑音の場合には雑音電圧が約1/3に減衰するはずです．グラフの結果を見ると若干効果が薄いようです．

1kHz出力ではクロック雑音が多く，*THD*が悪化していますが，*LC* LPFを挿入することにより最大出力付近の1kHzのひずみ率は大きく改善されています．

メモリ容量の4Kと16Kでは若干のひずみの違いが

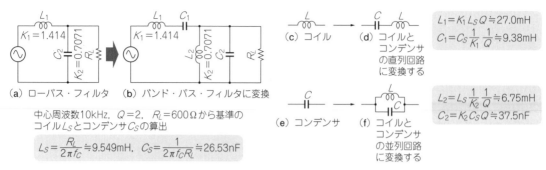

$L_1 = K_1 L_S Q \fallingdotseq 27.0 \text{mH}$
$C_1 = C_S \dfrac{1}{K_1} \dfrac{1}{Q} \fallingdotseq 9.38 \text{mH}$

$L_2 = L_S \dfrac{1}{K_2} \dfrac{1}{Q} \fallingdotseq 6.75 \text{mH}$
$C_2 = K_2 C_S Q \fallingdotseq 37.5 \text{nF}$

（a）ローパス・フィルタ　（b）バンド・パス・フィルタに変換

（c）コイル　（d）コイルとコンデンサの直列回路に変換する

（e）コンデンサ　（f）コイルとコンデンサの並列回路に変換する

中心周波数10kHz，$Q=2$，$R_L=600\,\Omega$から基準のコイル$L_S$とコンデンサ$C_S$の算出

$$L_S = \dfrac{R_L}{2\pi f_C} \fallingdotseq 9.549 \text{mH}, \quad C_S = \dfrac{1}{2\pi f_C R_L} \fallingdotseq 26.53 \text{nF}$$

**図6.12　0-$R$タイプ2次対バタワース$LC$ BPFの回路と正規化と$LC$定数の算出**
$R_L=600\,\Omega$から基準のコイルとコンデンサを算出する，ゲイン周波数特性において通過域の平坦性が良いバタワース特性を選ぶ

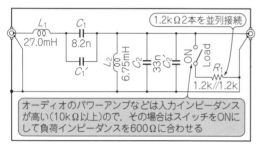

**図6.13　$LC$ BPF（$f_0 = 10$ kHz）の回路構成**
$C_1'$は9.38 nFから$C_1$に搭載した測定容量を引いた値を利用する．$C_2'$は出力に接続される浮遊容量100 pF程度を考慮する．37.5 nFから$C_2$に搭載した測定容量を引いた値を利用する

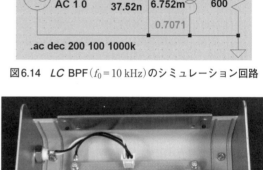

**図6.14　$LC$ BPF（$f_0 = 10$ kHz）のシミュレーション回路**

写真6.7　製作した$f_0 = 10$ kHz の$LC$ BPF（ケースはタカチ UC12-7-16GG）

（a）外観

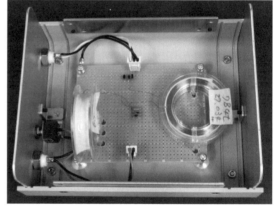

（b）内部のようす

ありますが，16 Kのほうが良いとは限らないようです．

出力振幅を出力アッテネータで減衰させると，小信号でのひずみ悪化が防げているようすがよくわかります．100 mV_RMS以下での悪化は，ひずみ率計の影響があるようです．

## 6.4　中心周波数10 kHz $LC$ BPFの製作

### ● $Q=2$，$R_L=600\,\Omega$ $LC$ BPFの設計

ひずみを低減するためのフィルタは，帯域が狭いほど効果的です．したがって，LPFよりも通過帯域を狭くしたBPF（バンド・パス・フィルタ）のほうがひ

ずみの低減には有効です．ただし，BPF周波数は固定されてしまうので，発振周波数を変えることができません．

$LC$ BPFは**図6.12**に示すように，$LC$ LPFの正規化値を使って設計することができます．

ひずみの低減には雑音除去が大切です．よって，できるだけ帯域幅の狭い，$Q$の高いBPFが望ましいことになります．しかし，各素子の算出式に示すように$Q$を高くすると，コイルのインダクタンス値が比例的に大きくなってしまいます．また空芯コイルを使用するので，あまり大きなインダクタンスを得ることは難しいです．ということで中心周波数は10 kHz，$Q$は2

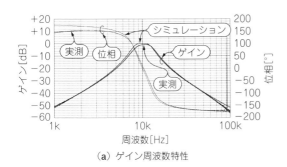

(a) ゲイン周波数特性

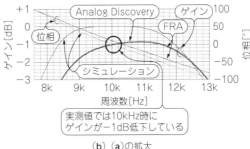

(b) (a)の拡大

図6.15 *LC* BPF($f_0 = 10$ kHz)のシミュレーション特性と実測値との比較

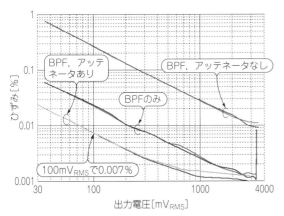

図6.16 *LC* BPF($f_0 = 10$ kHz)を使用したときのひずみ特性改善のようす

にしました.

したがって, 通過帯域は5 kHz, LPFの50 kHzに対して周波数帯域が1/10になるので, 雑音は$1/\sqrt{10}$に減少します. また高調波ひずみが減少するので, よりひずみ低減の効果が期待できます.

中心周波数を10 kHz, $Q$を2にして**図6.12**に示すよ

うに正規化値より算出すると, $L_1$: 27.0 mH, $L_2$: 6.75 mHになります. 先の**図6.1**のグラフから巻き数を求めると,

$L_1$: UEW0.2$\phi$, 785回
$L_2$: UEW0.3$\phi$, 392回

になります. したがって, 先のLPF同様に少し余分に巻き, **AD**の**Impedance Meter**で巻き数を減らしながらインダクタンスを合わせます. **図6.13**に$f_0$: 10 kHz, $Q$: 2, $R_L$: 600 $\Omega$の*LC* BPFの回路構成を示します. **写真6.7**が製作した*LC* BPFの外観と内部のようすです.

● *LC* BPFの特性とひずみの改善

**図6.14**に示す回路構成でシミュレーションした結果と実測値が**図6.15**です. 第7章で紹介する**AD**のネットワーク・アナライザ Network とFRA(Frequency Responce Analyzer)で計測した結果をExcelで重ね書きしています. 2つの計測値はほぼ同じになっています. 中心周波数($f_0 = 10$ kHz)においてシミュレーション値よりもゲインが$-1$ dB程度低下していますが, これはコイルの巻き線抵抗が影響しているようです.

(a) 外観(ケースはタカチ UC9-5-12GG)

(b) 内部構成

(c) 背面(DC 電源入力と入出力 BNC)

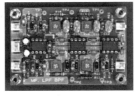

(d) プリント基板

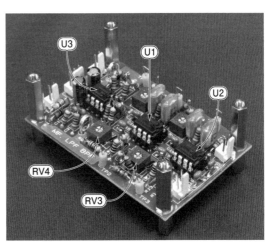

(e) 主要部品の配置

**写真6.8 製作したアクティブLPFとBPF**

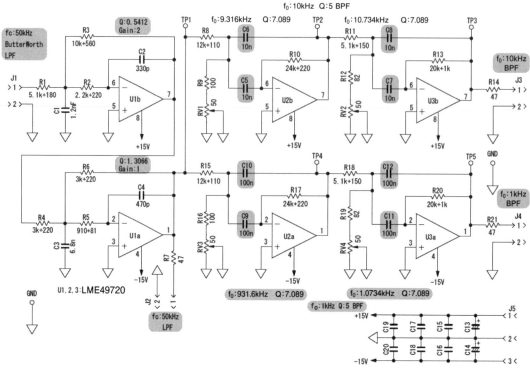

（a）プリント基板の回路構成

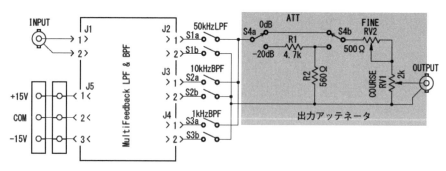

（b）プリント基板とケース部との接続

**図6.17　多重帰還型LPFとBPFの構成**

図6.16がひずみ改善のようすを示したグラフです．BPFを挿入すると，ひずみが1/10以下に改善されています．出力アッテネータを使用すると，さらにひずみが低下します．

ADの使用メモリ容量4Kと16Kではあまり差がないようです．

出力電圧1$V_{RMS}$以下の小信号では，信号が小さくなるほどひずみが増えていきます．理由はひずみ率計内部の雑音が影響しているようです．アッテネータを使った場合は抵抗のひずみはごく小さいです．600Ωの熱雑音も約3nV/$\sqrt{Hz}$で少ないので，小信号でのひずみは1Vでの値と同程度のはずです．

したがって本器の100mV信号を，低ひずみ低雑音増幅器で10倍の1Vにしたときのひずみは，図6.5に示したグラフでの0.007％よりも改善されています．

## 6.5　多重帰還型アクティブLPFとBPFの製作

### ● OPアンプを使ったアクティブLPFとBPF

アクティブ・フィルタは，形状の大きなコイルを使用しないので小型に製作することができます．ここでは$f_c=50$kHzのLPFと，中心周波数が1kHzと10kHzの2種のBPFを1枚の基板に実装します．コンパクトなので，**写真6.8**に示すように出力アッテネータも一緒にケースに組み込みました．

オーディオ帯域で周波数特性を測定する場合は，$f_c$

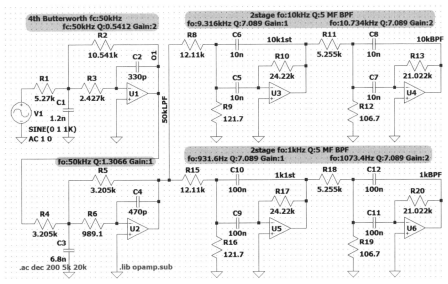

図6.18 アクティブLPF
とBPFのシミュレーション回路

＝50 kHz LPFを使用します．ひずみの測定には1 kHz
と10 kHzのBPF出力を使用します．

　電源は外部から±15 Vを供給します．低コストで場所をとらないことから，MOLEXの基板用コネクタを電源入力に使用しました．2個並列に接続してあるので芋づる式に他の機器に電源供給することもできます．

　フィルタの切り替えはロータリ・スイッチにしたかったのですが，パネル面積が小さいのでトグル・スイッチを使用しました．したがって使用するフィルタのトグル・スイッチだけをONにして，出力同士が接続されないよう他の2つは必ずOFFにします．

● **基本回路は多重帰還型アクティブ・フィルタ**

　図6.17に，カットオフ周波数($f_c$)50 kHzの多重帰還型4次バタワースLPFと，中心周波数($f_0$)1 kHzと10 kHzの多重帰還型BPFの回路図を示します．より高域の雑音を減衰させるために，LPFの出力にBPFを接続しています．使用しているOPアンプは，すべて1パッケージ2回路入りの低ひずみOPアンプLME49720です．

　ADからの出力が最大±5 Vなので，より大きな信号が得られるようU$_{1b}$のLPFで2倍のゲインにしています．BPFのトータル・ゲインは1倍です．したがって各出力とも最大出力電圧が±10 V（7 V$_{rms}$）になります．

　BPFは正確な中心周波数が必要です．$RV_1 \sim RV_4$で中心周波数を調整します．$C_5 \sim C_{12}$は，ADを使って測定・選別し，誤差1％程度以内のものを使用しました．

● **多重帰還型4次バタワースLPFの設計と特性**

　OPアンプでは，±入力の振れ（同相電圧の変動）が

少ないほどひずみの発生が少なくなります．したがって一般的な非反転構成のサレンキー・フィルタ回路に比べると，**多重帰還LPFは＋入力がグラウンド電位になるためOPアンプの±入力の振れは小さく，低ひずみが期待できます**．

　多重帰還型4次バタワースLPFの設計については章末の**コラム(6)①**（任意コンデンサ比で設計できる多重帰還型LPFの素子値算出方法）を参照してください．この方法で設計すると，手もちのコンデンサの容量をADで正確に測定することにより，コンデンサの選別が不要となり，高精度LPFを実現することができます．

　図6.18の回路でLPFをシミュレーションした結果が図6.19です．実測値とともにExcelで重ね書きしています．実測値もシミュレーションとほぼ同じ特性になっています．

　図6.20は，使用した4種のOPアンプによるひずみ特性の違いです．TL072では出力振幅2 V$_{rms}$以上で大きなひずみが発生しています．OPA2134，NE5532，LME49720の全高調波ひずみは同程度ですが，2次から10次までの高調波のみの特性$THD_1$では，NE5532とLME49720のひずみがごく少ないことがわかります．

● **多重帰還型2次対バタワースBPFの設計**

　図6.17に示した2つのBPFも，ひずみ特性を重視して±入力の振れが少ない多重帰還型2段のバタワースBPFです．

　中心周波数は10 kHzと1 kHzです．2つのBPFの抵抗値はそれぞれ同じ値で，4個のコンデンサの容量が10 nFと100 nFになっています．中心周波数でのゲインは1倍で，$Q$は$LC$ BPFよりも大きい5にしています．したがって中心周波数10 kHzでは，通過帯域幅が2

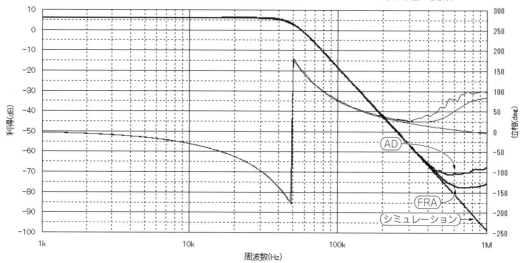

図6.19　LPFのシミュレーション結果と実測値

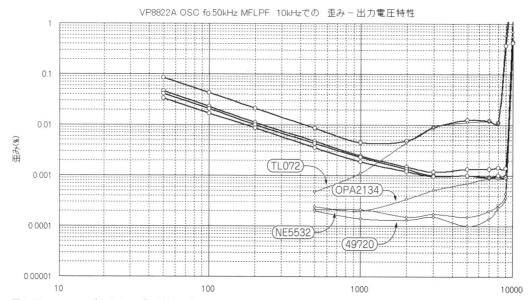

図6.20　OPアンプによるひずみ特性の違い

OPアンプを取り替えてひずみ率を確認した．TL072では出力振幅2 V$_{RMS}$以上で大きなひずみが発生する．VP-7722Aのオシレータを利用した．NE5532とLME49720のひずみが小さい

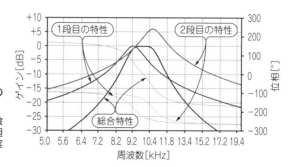

図6.21　10 kHz BPF の
シミュレーション結果

1段目と2段目の中心周波数をずらし，$f_0$付近が平坦になるバタワース特性を実現する

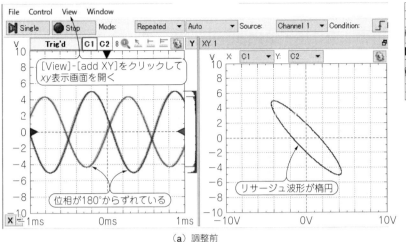
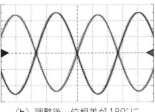

（b）調整後…位相差が180°になっている

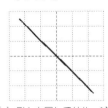

（c）$RV_2$ を回してリサージュ波形を直線にする

（a）調整前

**図6.22　ScopeによるBPFの中心周波数調整**

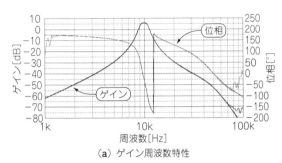

（a）ゲイン周波数特性

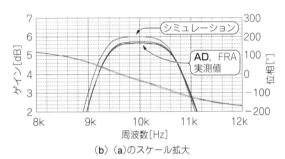

（b）（a）のスケール拡大

**図6.23　10 kHz BPFのゲイン周波数特性 シミュレーションと実際の測定値**

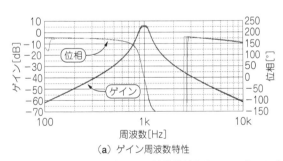

（a）ゲイン周波数特性

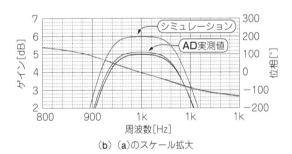

（b）（a）のスケール拡大

**図6.24　1 kHz BPFのゲイン周波数特性シミュレーションと実際の測定値**

kHzと狭くなります．設計方法は章末の**コラム(6)**②（任意の利得が実現できる多重帰還BPFの素子値算出方法）を参照してください．

中心周波数が10 kHzですが，**図6.21**のシミュレーション結果に示すように，各段の中心周波数は9.316 kHzと10.734 kHzにずらしています．こうすることにより，中心周波数付近の通過域ゲインが平坦なバタワース特性，$Q=5$のBPFが実現できます．

BPFでは中心周波数が正確でないと，通過域ゲインの平坦部が傾いてしまいます．このため$RV_1$，$RV_2$で中心周波数を正確に調整します．

● **多重帰還型2次対バタワースBPFの調整**

多重帰還型バタワースBPFでは，中心周波数で波形が反転してちょうど180°になります．

各段の入力と出力を**AD**に接続します．10 kHz BPFの初段の場合は，**Wavegen**の発振周波数を9.316 kHzにし，**図6.22**に示すように**Scope**機能で波形を観測し，$XY$表示を追加して，リサージュ波形が楕円から直線になるよう$RV_1$を調整します．

同様にして後段は10.734 kHzに設定し，後段の入出力を**AD**に接続して$RV_2$を回し，リサージュ波形が直線になるよう調整します．

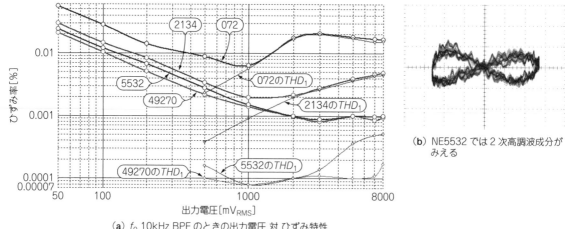

（a）$f_0$ 10kHz BPF のときの出力電圧 対 ひずみ特性

（b）NE5532 では 2 次高調波成分が みえる

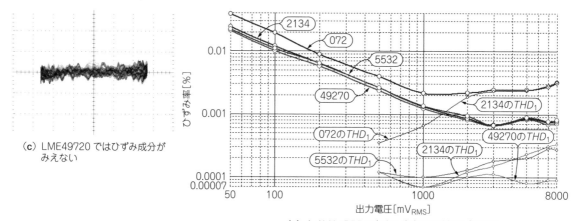

（c）LME49720 ではひずみ成分が みえない

（d）$f_0$ 1kHz BPF のときの出力電圧 対 ひずみ特性

**図6.25 OPアンプによってひずみ特性が異なる**

● **多重帰還型2次LPF対バタワースBPFの特性とひずみ**

図6.18の回路でシミュレーションした結果と，実測値を比較したのが図6.23，図6.24です．LPFのときと同様に実測値とともにExcelで重ね書きしています．中心周波数でのゲインが10 kHzでは0.3 dB，1 kHzでは1 dB程低下しています．これは抵抗・コンデンサの誤差が影響していると思われます．

図6.25（a）は4種のOPアンプによる10 kHzでのひずみ特性の違いです．LPFと同様に，TL072では出力振幅2 $V_{rms}$以上で大きなひずみが発生しています．

雑音を除いた$THD_1$では超低ひずみをうたっている**LME49720がもっとも低く，**ついでNE5532，OPA2134の順になっています．

VP-7722Aのひずみモニタ出力をDSOでリサージュ波形としてアベレージすると，**図6.25（b）**に示すようにNE5532では2次高調波成分が見えますが，LME49720では図6.25（c）に示すようにひずみ成分が見えません．図6.25（d）は1 kHzでのBPFのひずみ特性です．

● **LPF BPF ATT を組み合わせたひずみ特性**

OPアンプの出力に600 Ωのアッテネータを接続するのは負荷として若干，重くなります．そこで**AD**の出力は最大にして，図6.17（b）に示すようにアッテネータで信号振幅を調整してひずみ率を測定しました．

図6.26に示すのが最終特性です．フィルタなしのときに比べ，LPFのみでは100 m〜1 $V_{rms}$の間でグラフが重なっていますが，これはゲインを2倍にしたためです．LPFのデータをゲイン1/2にしてずらすとその効果がわかります．全高調波ひずみが約半分になっています．またBPFを挿入すると，全高調波ひずみが1/10以上減衰しています．

さらにアッテネータを入れると，若干下がっただけのグラフになっています．これは$LC$ BPFで説明したように，ひずみ率計内部の雑音が影響しています．

ひずみ率計に内蔵されている$f_c$：80 kHzのLPFを挿入すると，高域雑音が減衰するため，さらにひずみが下がります．

2次から10次までの高調波ひずみ成分だけの$THD_1$

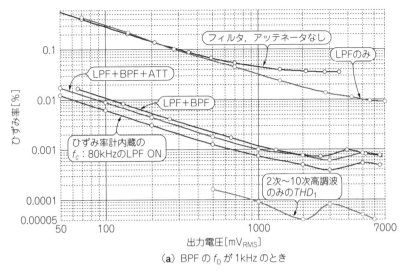

（a）BPF の $f_0$ が 1kHz のとき

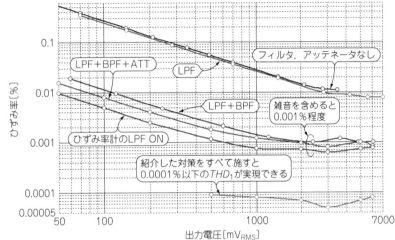

**図6.26　アクティブ・フィルタと出力アッテネータを追加すると$THD_1$が0.0001 %以下になる**

（b）BPF の $f_0$ が 10kHz のとき

は，0.0001 %を切ったデータが得られています．グラフの形が若干変ですが，これはひずみ率計の限界に近いひずみ率のためと思われます．

## ［コラム（6）］ 多重帰還型アクティブ・フィルタのアレンジ法

### ① 任意コンデンサ比で設計できる多重帰還LPFの素子値算出方法

4次バタワース・アクティブLPFの正規化値は，

1段目 $f_1$：1，$Q$：0.5412，
2段目 $f_1$：1，$Q$：1.3066，

となっています．バタワース特性を得るときは周波数の正規化値が各段とも1なので，トータルのカットオフ周波数と各段のカットオフ周波数が同じになります．

**図6.A**の前段の記号を使用し，必要な利得を$A$とすると，特性を実現するコンデンサの比は下記の値以上です．

コンデンサ比 $n \geqq 4Q^2(1+A)$

$$R_3 = \frac{1+\sqrt{1-\dfrac{4Q^2(1+A)}{n}}}{4\pi \times f_c \times Q \times C_2}$$

$$R_1 = R_3/A$$

$$R_2 = \frac{1}{(2\pi \times f_c)^2 \times R_3 \times C_1 \times C_2}$$

上記より，$C_1$，$C_2$ 2つのコンデンサの比は，

$$4 \times Q^2 \times (1+A) \fallingdotseq 3.515$$

この値よりも大きくて近い値を選びます．E系列で適合するコンデンサの組み合わせは数多くありますが，カットオフ周波数でのインピーダンスが数kΩ程度の値を選択します．ここでは1.2 nFと330 pFを選択，よって容量比は約3.636．これより，上記定数で$R_1$，$R_2$，$R_3$を算出すると**図6.A**に示す定数になります．

実際に使用するコンデンサの容量を測定すると，

$C_1$：1.228 nF，$C_2$：327.6 pF

でした．実際に使用するコンデンサの値を上記の式にあてはめ再計算すると，

$R_1$：5.609 k，$R_2$：2.245 k，$R_3$：11.218 k

同様に$C_3$，$C_4$を選び実測すると，

$C_3$：6.745 nF，$C_4$：471.6 pF

式にあてはめ抵抗値を算出すると，

$R_4$：3.131 k，$R_5$：1.017 k，$R_6$：3.131 k

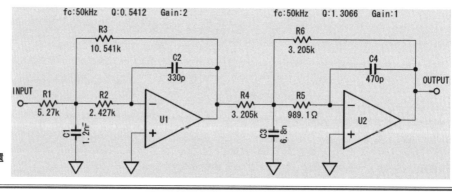

図6.A　多重帰還
LPF回路の例

となります．E24系列誤差1％の金属被膜抵抗を2本直列または並列に接続し，上記に近い値にして実装します．実際はExcelなどに上式を書き込んで求めると，瞬時に誤りのない値が求まります．求まった値でシミュレーションして検証します．ただし，当然ながらこの方法は大量生産には向きません．

## 2 任意の利得が実現できる 多重帰還BPFの素子値算出方法

2段バタワース Q：5 アクティブBPFの正規化値は，

1段目　$f$：0.9316，$Q$：7.089
2段目　$f$：1.0734，$Q$：7.089
補正利得　2.010

です．

各段のゲインが1の場合，中心周波数のトータル・ゲインが1より小さくなります．その場合に補正利得倍すると中心周波数の通過利得が1になります．

図6.Bの前段の記号を使用し，必要な利得を$A$として，中心周波数で数kΩのインピーダンスになるE系

列の切りの良いコンデンサ値を選びます．

ここでは10 nFを選びます．

$C_f$：10 nF

$$t_0 = \frac{1}{2\pi}\sqrt{\frac{R_1+R_3}{C_1 \times C_2 \times R_1 \times R_2 \times R_3}}$$

$$C_f = C_1 = C_2$$

$$R_2 = \frac{Q}{\pi \times f_0 \times C_f}$$

$$R_1 = \frac{R_2}{2 \times A}$$

$$R_3 = \frac{R_2}{2(2 \times Q^2 - A)}$$

上式から求めた各抵抗値は図6.Bの通りになります．

BPFの中心周波数は正確に調整する必要があるので，$R_2$, $R_5$は半固定抵抗にします．コンデンサは誤差1〜2％以内のものを選別して使用します．抵抗はE24系列誤差1％の金属被膜抵抗を2本直列または並列にし，上記に近い値のものを使用します．

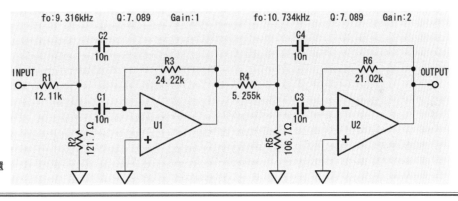

図6.B　多重帰還
BPF回路の例

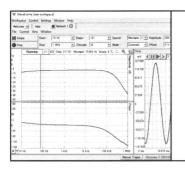

# 第7章

### 利得・位相-周波数特性測定を自動化する

# ネットワーク・アナライザ機能… Network 活用法

Intro

Scope

Wavegen

+Booster

+3相

+低歪

Network

Spectrum

+LPF

Impedance

Tracer

App

電子回路の実験・検証において，アンプや回路部品などDUT（Device Under Test：被測定体）の回路網としてのリアルな特性を確認することはとても重要です．この測定は既知の信号発生器SG出力をDUT入力に接続し，SGの周波数を変化させながらオシロスコープなどでDUT出力の**利得と位相の周波数特性**を把握すれば良いはずです．しかし，これを個別装置の組み合わせで行うのは合理的ではありません．

SGの操作，周波数スイープ，利得・位相-周波数特性測定など一連の作業を自動的に行うのが，ネットワーク・アナライザ（ネットアナと表記）と呼ばれる装置です．**AD**（Analog Discovery）には**WaveForms**によるネットアナ機能**Network**が組み込まれており，使わない手はありません．使用法の熟知をぜひともお勧めします．

## 7.1 ネットワーク・アナライザのあらまし

### ● オシロの次に欲しくなる測定器

一般的になってきたオシロスコープを超えて，次の高度な測定器と呼ばれる代表的なものに「スペクトラム・アナライザ（スペアナ）」と「ネットワーク・アナライザ（ネットアナ）」と呼ばれるものがあります（**図7.1**）．

スペアナは**図7.1**(a)に示すように，信号に含まれる周波数成分を分析し，横軸に周波数，縦軸に信号レ

ベルの大きさを表示するものです．対して，ネットアナは図(b)に示すように，横軸は周波数ですが，縦軸に利得と位相が表示されるので，アンプやフィルタなどの利得・位相-周波数特性を表示します．この章では**AD**の特筆すべき機能といえるネットアナの活用について紹介します．

### ● スイープする発振器とディジタル・スコープ

筆者が新人だった頃は，ネットワーク・アナライザは会社にとっても高価な機器で，おいそれと手の出せるものではありませんでした．よって，アンプやフィルタの利得-周波数特性を測定する際には，まず発振器と周波数を確認するカウンタがあり，指針式の交流電圧計で周波数1点ごとに測定し，データをグラフ用紙に書き込んでいたものでした．とくに周波数が10 Hz程度以下になると，交流電圧計では針が振動してしまい測定できず，残光性オシロスコープの画面を注視しながら振幅を測定したものでした．

このような作業が**AD**の**Network**機能を使うと，いとも簡単にmHzの極低周波から25 MHz程度までの利得・位相-周波数特性がPC画面に描かれます．そしてデータをエクスポートすると，Excelでまとめることもできるようになります．ただし，1点の周波数

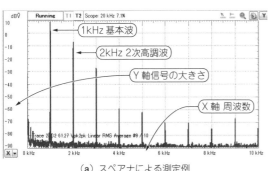

（a）スペアナによる測定例

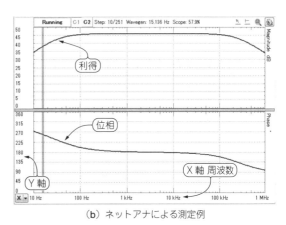

（b）ネットアナによる測定例

**図7.1　図3.5**（p.49）**で示したエミッタ共通アンプの特性をスペアナとネットアナで測定**
1 kHzの正弦波を増幅・出力したときの信号を測定している．スペアナではアンプのひずみを高調波として観測するが，ネットアナでは周波数によってゲインと位相がどう変化するかを知ることができる

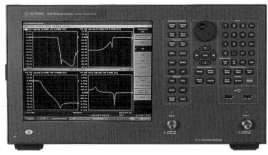

(a) Keysight E5063A, ENA ベクトル・ネットワーク・アナ
ライザ, 測定周波数範囲：100kHz〜4.5/8.5/18GHz,
入出力50Ω

(c) SDR-Kits 社, DG8SAQ VNWA (Vector Network
Analyzer), 測定周波数範囲：1kHz〜1.3GHz, PC
と USB で接続して使用, 入出力50Ω

**写真7.1　各社ネットアナの一例**

ポイントを2〜128波形で測定するので, 周波数が低
くなると当然ながら測定時間は長くなります(1Hzを
2波形で測定すると, 1点測定するのには2秒とその演
算時間が必要).

　近年では**写真7.1**に示すように多くのネットアナが
市販されています. ただし, これらには測定できる最
高周波数が十数MHz程度までのタイプと, RF帯域を
対象とする数GHz以上までのタイプとに大別できる
ようです. **AD**に備わっているネットアナ機能は前者
のタイプです. つまり, 入力信号のインピーダンス・
マッチングは不要な周波数帯域でのネットアナという
ことになります.

● **電子部品の周波数特性などの測定が容易にできる**
　**図7.2**は600Ω：600Ωの低周波信号トランスを**AD**
で測定するときの接続図です. $W_1$信号出力を$CH_1$で
測定し, トランス出力を$CH_2$で測定します. $CH_1$の振
幅と$CH_2$の振幅の比で利得を表示し, $CH_1$の位相と
$CH_2$の位相の差を位相として表示します.

　$CH_1$がA点を測定し, この測定値を基準として$CH_2$
の測定値から利得と位相を算出します. そのためトラ
ンスから見た等価的な信号源インピーダンスは$R_s$の
みになり, $R_{ss}$は無関係になります. ただし$R_{ss}$の両
端に生じた電圧だけA点の測定信号の電圧は減衰し
ます.

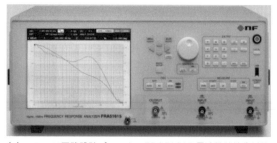

(b) エヌエフ回路設計ブロック, FRA51615 周波数特性分析器
(Frequency Response Analyzer：FRA), 測定周波数範囲：
10μHz〜15MHz（入出力絶縁）, 出力：50Ω, 入力：1MΩ

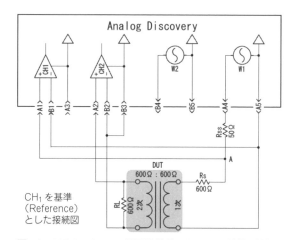

**図7.2　600Ω：600Ω 低周波信号トランスの利得・位相-
周波数特性を測定するときの接続例**

　$W_1$出力が直接短絡されると, **AD**内部の出力アン
プにはストレスがかかります. 通常は$R_{ss}=50Ω$程度
を接続しておくと安心です. 同軸ケーブルとのインピ
ーダンス・マッチングにもなります.

## 7.2　ADのNetwork設定詳細

　**図7.2**の接続において, **AD** WaveForms→**Network**
を起動したときの画面を**図7.3**に示します. 600Ω：
600Ωの低周波信号トランスの利得・位相-周波数特
性を測定している画面です. 設定順に説明します.

● **測定したい上下限周波数の設定：図7.3(a)**
　まず測定したい下限・上限周波数をStart, Stop周
波数に設定します. 設定はプルダウン・メニューから
選ぶこともできるし, 任意の数値を直接キー入力する
こともできます.

　最低下限周波数はプルダウン・メニューから見ると
なんと62.5μHzになっています. この周波数は1周期が
約4.44時間にもなります. 使用する人はいないのでは
ないかと思うほどの低い周波数から設定できます. こ
のような極低周波での周波数分解能は同じく62.5μHz

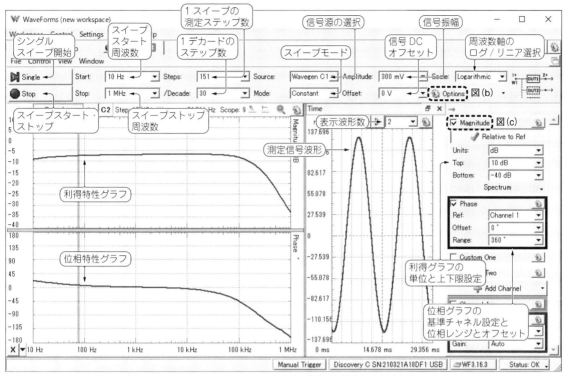

（a）ST71 600Ω：600Ωトランスの利得・位相 - 周波数特性を測定する画面

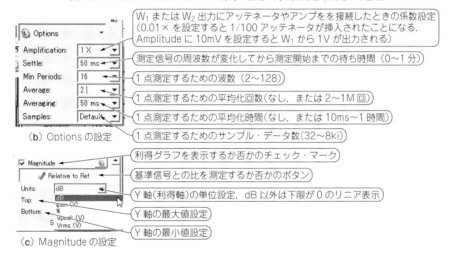

（b）Options の設定

（c）Magnitude の設定

**図7.3　Networkの設定（その1）：上下限周波数などの設定**

のようです.

　最高上限周波数は25 MHzです. 10 MHz以上を設定すると黄色バックに黒の！マークが表示されます. 測定誤差などの仕様が明確ではありませんが, 10 MHz以上では信頼できるデータが測定できないのかもしれません.

　分析ステップ数は, Stepsで全体のステップ数の設定, もしくは/Decade：で周波数10倍あたりのステップ数を設定できます. 10 MHz付近での設定でも分解能が1 Hz以下になるので, 周波数分解能を気にする必要はないようです.

　アンプなどのなだらかな特性の場合はステップ数は少なく, ノッチ・フィルタなどの鋭いディップやピークのある特性ではステップ数を多く設定します.

▶Mode：スイープ方法の選択です. Constant, Table, Customの3つが選択できます. 通常はConstantを使用します.

▶Scale：周波数のログ・スイープとリニア・スイー

プの設定です．一般に周波数スイープ範囲が広い場合はログ・スイープを使用し，狭い場合はリニア・スイープを使用します．

● 測定信号の設定：図7.3(a)
▶ Source：信号源の選択です．W₁とW₂のいずれかが選択できます．画面では「Wavegen C1」と表示されていますが「Wavegen W1」が適切と思います．バージョンアップのとき訂正されるかもしれません．
▶ Amplitude：測定信号電圧です．OptionsのAmplificationが1×に設定してある場合の設定範囲は10 m～5 Vです．W₁からの出力電圧はAmplitudeとAmplificationの2つの設定値により決定されます．詳しくは次のAmplificationで説明します．Offsetは直流バイアス電圧です．

● Options　測定電圧の設定：図7.3(b)
　Optionsの設定は測定電圧と平均化の設定です．
▶ Amplification：W₁出力とDUTとの間にアッテネータやアンプが挿入された場合の係数設定です．
　第3章(Wavegen)で説明したように，W₁に10 mV程度の低レベル出力電圧を設定するとADで発生した雑音が目立ち，信号の$S/N$が悪化します．このためW₁の出力とDUTの間には1/100のアッテネータを挿入し，W₁の出力振幅を1 Vにし，アッテネータで10 mVにしてからDUTに加えると$S/N$が改善されます．
　ネットワーク測定の場合も同様です．利得の大きいアンプでは，出力が飽和しないように信号電圧を小さくしなくてはなりません．このようなときにもW₁出力にアッテネータを挿入して$S/N$を改善します．
　W₁出力に1/100のアッテネータを挿入した場合は，Amplificationの設定を0.01×にします．するとAmplitudeに10 mVを設定したときW₁から1 Vの電圧が出力され，アッテネータ出力電圧が10 mVになります．
　逆にDUTに5 V以上の大きな電圧を加えてネットワーク測定したい場合には，W₁出力にアンプを接続して信号電圧を増大させます．電圧利得10倍のアンプを接続したときは，Amplificationの設定を10×に設定します．するとAmplitudeに10 Vを設定したときW₁から1 Vの電圧が出力され，アンプの出力電圧が10 VになりDUTに印加されます．

● Options　その他の設定：図7.3(b)
▶ Settle：W₁出力の測定信号が設定値になってからサンプル開始までの待ち時間です．
　室内音響測定などの場合，音源から出た音がマイクに届くまでには時間が必要です．つまり，マイクに届くまでの時間を待ってからサンプル開始する必要があ

り，この待ち時間をSettleに設定します．
▶ Min Periods：1点の測定の演算に使用する信号波形の波数の設定で，2～128波形が設定できます．波数が多いほど平均化の効果がでて，データのバラツキが減ります．反面，数十Hz程度以下の低い周波数では波数が多いと測定時間が長くなってしまいます．バラツキと測定時間のトレードオフをして波数を設定します．
▶ Average：1点のデータを複数回測定し，平均化してデータのバラツキを減少させる平均化回数の設定です．
▶ Averaging：1点のデータを測定する際のデータの採取時間の設定です．採取時間が長いほどデータのバラツキが減少します．
　LPFのように高域の利得が減少し，高域データのバラツキが多い場合には，Average回数を増やすと$S/N$の良い低域での測定時間が長くなってしまいます．Averagingの時間で設定すると，低域では平均化の効果は薄いですが，高域ほど波数が増えるため平均化の効果が多くなり，より少ない時間でバラツキの少ないデータが測定できます．
　全体にバラツキが多い場合はAverageで平均化回数を設定します．
▶ Samples：1点測定するためのサンプル・データ数の設定です．サンプル数が多いほどバラツキの少ないデータが測定できます．測定時間は信号波形の波数が支配的なので，通常は最大サンプル数のDefaultに設定します．

● Magnitude　グラフの設定：図7.3(c)
▶ Magnitude：チェック・マークをつけると振幅(利得)特性のグラフが表示されます．
▶ Relative to Ref：ボタンを押した状態ではPhase Refで設定されたチャネルを基準とした値が表示され，離した状態では絶対値が表示されます．
▶ Units：Y軸の単位の設定でdB以外のgain(X)，％，Vpeak(V)，Vrms(V)ではリニア表示になります．
▶ Top/Bottom：Y軸の上端と下端の値の設定です，グラフは10メモリになるので，＋20～－80 dBや＋10～－40 dB等10分割で切りの良い値に設定するとグラフが読みやすくなります．

● Phase　グラフの設定：図7.4(a)
▶ Phase：チェック・マークをつけると位相特性のグラフが表示されます．
▶ Ref：基準チャネルの設定でChannel1またはChannel2が設定できます．
▶ Offset：位相グラフのオフセットの設定です，Range：360°，Offset：180°に設定すると＋360～0°の表示範囲になります．ただしデータをエクスポー

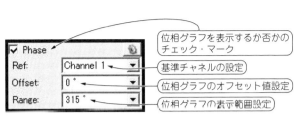

(a) Phase の設定

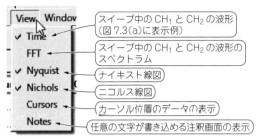

(b) View の設定ゲイン - 位相・周波数グラフと
同時表示できる測定画面

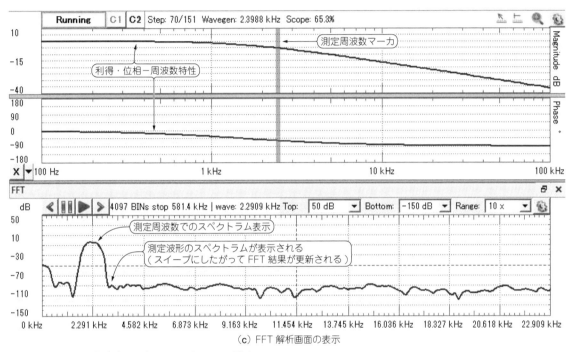

(c) FFT 解析画面の表示

図7.4　Network の設定（その2）：Phase や View の設定

した値は＋360～0°ではなく常に0～±180°になります．
▶ Range：位相グラフの表示範囲の設定です．

● View の設定：図7.4(b)

利得・位相-周波数グラフと同時に表示できる測定画面を追加する設定です．

▶ Time：図7.3(a)右側に示すように，測定中の周波数での信号波形の表示です．上部で表示波形の数を設定できます．

▶ FFT：図7.4(c)下側に示すように，測定中の周波数での信号波形をFFTしたスペクトラム表示です．測定周波数が基本波になり，スイープに従ってスペクトラムの周波数が変化していきます．

▶ Nyquist：図7.5(a)右側に示すように，利得と位相のデータを極座標で表した図です．原点から測定点までのベクトルの長さが利得，実数軸であるX軸とベク

トルの傾きが位相となって表示されます．周波数データがグラフからは読み取れないのであまり電子回路では使用されませんが，アンプや電源の負帰還のループ特性などを表すときや自動制御の分野で使用されます．

▶ Nichols：図7.5(b)に示すように，利得をY軸，位相をX軸としてデータを表示したグラフです．こちらも周波数データがグラフからは読み取れないので電子回路では使用されませんが，自動制御の分野等で使用されるようです．

▶ Cursors：図7.5(c)に示すように，グラフ上にカーソルが表示され，その周波数での利得・位相の数値が示されます．＋ボタンをクリックすると表示され，周波数の欄に任意の周波数が書き込め，その周波数での利得と位相が数字で示されます．

Ref欄に基準のカーソル番号を記入するとそのカーソルとの差分が数字で示されます．

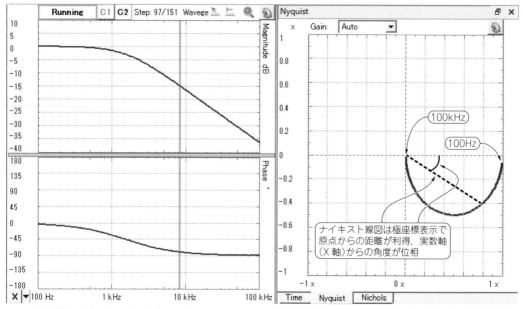

（a）利得・位相 - 周波数特性（ボーデ線図）とナイキスト線図（10kΩ と 10nF の CR LPF 特性 $f_c≒1.59$kHz）

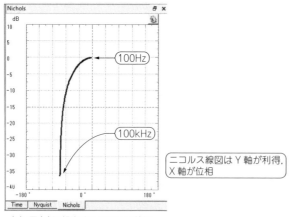

（b）図（a）に相当するニコルス線図

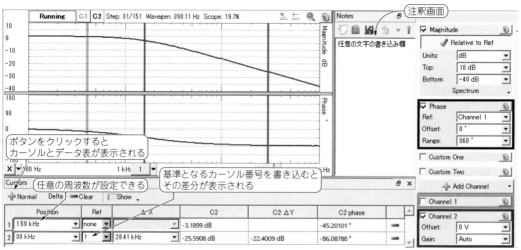

（c）カーソルと注釈の表記

**図7.5 Network の設定（その3）：ボード線図，ナイキスト線図，ニコルス線図などの表示**

▶ Notes：図7.5(c)の右側に示すように，任意の文字が書き込める注釈画面が表示されます.

● Spectrumの設定：図7.6(a)

　ネットワーク測定は通常，掃引周波数の基本波の利得と位相を測定します．しかし，図7.6(a)に示すように任意の次数の高調波の利得グラフを追加表示することができます.

　図7.6(b)は第3章の図3.5で示したエミッタ共通増幅回路における基本波と2次，3次の高調波を測定した結果です．エミッタ抵抗と並列にコンデンサ47 $\mu$F が接続されているため部分帰還が施されません．よって利得は大きいですが，図7.6(b)のように2次ひずみが多く含まれ，その割合もグラフから読み取れます.

　また図7.6(b)は，$W_1$出力に1/100のアッテネータを挿入して，$CH_1$はアンプ入力ではなく$W_1$を直接測定しています．このため$Y$軸のメモリを+40 dBだけ補正する必要があります．$CH_1$をアンプ入力に接続すると，信号レベルが小さいために測定データのバラツキが多くなります.

● Channel OffsetとGain：図7.7
• Offset：View→Timeで表示した波形画面の$Y$軸の直流オフセットの設定です.
• Gain：View→Timeで表示した波形画面の$Y$軸レ

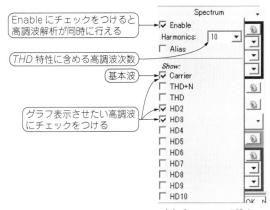

Enableにチェックをつけると高調波解析が同時に行える

THD特性に含める高調波次数

基本波

グラフ表示させたい高調波にチェックをつける

(a) Spectrumの設定

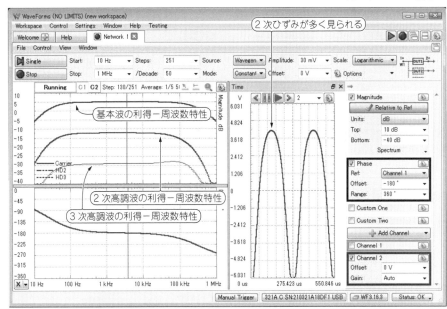

図7.6　Networkの設定（その4）：Spectrumの表示

(b) エミッタ共通アンプの測定でSpectrum機能を使用し，2次($HD_2$)と3次($HD_3$)の高調波を設定したときの測定結果（$W_1$出力に1/100のアッテネータを挿入，$CH_1$は$W_1$を直接計測したので$Y$軸のメモリは+40dB増加する）

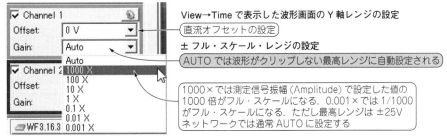

図7.7　Networkの設定（その5）：Channnel Offset Gainの設定

View→Timeで表示した波形画面の$Y$軸レンジの設定
直流オフセットの設定
± フル・スケール・レンジの設定
AUTOでは波形がクリップしない最高レンジに自動設定される

1000×では測定信号振幅（Amplitude）で設定した値の1000倍がフル・スケールになる．0.001×では1/1000がフル・スケールになる．ただし最高レンジは±25V
ネットワークでは通常AUTOに設定する

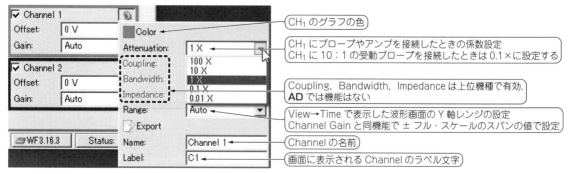

図7.8　Networkの設定(その6)：Channelの設定

（図中の注釈テキスト）

- CH$_1$のグラフの色
- CH$_1$にプローブやアンプを接続したときの係数設定
  CH$_1$に10：1の受動プローブを接続したときは0.1×に設定する
- Coupling, Bandwidth, Impedanceは上位機種で有効.
  **AD**では機能はない
- View→Timeで表示した波形画面のY軸レンジの設定
  Channel Gainと同機能で±フル・スケールのスパンの値で設定
- Channelの名前
- 画面に表示されるChannelのラベル文字

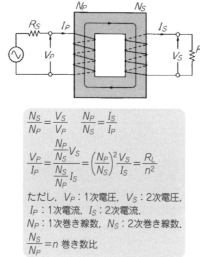

$$\frac{N_S}{N_P}=\frac{V_S}{V_P} \quad \frac{N_P}{N_S}=\frac{I_S}{I_P}$$

$$\frac{V_P}{I_P}=\frac{\frac{N_P}{N_S}V_S}{\frac{N_S}{N_P}I_S}=\left(\frac{N_P}{N_S}\right)^2\frac{V_S}{I_S}=\frac{R_L}{n^2}$$

ただし，$V_P$：1次電圧，$V_S$：2次電圧，
$I_P$：1次電流，$I_S$：2次電流，
$N_P$：1次巻き線数，$N_S$：2次巻き線数，
$\dfrac{N_S}{N_P}=n$ 巻き数比

図7.9　トランスの基本
動作と等価回路

（a）トランスの基本動作

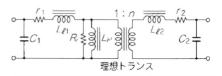

$C_1$：1次巻き線浮遊容量　$C_2$：2次巻き線浮遊容量
$r_1$：1次巻き線抵抗　　　　$r_2$：2次巻き線抵抗
$L_{\ell 1}$：1次巻き線漏れ　　　$L_{\ell 2}$：2次巻き線漏れ
　　　インダクタンス　　　　　　インダクタンス
$L_p$：励磁インダクタンス　$R_i$：鉄損

（b）トランスの等価回路

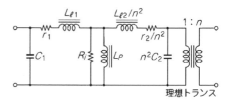

（c）パラメータをすべて1次側に換算した等価回路

ンジの設定です．**図7.3(a)** で示した測定信号振幅
（Amplitude）に対し，設定した値が±フル・スケー
ルになります．AUTOに設定すると波形がクリッ
プしない最高レンジに自動設定されるので，ネット
ワーク測定ではAUTOに設定するのが便利です．

● Channel設定：図7.8

▶ Color：グラフの色設定です．

▶ Attenuation：CH$_1$にプローブやアンプを接続した
ときの係数設定，例えばCH$_1$に10：1の受動プローブ
を接続したときは0.1×に，利得10倍まアンプを接続
したときは10×を設定します．

▶ Coupling, Bandwidth, Impedance：ADP3450な
どの上位機種に有効です．**AD**ではこの機能はありま
せん．

▶ Range：Channel Gainと同じ機能です，波形画面
のY軸の±フルスケールのスパンの値で設定します．
例えば100 mVを設定すると波形画面のY軸が±50
mVになります，ネットワーク測定ではAUTOに設

定するのが便利です．

▶ Name：入力チャネルの名前の設定です．

▶ Label：画面に表示される入力チャネルのラベル文
字の設定です．

## 7.3　トランス測定の予備知識

● トランスのふるまいと等価回路

**図7.9**にトランスの基本動作と等価回路を示します.
**図(a)**に示すようにトランスは入出力電圧が巻き数に
比例し，交流電圧を効率的に降圧・昇圧できます．そ
して入出力を電気的に絶縁できます．ただし，実際に
入出力電圧が正確に巻き数比になるのは負荷抵抗$R_L$
が開放に近いときです．同様に入出力電流が巻き数比
に逆比例しますが，実際に正確に逆比例するのは負荷
抵抗$R_L$が短絡に近いときです．

入出力の電圧電流が上記の関係にあるため，2次側
に接続された$R_L$は1次側から見ると巻き数比の1/2乗
になります．

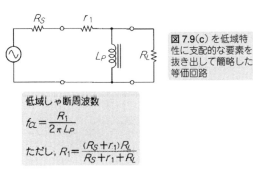

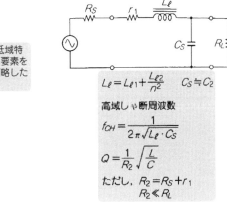

$$L_e = L_{\ell 1} + \frac{L_{\ell 2}}{n^2} \qquad C_S \fallingdotseq C_2$$

高域しゃ断周波数

$$f_{CH} = \frac{1}{2\pi\sqrt{L_e \cdot C_S}}$$

$$Q = \frac{1}{R_2}\sqrt{\frac{L}{C}}$$

ただし, $R_2 = R_S + r_1$
$R_2 \ll R_L$

低域しゃ断周波数

$$f_\alpha = \frac{R_1}{2\pi L_P}$$

ただし, $R_1 = \frac{(R_S + r_1)R_L}{R_S + r_1 + R_L}$

（a）低域でのトランスの等価回路　　　　　　　　　　（b）高域でのトランスの等価回路

図7.10　トランスの等価回路は低域用と高域用に分けるとシンプルになる

回路図に現れないトランスの重要なパラメータに**漏れインダクタンス**（Leakage Inductance）があります. 理想的なトランスは1次側コイルで発生した磁束がすべて2次コイルに鎖交することを前提にしています. しかし実際には2次側に鎖交しない磁束がわずかに生じ, この磁束によって生じるインダクタンスが独立したコイルとして動作します.

この漏れインダクタンスと, コイルの巻き線抵抗, そして巻き線間に生じる浮遊容量を考慮して表したのが図（b）の等価回路です.

● **トランスの周波数特性を検討するとき**

トランスの周波数特性を考えるために, 2次側のパラメータをすべて1次側に換算した等価回路が**図7.9**（c）です. しかし, この図では回路が複雑なので, 周波数特性を低域と高域に分け, 支配的なパラメータを抜き出して整理すると, **図7.10**のようになります. 図（a）が低域での等価回路, 図（b）高域での等価回路です.

トランスの低域特性を決定する主要パラメータは, 図（a）に示すように信号源抵抗（$R_s$）と巻き線抵抗（$r_1$）そして1次インダクタンス（$L_p$）です. トランスの低域カットオフ（しゃ断）周波数をより低くするためには$R_s$と$r_1$を小さく, そして$L_p$を大きくする必要があります. 低域カットオフ周波数をより低くしようと同じ大きさで線材をたくさん巻くと$r_1$が大きくなってしまい, 低域カットオフ周波数が低くなりません. したがって, 低域カットオフ周波数をより低くするには, 同じ巻き数でも高インダクタンスが得られるコアに変更するか, より太い線材で巻き数をより多くして形状を大きくすることになります.

一方, 図（b）に示すようにトランスの高域特性を決定する主要パラメータは漏れインダクタンス（$L_\ell$）と浮遊容量（$C_s$）です. 高域特性をより高くするためには

1次側コイルと2次側コイルの結合度をより良くし, 浮遊容量を減らさなければなりません. 結合度をよくするためには1次側巻き線と2次側巻き線をより近づけなくてはいけません. しかし近づけると1次-2次間の浮遊容量が増加することになります.

## 7.4　市販トランスを測定してみると

筆者の手元にあった低周波トランスの主だったものを**写真7.2**（a）に示します. **写真7.2**（b）が測定中のようすです. タムラ製作所のトランスは入手は難しいですが, オークションでは多く出品されています. 小さな4個のトランスは秋月電子から購入しました. **表7.1**にトランスの特性仕様を示します.

**図7.11**に示すのは, 600 Ω：600 Ωのトランスを**図7.2**に示した接続（$R_{ss}$：50 Ω, $R_s$：600 Ω, $R_L$：600 Ω）で測定した特性です. 測定電圧を10 mV, 100 mV, 1 V, 5 V, に変化させ, 利得・位相-周波数特性を示しています.

● **トランスのコアによる特性の変化**

**図7.11**（a）のTF-5713は測定電圧を変化しても, 利得特性はほぼ同一です. 位相特性は10 Hzから100 kHzの範囲でわずかですが, 測定電圧が低くなるほど位相進みが大きくなっています. これはコアの特性によるもので, 印加信号電圧によってインダクタンスが変化するためです. 100 kHz以上の利得特性に凸凹が見られますが10 Hz〜100 kHzまで平坦な利得特性になっています.

**図**（b）のST71は, 測定電圧が変化すると100 Hz以下で特性が大きく変化しています. これはTF-5713にくらべると, コアの印加電圧による特性の変化が大きいためです. また5 V印加時の特性が30 Hz以下で急に低下しています. これは**図**（d）に示すように, コ

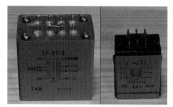

TF-5713　　　　TK-171

写真7.2　トランスの　　ST-71P ST-75 AT129 AT405
特性測定　　　　　　（a）測定したトランス

（b）**AD** の Network 機能で測定中のトランス

表7.1　測定したトランス
のおもなパラメータ

| 型名 | メーカ | $Z_p : Z_s$ | 巻き数比 | $R_p$ | $R_s$ | $L_p$ | $L_\ell$ |
|---|---|---|---|---|---|---|---|
| TF-5713 | タムラ製作所 | 600 Ω ：600 Ω | 1：1 | *67.1 Ω | *82.1 Ω | *8.46 H | *1.24 mH |
| TK-171 | タムラ製作所 | 10 kΩ ：600 Ω | *4.24：1 | *512 Ω | *42.9 Ω | *124 H | *30.3 mH |
| ST-71P | 橋本電気 | 600 Ω ：600 Ω | 1：1 | 51 Ω | 55 Ω | *4.44 H | *1.49 mH |
| ST-75 | 橋本電気 | 10 kΩ ：600 Ω | 4.15：1 | 420 Ω | 21 Ω | *22.8 H | *20.9 mH |
| AT129 | SHINHOM | 600 Ω ：600 Ω | 1：1 | 67 Ω | 55 Ω | *0.679 H | *2.61 mH |
| AT405 | SHINHOM | 10 kΩ ：600 Ω | 4.9：1 | 600 Ω | 100 Ω | *8.96 H | *26.5 mH |

（注）$R_p$：1次巻き線抵抗，$R_s$：2次巻き線抵抗，$L_p$：1次インダクタンス，$L_\ell$：漏れインダクタンス，
*は計測値，他はメーカ発表値，$L_p$は100 Hzにて測定

アが飽和したためインダクタンスが減るとともに信号がひずんでしまっているためです．

図（c）のAT129では，測定電圧によってさらに低域特性が大きく変化しています．一番平坦性の良い1 Vのときでも，10 Hzでは平坦部にくらべて利得特性が11 dB程低下しています．理由は1次側インダクタンスが1.32 Hで，他の2つにくらべて小さいためです．600 kHz付近の利得特性に大きなディップが見られますが，これはST71にくらべると1次側-2次側間の巻き線容量が多いためと推測されます．

● トランスをより広帯域で使用するには

600 Ω：600 Ωトランスなどのインピーダンス表示は，巻き線比を表すとともに通常この程度のインピーダンスで使用するトランスであることを示しています．この定格インピーダンスで最良の平坦特性になる訳ではありません．図7.10に示したように，トランスはより低いインピーダンスで駆動したほうが広帯域になります．

図7.12に，トランスにおける信号源抵抗と負荷抵抗を変えたときの周波数特性の変化を示します．

図（a）はST71を使用し，負荷抵抗オープンの状態で信号源抵抗を変化させたときの利得・位相-周波数特性です．信号源抵抗が低くなるほど低域の特性が改善されますが，高域カットオフ周波数にピークが表れ

てしまいます．これは図7.11（b）で示した$Q$が大きくなってしまうためです．$Q$が0.7程度が高域の平坦性が一番良くなります．

図（b）は信号源抵抗を47 Ωとして負荷抵抗を変化させたときの利得・位相-周波数特性です．負荷抵抗1.2 kΩのときピークがなく平坦性が一番良くなっています．ただ中域部の利得が高インピーダンス負荷よりも−1.1 dB程度に落ちています．

図（c）は，中域では高インピーダンスになるよう，負荷抵抗1.2 kΩに直列に7.5 nFを接続したときの利得・位相-周波数特性です．中域での利得が−0.05 dBと0 dBに近づき，高域のピークもなく広帯域特性になっています．信号源抵抗47 Ωはなくても特性はほとんど変わりませんが，ケーブルが長くなったときの発振対策と短絡保護のため挿入しています．

● コモン・モード対策用絶縁トランスとしての測定

図7.13は600 Ωトランスを使用して入出力絶縁を行い，コモン・モード雑音混入対策をした回路例です．実際にはDACから$R_2$までがオーディオDACで，トランス$T_1$と$IC_3$の回路が後続のプリアンプになります．$R_2$と$T_1$の間はシールド線で接続されています．

図7.14に示す特性は，図7.13で使用するトランスを600 Ω：600 Ωのトランスから10 kΩ：600 Ωの降圧トランスTK171，ST75，AT405に変更して実測した

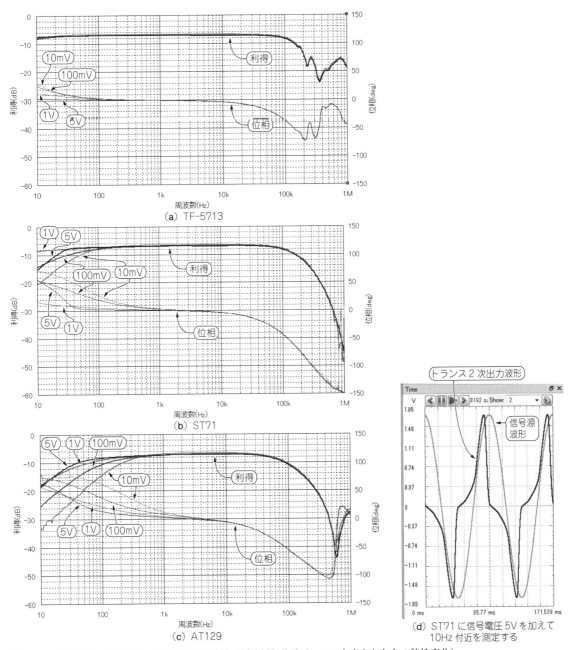

図7.11 **各種トランスの利得・位相‐周波数特性 測定例**(駆動電圧レベルを変えたときの特性変化)

(a) TF-5713

(b) ST71

(c) AT129

(d) ST71 に信号電圧 5V を加えて 10Hz 付近を測定する

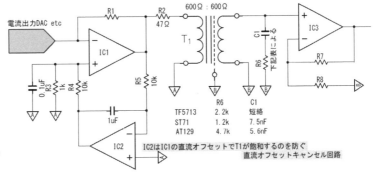

図7.13 600Ω:600Ωトランスを使用したオーディオ用絶縁増幅回路の例

| | R6 | C1 |
|---|---|---|
| TF5713 | 2.2k | 短絡 |
| ST71 | 1.2k | 7.5nF |
| AT129 | 4.7k | 5.6nF |

IC2はIC1の直流オフセットでT1が飽和するのを防ぐ
直流オフセットキャンセル回路

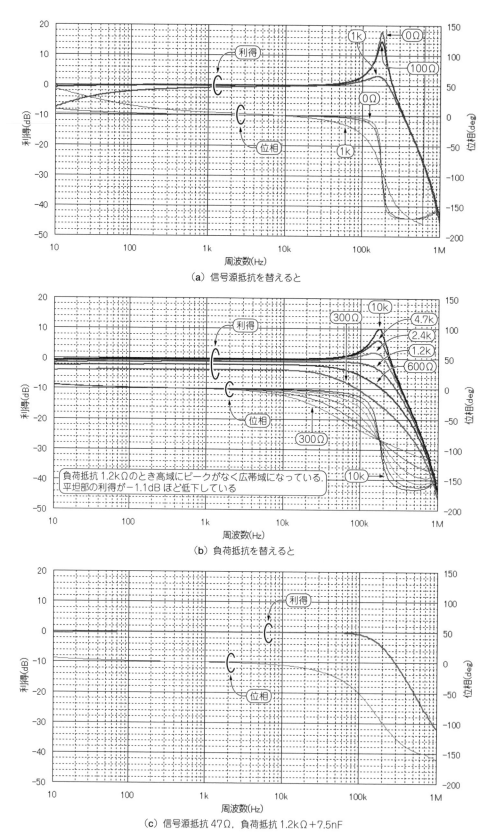

（a）信号源抵抗を替えると

（b）負荷抵抗を替えると

負荷抵抗 1.2kΩのとき高域にピークがなく広帯域になっている．
平坦部の利得が−1.1dBほど低下している

（c）信号源抵抗 47Ω，負荷抵抗 1.2kΩ＋7.5nF

**図7.12　ST71 トランスの信号源抵抗，負荷抵抗を替えたときの利得・位相−周波数特性**

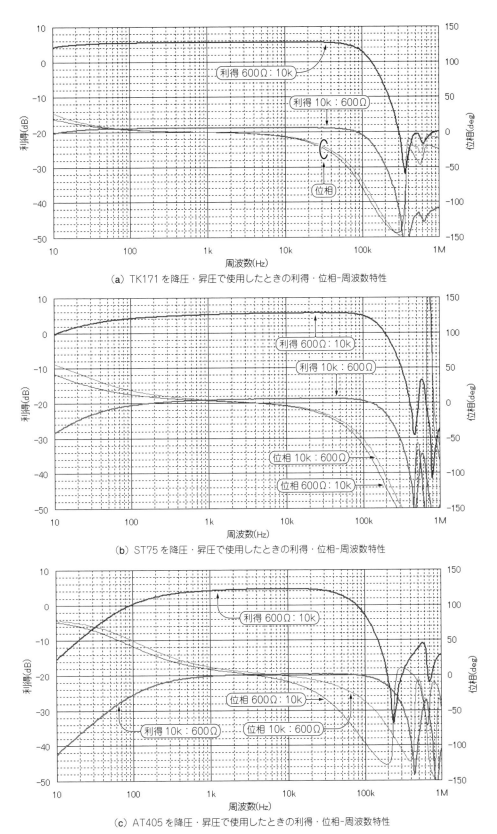

（a）TK171 を降圧・昇圧で使用したときの利得・位相-周波数特性

（b）ST75 を降圧・昇圧で使用したときの利得・位相-周波数特性

（c）AT405 を降圧・昇圧で使用したときの利得・位相-周波数特性

**図7.14　10 kΩ：600 Ωトランスによる利得-位相・周波数特性**

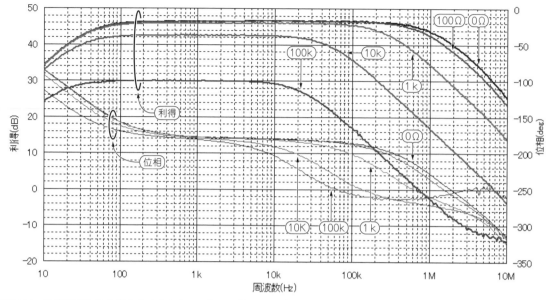

図7.15 信号源抵抗 $R_s$ を変化させたときのエミッタ共通アンプ回路の利得・位相-周波数特性の例

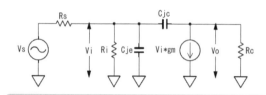

$R_s = R_1 + R_b$, $R_i = R_2 // R_3 // r_i$, $R_c = r_o // R_5 // (R_8 \times h_{fe})$
$R_b$ ：ベース抵抗 100〜400Ω程度
$r_o$ ：トランジスタの出力抵抗
$C_{je}$ ：ベース - エミッタ間接合容量
$C_{jc}$ ：ベース - コレクタ間接合容量
$g_m$ ：相互コンダクタンス…$V_{be}$ の変化に対する $I_c$ の変化の割合
$\quad g_m = I_c/V_T = I_c/25.84\text{mV}$, $I_c$ ：260μA で約10mS
$V_T$ ：熱電圧 約25.84mV
$r_i$ ：トランジスタの入力抵抗
$\quad r_i = h_{fe}/g_m ≒ 283/10\text{mS} ≒ 28\text{k}\Omega$
$h_{fe} = I_c/I_b$…トランジスタやそのランクにより異なる
$\quad$ 2SC1815GR の $h_{fe}$ はデータシートから200〜400.
$\quad$ 幾何平均では283
$r_o = V_A/(g_m × V_T) ≒ 100/ (10\text{mS}×25.84\text{mV}) ≒ 387\text{k}\Omega$
$V_A$ ：アーリ電圧は動作点により変化する.
$\quad$ 2SC1815 の一般的な値は 100 程度

$R_1 = 0\Omega$ では $R_b << R_i$ なので 利得≒$g_m × R_c$.
$\quad$ 実測データでは中域の利得が約200倍なので,
$\quad g_m = 10\text{mS}$ とすると $R_c ≒ 20\text{k}\Omega$.
$R_1 = 100\text{k}\Omega$ では $R_1 >> R_b$ なので.
$\quad$ 平坦部の利得≒$(200×R_i)／(R_s+R_i)$
$R_1 = 100\text{k}\Omega$ のときの平坦部の利得の実測値約31.4 倍から
$\quad R_i ≒ 17.9\text{k}\Omega$
$R_1 = 100\text{k}\Omega$ のときの平坦部の利得が 3dB
$\quad$ 低下する高域カットオフ周波数は, 実測値から 22kHz
高域カットオフ周波数 $f_c = 1/(2\pi \cdot C_{in}(R_s // R_i))$ から
$\quad C_{in} ≒ 477\text{pF}$
$C_{jc}$ はミラー効果により増大するため,
$\quad C_{in} = C_{je} + C_{jc}(1+g_m R_c) ≒ C_{je} + 201 × C_{jc}$
$\quad$ データシートの値から $C_{jc}$ ：2pF とすると $C_{je}$ ：75pF
$R_1 = 0\Omega$ のときの高域カットオフ周波数 1MHz と
$\quad C_{in}$ 477pF から $R_b$ を算出すると,
$\quad R_b = $ 約334Ωとなる

図7.16 中高域の交流等価回路および図7.15のデータと2SC1815のデータから算出した各パラメータ値

利得・位相-周波数特性です. トランスの1次側と2次側を入れ替えると昇圧することもできます. 昇圧時の利得・位相-周波数特性も実測してみました. やはり形状が大きく, 1次側インダクタンスの大きいTK171が低域まで素直に伸びています. そして全体としては600Ω：600Ωのトランスのほうが**図7.13**の回路には適していることがわかります.

## 7.5 エミッタ共通アンプの利得・位相-周波数特性

● 信号源抵抗による利得・位相-周波数特性の変化

**図7.15**は第3章 **図3.5**(p.49)に示したエミッタ共通アンプにおいて, 信号源抵抗 $R_1$ を変化させたときの回路の利得・位相-周波数特性を Network 機能で実測したデータです. $R_1$ の値が高くなると, 中域平坦部の利得が低下するとともに高域カットオフ周波数も低

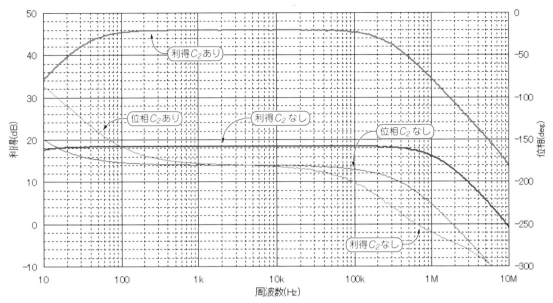

**図7.17 エミッタ共通アンプ回路のエミッタ・コンデンサ$C_2$の有無による利得・位相−周波数特性の変化**

下しています.

　ここでエミッタ共通アンプの動作を理解するために，中高域の交流等価回路の各パラメータを，**図7.15**のデータと2SC1815のデータシートから算出しました．この回路の動作では，とくに重要なのが$g_m$(Mutual Conductance：相互コンダクタンス)とミラー効果です.

### ● 相互コンダクタンスとミラー効果

▶相互コンダクタンス$g_m$

　$g_m$はトランジスタの$V_{be}$(ベース-エミッタ間電圧)が微小変化したときの$I_c$(コレクタ電流)の変化の割合です．$g_m$は$I_c$に比例し，不思議なことに原理的にはすべてのトランジスタで$g_m = I_c/$熱電圧の値になります．ただし同じ$I_c$になる$V_{be}$の値はトランジスタによって異なり，大電力トランジスタほど$V_{be}$の電圧が低くなります.

　先の**図3.5**では，$R_5$の両端電圧が7Vになるように定数を設計しているので，$Q_1$の$I_c$は約$260\,\mu$Aです．したがって$g_m$は約$10\,$mSになります．

▶ミラー効果

　$Q_1$の利得が約200倍なので$Q_1$のベース電位が1mV上昇すると，コレクタ電位が200mV下降することになります．$C_{je}$は片側がグラウンド電位なので，$C_{je}$の両端電位は1mVだけ上昇しますが．$C_{jc}$はベース側が1mV上昇するとコレクタ側が200mV下降し，両端電圧が201mV変化することになります．このため$C_{jc}$に流れる電流は，片端グラウンドの場合にくらべて201倍の電流値になります．このため$C_{jc}$は等価的に201

倍の容量として動作することになります．この現象を発見者の名前にちなんでミラー効果と呼んでいます.

### ● エミッタ・コンデンサによる周波数特性の変化

　**図3.5**の回路ではエミッタ・コンデンサ$C_2$があり，$R_6$に生じる交流成分は$C_2$で短絡され，無視できました．このため$Q_1$のエミッタが交流的にはグラウンド電位にでき，**図7.16**の等価回路が成立しました．

　しかし，$C_2$を取り去ると$R_6$の両端に生じる成分が無視できません．$R_6$の両端に生じる成分は出力である$I_c$と$R_6$を乗算した値になります．そして$Q_1$の$V_{be}$に加わる信号成分は入力信号成分から$R_6$の両端電圧を引いたものになります．**図7.17**に**図3.5**におけるエミッタ・コンデンサ$C_2$の有無による利得・位相-周波数特性の違いを示します.

　このように，入力信号から出力信号の関数である信号を引き算して増幅する方法を**負帰還**と呼んでいます．OPアンプを使用した増幅回路のように最終出力を分圧して入力信号から引き算をする負帰還をオーバオールの負帰還と呼びますが，1つの素子のなかだけで引き算を行うのを**部分負帰還**と呼んでいます.

### ● 部分負帰還の効果

　**図7.18**は$R_6$を加えた中域のみの等価回路です．トランジスタのベース-エミッタ間に加わる電圧$V_{be}$は入力信号$V_s$から$I_c \times R_6$の値が引かれ，負帰還がかかっています．図中の式にあるように，$R_6$によって部分負帰還がかかると$g_m$の値が$1/(1 + g_m \times R_6)$に小さくなり，利得が減少します.

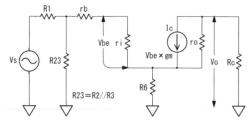

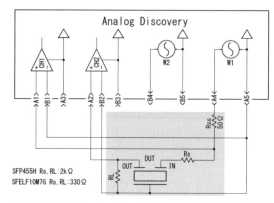

$r_b \ll r_i$, $R_1 \ll r_1$, $R_1 \ll R_{23}$, $R_c \fallingdotseq R_s$ ならば
$g_m = I_c / V_{be}$, $V_{be} = V_s - I_c \times R_6$
$g_m = I_c / (V_s - I_c \times R_6)$
$R_6$ が挿入されたときの電圧 - 電流変換率を $G_m$ とすると

$$G_m = \frac{I_c}{V_s} = \frac{g_m}{1 + g_m \times R_6}$$

$1 \ll g_m \times R_6$ ならば $1+$ が省略できるので

$$G_m \fallingdotseq \frac{g_m}{g_m \times R_6} = \frac{1}{R_6}$$

$r_o \gg R_5$, $R_8 \times h_{fe} \gg R_5$ とすると

電圧利得 $\fallingdotseq \dfrac{V_o}{V_s} \fallingdotseq \dfrac{I_c \times R_5}{V_s} \fallingdotseq g_m \times R_5 \fallingdotseq \dfrac{R_5}{R_6}$

**図7.18　エミッタ・コンデンサを取り外したときの交流中域等価回路**

$g_m$ は $I_c$ の関数で，$I_c$ が増加すると $g_m$ も増加してしまいます．したがって $I_c$ の値により増幅回路の利得が変動することを意味しており，ひずみが生じます．抵抗はトランジスタなどの半導体と異なり，ひずみの原因となる非直線性は非常に少なく，温度特性も良好です．よって部分帰還がかかると，$R_6$ の影響が大きくなることは，ひずみが少なくなり温度無特性も安定なものに改善されることを示しています．

そして $1 \ll g_m \times R_6$ であるなら非直線性の大きい $g_m$ が消去され，$R_5$ と $R_6$ の抵抗で利得が決定され，ひずみや温度ドリフトを大幅に改善することができます．この結果，**図7.17** に示すように利得は減少しますが，

**SFP455H Rs, RL: 2kΩ**
**SFELF10M7G Rs, RL: 330Ω**

**図7.19　セラミック・フィルタを測定するための接続図**

利得が減少したぶんミラー効果の影響も減少し，高域カットオフ周波数が高くなります．

## 7.6　セラミック・フィルタの特性測定

● **IF 用フィルタ 455 kHz と 10.7 MHz**

ネットアナ機能の上限周波数(10 MHz)付近の動作確認のために，セラミック・フィルタの特性を測定してみることにしました．SFP455H は，中心周波数455 kHz の中波放送受信用の中間周波セラミック・フィルタです．SFELF10M7G は，中心周波数 10.7 MHz のFM受信機用中間周波セラミック・フィルタです．いずれも秋月電子から相当品が入手できます．

**図7.19** にセラミック・フィルタを測定するための接続図を示します．種類によって入出力インピーダンスが異なるので，データシートに合わせて $R_s$ と $R_L$ の値を選びます．**写真7.3** が **AD** で測定しているようすです．ケーブルはできるだけ短くして接続しています．

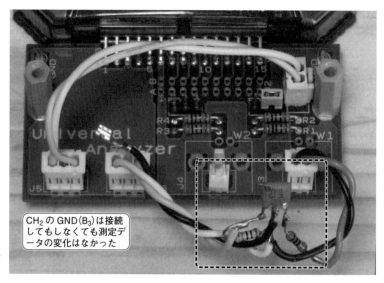

CH2 の GND(B3)は接続してもしなくても測定データの変化はなかった

**写真7.3　AD で SFELF10M7G を測定しているようす**

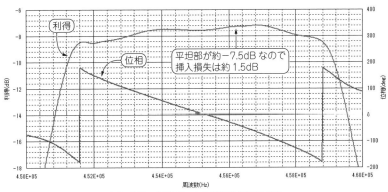

（a）450〜460kHz 中心周波数付近の特性

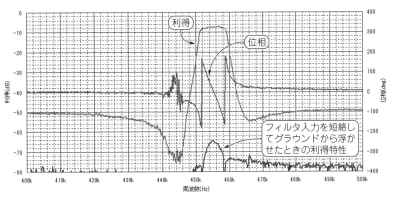

（b）400〜500kHz 中心周波数付近のカットオフ特性

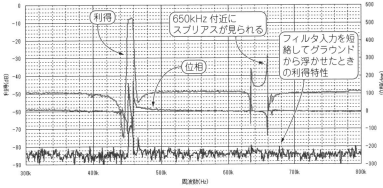

（c）300〜800kHz 広帯域での特性

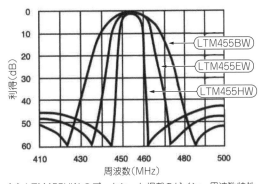

**図7.20　セラミック・フィルタ SFP455H の利得・位相−周波数特性の測定例**

（d）LTM455HW のデータシート掲載のゲイン−周波数特性　（SFP455H のセカンド・ソース品）

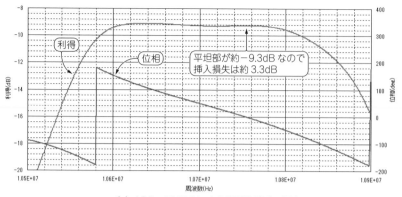

平坦部が約−9.3dB なので
挿入損失は約 3.3dB

（a）10.5〜10.9MHz 中心周波数付近の特性

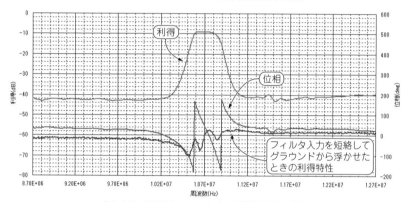

フィルタ入力を短絡して
グラウンドから浮かせた
ときの利得特性

（b）8.7〜12.7MHz カットオフ周波数付近の特性

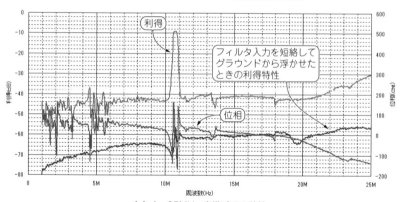

フィルタ入力を短絡して
グラウンドから浮かせた
ときの利得特性

（c）1〜25MHz 広帯域での特性

図7.21　セラミック・フィルタ
SFELF10M7GA の利得・位相−
周波数特性の測定例

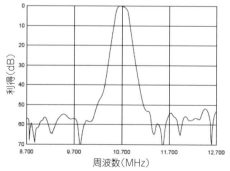

（d）データシートに記載されているゲイン−周波数特性

● SFP455Hの測定

図7.20に示すネットアナ特性が，SFP455Hを測定した結果です．

図(a)は中心周波数付近の特性です．通過域で1dBほどうねりがあります．フィルタでの損失がなくても入出力インピーダンスで利得が−6dB低下します．したがって，通過域の平均利得を−7.5dBとするとフィルタの挿入損失が1.5dBになります．

図(b)は中心周波数付近のカットオフ特性です．図(d)は秋月電子で売られているSFP455Hのセカンド・ソース品のデータシートに書かれている特性です．実測値とは思えないグラフですが，410kHzで45dB程度の減衰量になっています．図(b)を見ると410kHz付近では50−7.5dB≒42.5dB程度の減衰になっています．W₁出力のコネクタを外し，フィルタ入力を短絡すると410kHz付近では−80dB程度のデータになります．

図(c)は広帯域での特性です．650kHz付近にスプリアスが見られます．

● SFELF10M7GAの測定

図7.21はSFELF10M7GAを測定した結果です．

図(a)に示す通過域の平坦部が約−9.3dBなので，挿入損失が約3.3dBです．図(b)は中心周波数付近のカットオフ特性です．

図(d)はSFELF10M7GAのデータシートに記載されているデータです．減衰域では凸凹がありますが，55dB程度の減衰が得られています．図(b)では35dB程度の減衰しか得られていません．測定信号振幅を10dB増加させ，3Vで測定しても結果は同様でした．したがって雑音によるS/N悪化ではなく，測定治具での漏れ込みが無視できない値になっているようです．

10MHz付近の測定にはできる限りパターンを短くし，電磁誘導の影響を減らし，グラウンドを強化した専用のプリント基板治具にする必要があるようです．

図(b)に示すようにW₁出力のコネクタを外し，フィルタ入力を短絡すると8.7MHz付近では−60dB程度のデータになっています．したがって，AD単体では60dB程度のダイナミック・レンジはあるようです．

図(c)は広帯域での特性です．図7.20(c)のような大きなスプリアスは観測されていません．

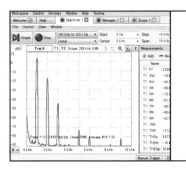

Intro
Scope
Wavegen
+Booster
+3相
+低歪
Network
Spectrum
+LPF
Impedance
Tracer
App

# 第8章

信号の周波数成分を測定・分析する

# スペクトラム・アナライザ機能…
# Spectrum活用法

電気・電子信号の繰り返し波形を**時間領域**(time domain)で見えるようにした測定器がオシロスコープ,時間領域ではなく**周波数領域**(frequency domain)として見えるようにした測定器がスペクトラム・アナライザ(Spectrum Analyzer, 本書ではスペアナと略記)と呼ばれるものです.オシロスコープから得られる波形でも信号の概略はつかめますが,もっと細かい情報を得たいとなると無理があります.

信号に含まれている周波数ごとの成分がわかるようになると,信号の中から必要な成分(情報),あるいは不要な成分の測定が可能になって,信号処理の世界が一気に広がってきます.スペアナは現代において欠かせない測定器として位置づけられています.

## 8.1 スペクトラム・アナライザのあらまし

### ● 周波数ドメイン…周波数成分を測定・分析

第7章でも述べたように,スペアナは信号に含まれる周波数成分を測定・分析し,表示するものです.表示のY軸(縦軸)は信号のレベル,X軸(横軸)は周波数になります.

図8.1に示すのは**AD** Wavegen $W_1$で発生した正弦波 $1\,kHz \cdot 1\,V$($1\,V_{0-p}$ $0.707\,V_{RMS}$)を,同じ**AD**の**Spectrum**で測定したときの結果です.本来なら$1\,kHz$単一周波数成分1本のスペクトルだけのはずで,他の成分は見えないのが理想です.

ところが実際の図8.1では,$2\,kHz$と$3\,kHz$に$-80$ dB,$-74\,dB$のスペクトルが見えています.これは,第6章で紹介したアクティブBPF($1\,kHz$)を通して高調波を除去しても同様だったので,この余計なスペクトルは**AD**内部のプリアンプによって生じたものと推測できます.

### ● TRアンプを通したWavegen波形を見ると

図8.2は図8.1と同じくWavegen $W_1$で発生した波形を抵抗分圧器で1/100に減衰させ,第3章 図3.5で

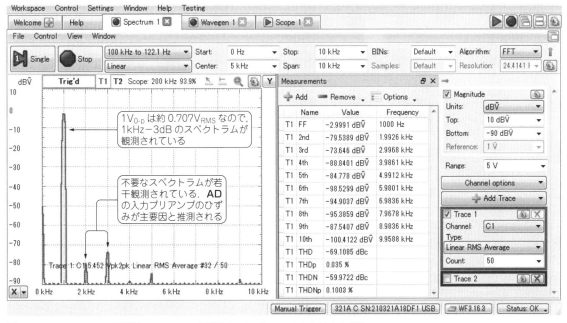

図8.1 Wavegen $W_1$に正弦波$1\,kHz \cdot 1\,V$を設定して,そのスペクトラムを測定

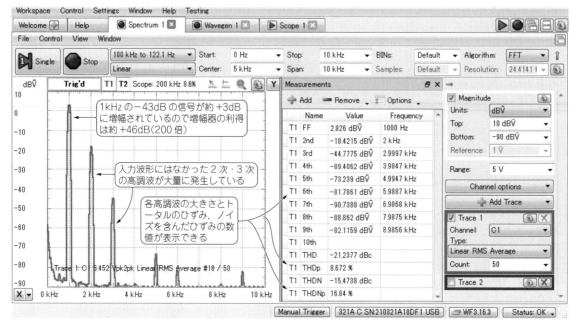

**図8.2　Wavegen W₁ 出力を1/100に分圧し，エミッタ共通アンプで増幅したときのスペクトラムを測定**

紹介したエミッタ共通アンプに入力し，その出力波形を測定したものです．

　図8.2を見ると，図8.1にはなかった大きなレベルの高調波が見られます．これはエミッタ共通アンプで生じた**ひずみ成分**だといえます．**AD**の**Spectrum**にはこの高調波レベルを数字表示する機能があります．図8.2の右側に表示されています．

　この値から，1 kHz：2.826 dBV，2 kHz：−18.42 dBV，3 kHz：−44.78 dBV などということがわかります．さらに，高調波だけのひずみ率$THD_p$が8.67 %，雑音も含めたひずみ率が16.84 %であることがわかります．

　このようにスペクトラム・アナライザでは，信号に含まれる周波数成分を周波数ごとに分離してそれぞれの大きさを測定することができます．

## 8.2　スペアナの原理…2つの方式

● アナログ時代はスイープ方式が主流だった

　スペアナの構成方法には，大きく分けるとスイープ方式とFFT方式と呼ばれるものがあります．スイープ方式の多くにはヘテロダインを使用しています．

　**ヘテロダイン**とは下記の三角関数式が示すように，周波数の異なる2つの正弦波を乗算すると，和と差の周波数に変化することを利用した方式です．

$sinA \times sinB = 1/2 \times (cos(A+B) + cos(A-B))$

　図8.3にスイープ方式スペアナの構成を示します．

　図8.3において200 MHzの信号が入力されると，LO（Local OSC：局部発振器）が1100 MHzを発振し，ヘ

テロダイン（乗算）されると，和の1300 MHzと差の900 MHzが発生します．この図では差の900 MHzだけを取り出し，帯域幅を狭めるためにヘテロダインで周波数を低くしていきます．この部分は現在ではA-Dコンバータでディジタル信号に変え，ディジタル・フィルタで演算して，信号成分を検出しています．ディジタル・フィルタではBPFの帯域幅を1 Hz～1 MHz程度を，目的に応じて自由に選択することができます．

　LOが1101 MHzになると，201 MHzが900 MHzに変換されて201 MHzの成分が検出されます．よってLOをスイープさせることで，各周波数成分が連続して検出できることになります．

　図8.3(a)において100 Hz～500 MHzを測定するのにいったん周波数を900 MHzに上げているのは，ヘテロダインの大敵である，後述するイメージを除去するためです．200 MHzを解析するためにLOを1100 MHzで発振させたとき，2000 MHzの周波数成分が入力されていると1100 MHzのLOによって900 MHzに変換されてしまいます．この不要な2000 MHzを**イメージ**と呼んでいます．

　したがってヘテロダインを行うときには，イメージ周波数成分が乗算器に入力されないようにしなくてはなりません．分析信号よりも高い周波数にヘテロダインすると，図8.3(b)に示すようにイメージ周波数はLOの周波数よりも高い周波数に発生します．よってこの例では，$f_c$：500 MHzのLPFを挿入すれば，分析周波数帯で生じるイメージ成分をすべて除去できることになります．

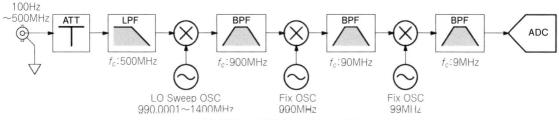

（a）100Hz～500MHz スペアナの構成

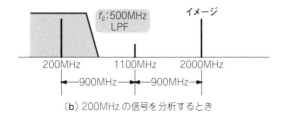

（b）200MHz の信号を分析するとき

**図8.3　スイープ方式スペクトラム・アナライザの構成**

● **最高周波数10 MHz程度以下はFFT方式**

　図8.4はFFT方式スペアナの構成です．このタイプはスペクトラム・アナライザとは呼ばず，FFTアナライザと呼ぶ場合もあります．FFTとはFast Fourier Transformの略で，離散フーリエ変換を高速に演算できるアルゴリズムをさしています．

　FFT方式は，スイープ方式のように順次周波数をスイープするのではありません．一定期間（$T$）の信号をサンプリング（$f_s$のスピードで$N$回）して一度に信号を取り込み，各周波数成分を演算して算出する方式です．ADのSpectrumもFFT方式スペアナになります．

　アナログ信号をディジタル・データに変換するときはA-Dコンバータが使用されていますが，入力のアナログ信号にサンプリング周波数の半分以上の成分が含まれていると，**エイリアシング**と呼ばれる誤データが必ず発生します．

　このため図8.4に示すように，A-Dコンバータにサンプリング周波数の半分以上の周波数成分が入力されないよう，A-Dコンバータ前段にはLPFを挿入します．このフィルタを**アンチエイリアス・フィルタ**と呼びます．エイリアスについては第9章で詳しく説明します．

● **FFTするときの定数**

　図8.5に信号をFFTで分析するときの各定数を示します．図(a)に示すように，測定する波形をサンプリングしてFFT演算すると，各パラメータは次の関係になります．

サンプリング時間：$T = N/f_s$
周波数分解能：$f_r = 1/T = f_s/N$

　そしてFFT演算すると図(b)に示す**Bin**と呼ばれる短冊のようなフィルタ群が等間隔に並んだ形になります．Binはサンプリング周波数の半分まで並ぶので，その数はDCも含めサンプリング点数の半分＋1の数になります．ただし，サンプリング点数の半分付近のBinは使用せず，通常使用するのは最大でもDCから80 ％程度までのBinです．

　図(c)はADで測定したデータをエクスポートしたときの表です．各Binに測定データが格納されています．

● **市販の主なスペアナ**

　写真8.1に汎用測定器として販売されているスペアナの一例を示します．

　写真(a)はスイープ方式のスペアナです．GHzにまで及ぶ高周波が測定できます．入力インピーダンスは50 Ωです．オプションのトラッキング・ジェネレータを組み込むことができ，スペアナの内部ローカル発振器と同期して分析周波数の正弦波をスイープします．この信号出力を増幅器やフィルタに入力し，出力をスペアナに入力すると，利得-周波数特性を測定することができます．ただし，ネットワーク・アナライザのように位相を測定することはできません．

　写真(b)はFFT方式スペアナで，上限周波数は100 kHzです．低周波計測がメインになります．したがってインピーダンス・マッチングの必要はなく，入力インピーダンスは1 MΩです．

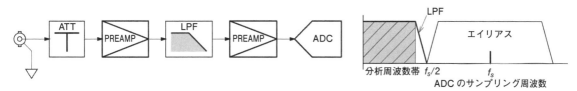

**図8.4　FFT方式スペクトラム・アナライザの構成**

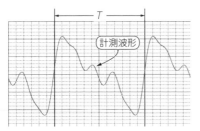

（a）T 時間の間に 200kHz で 8192 点サンプリングする

| | Frequency (Hz) | Trace 1 (dBV) | Phase (deg) | |
|---|---|---|---|---|
| 1 | 0 | -50.2298244377 | 0 | DC |
| 2 | 24.4140625 | -50.5114985468 | 0.669767384102 | 1f_r |
| 3 | 48.828125 | -54.0497372244 | 1.47388402116 | 2f_r |
| 4 | 73.2421875 | -64.8184131164 | 3.78233479959 | 3f_r |
| 5 | 97.65625 | -88.1484214718 | 7.01775794822 | |
| 6 | 122.0703125 | -89.4092785612 | 158.668120355 | |

（c）データをエクスポートすると各 Bin にデータが格納される

**図8.5　FFT で分析するときの各定数**

サンプリング周波数（速度）　$f_s$：200kHz（5μs），
サンプリング点数　$N$：8192 とすると
サンプリング時間　$T = N/f_s = 40.96$ms
周波数分解能　$f_r = f_s/N \fallingdotseq 24.41$Hz
FFT で演算すると直流から $0.5f_s$ まで，$f_r$ の分解能で
$0.5N+1 = 4097$ 個の Bin ができる

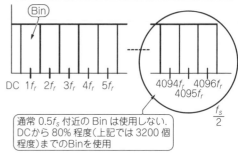

通常 $0.5f_s$ 付近の Bin は使用しない．
DC から 80% 程度（上記では 3200 個
程度）までの Bin を使用

（b）Bin の配列

（a）Keysight N9322C（9kHz～7GHz,
　　 $RBW$：10Hz～3MHz, $Z_{in}$：50Ω）

（c）Signal Hound USB スペクトラム・アナライザ
　　 USB-SA44B（1Hz～4.4GHz, $RBW$：0.1Hz
　　 ～250kHz, $Z_{in}$：50Ω）

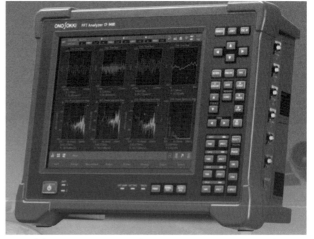

（b）小野測器 CF-9400（100mHz～100kHz, $Z_{in}$：1MΩ）

**写真8.1　汎用の主なスペクトラム・アナライザの例**

　**写真（c）**は PC に USB 接続して使用する，安価なスイープ方式スペアナです．1 Hz ～ 4.4 GHz の周波数範囲が計測でき，50 Ω でインピーダンス・マッチングして使用します．別筐体のトラッキング・ジェネレータを併用すると，利得-周波数特性が測定できます．

## 8.3　Spectrum の使い方

### ● Wavegen W₁ の 1 kHz・1 V 方形波を測定する

　**図8.6** は Wavegen $W_1$ で発生した 1 kHz・1 V の方形波を CH₁ に入力して，測定しているようすです．
　周波数レンジを 100 kHz，グラフ表示周波数範囲を

DC ～ 10 kHz に設定してあります．スペクトラム・グラフの右にある表は View→Measurement で Dynamic と Harmonics から項目を選んで表示しています．高調波ひずみやノイズを含んだ高調波ひずみ，そして各高調波の振幅レベルを数値表示することができます．

### ● 周波数レンジの設定　Freq. Range

　**図8.7（a）**は周波数レンジのプルダウン・メニューを開いたところです．測定周波数の上限値を 20 Hz ～ 50 MHz まで 1, 2, 5, シーケンスで選択できます．各周波数レンジの 2 倍周波数がサンプリング周波数になります．

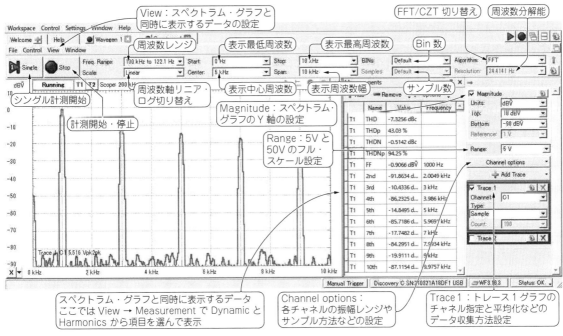

図8.6 W₁出力からの方形波1 kHz・1 Vを測定している画面

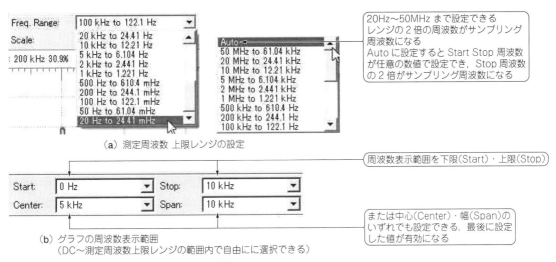

（a）測定周波数 上限レンジの設定

（b）グラフの周波数表示範囲
（DC〜測定周波数上限レンジの範囲内で自由にに選択できる）

図8.7 Freq. Rangeの設定（図8.6 画面の一部拡張）

AUTOに設定するとStart Stop周波数が任意の数値で設定でき，Stop周波数の2倍がサンプリング周波数になります．

図8.7(b)はグラフの周波数表示範囲を設定する部分です．DC〜計測周波数上限レンジの範囲内で自由に設定できます．設定方法は下限（Start）・上限（Stop）を設定する方法と，中心（Center）・幅（Span）を設定する方法のいずれも可能です．最後に設定した値が有効になり，もう一方の設定法の数値が自動修正されます．

周波数レンジが決定すると，すべての周波数範囲で同じ分解能帯域幅（RBW：Resolution Band Width）に

なります．このため周波数レンジの低域部分だけ表示するとスペクトルの幅が広くなり，上限周波数付近まで表示するとスペクトル幅が線状になります．**図8.6**では上限周波数100 kHzでDC 〜10 kHzの表示範囲に設定しています．

● 解析アルゴリズムの設定

図8.8は解析アルゴリズムの選択です．アルゴリズムは **FFT**（Fast Fourier Transform）と **CZT**（Chirp Z Transform）の2つです．

FFTはサンプル数が2のN乗のとき高速に動作し，

## [コラム(7)] 単一周波数成分の信号と雑音

### ● 抵抗の熱雑音…白色雑音

スペアナによる測定は，一定の帯域幅をもつBPF(Band Pass Filter)の中心周波数をスイープして信号を分析するのと等価な動作です．測定する信号は単一周波数成分からなる信号だけではなく，さまざまな周波数成分が含まれる信号を計測しなくてはなりません．とくに抵抗や半導体から発生する雑音は，低域から高域まで広帯域の周波数成分が含まれています．

抵抗 $R$ [Ω] から発生する雑音は，抵抗固有の雑音とすべての抵抗から発生する熱雑音の2つで構成されます．抵抗固有の雑音は金属皮膜よりも炭素皮膜，薄膜よりも厚膜のほうが多い傾向にあります．

熱雑音は抵抗の種類によらず抵抗値の平方根に比例し，周波数スペクトラムが平坦な雑音で，その電圧 $v_n$ は下式から求まります．

$$v_n = \sqrt{4\,kTRB}\ [\text{V}_{\text{RMS}}]$$

$k$：ボルツマン定数($1.38 \times 10^{-23}$J/K)
$T$：絶対温度[K]，$R$：抵抗値[Ω]，$B$：帯域幅[Hz]

たとえば温度27℃で，1 kΩから発生する雑音が10 kHz雑音帯域幅で発生する雑音量は，

$T[\text{K}] = T + 273$ [℃] から

$$v_n = \sqrt{4\,kTRB}$$
$$\fallingdotseq \sqrt{4 \times 1.38 \times 10^{-23} \times 300°\text{K} \times 1\,\text{k}\Omega \times 10\,\text{kHz}}$$
$$\fallingdotseq 407\ \text{nV}_{\text{RMS}}$$

このように抵抗から発生する熱雑音は，温度・抵抗値・周波数帯域幅の3つのパラメータの積の平方根に比例します．

また，熱雑音の周波数スペクトラムは平坦なので，1 kHzを中心とした100 Hz幅の雑音電圧と，1 MHzを中心とした100 Hz幅の雑音電圧は同じ値になります．このように平坦なスペクトラムの雑音を白色雑音(White Noise)と言います．

### ● 音響用－10 dB/decの傾きをもつピンク・ノイズ

－10 dB/decの傾きをもったランダム雑音はピンク・ノイズ(Pink Noise)と呼ばれ，音響の分野で使用されています．ピンク・ノイズは中心周波数が異なる同じ $Q$ のBPFで抽出すると同じ振幅になり，高域で電力密度が増加するのを防ぐことができます．

ホワイト・ノイズでスピーカを駆動すると高音用スピーカの電力が過多になり，低音用スピーカの電力が不足する不都合が生じます．

熱雑音と等価の雑音の場合(OPアンプの中域周波数帯で発生する雑音など)には，1 Hz当たりの雑音電圧がわかれば任意の帯域幅の雑音電圧が容易に求まります．この1 Hz当たりの雑音電圧を，**雑音電圧密度**といい，雑音電圧が周波数帯域幅の平方根に比例することから，単位は$\text{V}/\sqrt{\text{Hz}}$になります．

### ● 単一周波数成分からなる信号をBPFで検出すると

図8.Aに単一周波数成分を異なる帯域幅のBPFで検出する例を示します．これからわかるように，スペアナで単一周波数成分の信号を異なる帯域幅で検出しても，振幅の値は変わりません．

ところが図8.Bに示すように多くの周波数成分を含む雑音を，異なる帯域幅で検出すると帯域幅の平方根に比例して振幅が変化してしまいます．

スペアナのなかにはPSD(Power Spectrum Density)モードをもつ機種があります．PSDモードにすると，Y軸の単位が雑音電圧密度になり$\text{V}/\sqrt{\text{Hz}}$（または$\text{dBV}/\sqrt{\text{Hz}}$，$0\ \text{dBV}/\sqrt{\text{Hz}} = 1\ \text{V}/\sqrt{\text{Hz}}$）の表示になります．

単一周波数成分の信号と熱雑音が合成された信号の場合に，等価的帯域幅1 Hzで分析すればどちらも正しい振幅値になります．しかし帯域幅1 Hz以外，たとえば帯域幅10 Hzで分析すると通常のモードでは雑音が$\sqrt{10}$倍，PSDモードでは信号が$1/\sqrt{10}$になって表示されるので注意が必要です．

ADにもPSDモード$\text{V}/\sqrt{\text{Hz}}$単位が用意されています．

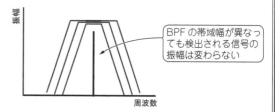

図8.A　単一周波数からなる信号を異なる帯域幅のBPFで検出すると

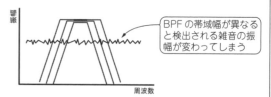

図8.B　多くの周波数成分をふくむ雑音を異なる帯域幅のBPFで検出すると

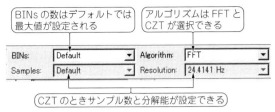

BINs の数はデフォルトでは最大値が設定される

アルゴリズムは FFT と CZT が選択できる

CZT のときサンプル数と分解能が設定できる

図8.8　Bin数とフーリエ解析アルゴリズムの設定（図8.6画面の一部拡張）

サンプル数が素数になると遅くなります．CZT は FFT よりも一般的に遅いですが，サンプル数が素数になっても速度が変わらず，FFT よりも高速になる場合があります．

　FFT を選ぶと，BINsの数により自動的にSamplesと Resolution が設定されます．CZT に設定するとSamplesと Resolution を任意に設定できます．

　通常はFFTでBINs：Defaultに設定しておくと最大Bin数，2の$N$乗の最大サンプル数で解析できます．

　サンプル数の最大値は　Setting→Device Managerで選択できます．Scope を2×16 K に設定すると最大の Samples：16 K，BINs：8.193 K に設定でき，分解能が最小になります．

● Y軸設定…振幅単位とグラフの上限・下限の設定
　図8.9は，Y軸の設定で振幅の単位とグラフの上限・

下限が設定できます．単位は図8.9(b)に示す12種類が使用できます．Peak(V)，RMS(V)，V/$\sqrt{\text{Hz}}$ がリニア目盛り，ほかはdB目盛りです．

　グラフはつねに10分割です．したがって＋10～－90 dB など，10分割できる上限・下限値を選ぶとグラフが見やすくなります．

● アナログ入力の設定　Channel options
　図8.10は，CH$_1$ とCH$_2$ のアナログ入力の設定です．Offset，Range はView→Timeで波形表示したときのY軸設定です．Attenuationは，アナログ入力前段にアッテネータや増幅器を挿入したときに設定します．

　10：1の電圧プローブを使用すると，信号が1/10になって入力に加わります．このとき×10に設定するとデータが10倍され，プローブに入力された信号振幅に補正されます．100倍の増幅器を接続したときは×0.01に設定すれば，増幅器の入力に加わった電圧に補正されます．

　ADに内蔵されているA-Dコンバータは，100 MHz（10 ns）の変換速度をもっています．**周波数レンジを100 kHzに設定すると，サンプリング速度は200 kHz（5 $\mu$s）です．**つまり，100 kHzレンジでは1サンプルにおいて，100回A-D変換することができます．データが100個得られることになります．この100個のデータのうち1個だけ使用し残りを捨ててしまうのが，Sampling Mode のDecimateです．

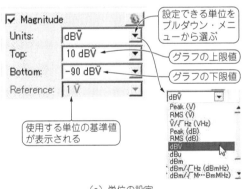

設定できる単位をプルダウン・メニューから選ぶ

グラフの上限値

グラフの下限値

使用する単位の基準値が表示される

(a) 単位の設定

Peak(V)　：正弦波のピーク値(リニア軸)
RMS(V)　：正弦波の実効値(リニア軸)
V/$\sqrt{\text{Hz}}$　：雑音電圧密度(帯域幅1Hzのときの雑音電圧)(リニア軸)
Peak(dB)　：1V$_{peak}$ を0dBとして表示
RMS(dB)　：基準値を0dBとして実効値表示
dBV　：1V$_{RMS}$ を0dBとして実効値表示
dBu　：600Ω，1mW，774.597mV$_{RMS}$ を0dBとして実効値表示
dBm　：50Ω，1mW，223.607mV$_{RMS}$ を0dBとして実効値表示
dBm$\sqrt{\text{Hz}}$：223.607mV$_{RMS}$ を0dBとして雑音電圧密度表示
dBm$\sqrt{\text{M}}$：223.607mV$_{RMS}$ を0dBとして1MHz帯域幅の雑音電圧密度表示
dBO　：Rangeの半分の値(フルスケール)を0dBとして表示
dBFS　：Rangeの半分の値(フルスケール)を－3.0103dB(実効値)として表示

(b) 設定できる単位

図8.9　Y軸の設定，振幅の単位とグラフの上限・下限の設定（図8.6画面の一部拡張）

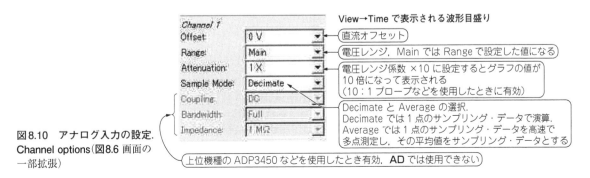

View→Time で表示される波形目盛り

直流オフセット

電圧レンジ，Main では Range で設定した値になる

電圧レンジ係数 ×10 に設定するとグラフの値が10倍になって表示される（10：1プローブなどを使用したときに有効）

Decimate と Average の選択．Decimate では1点のサンプリング・データで演算．Average では1点のサンプリング・データを高速で多点測定し，その平均値をサンプリング・データとする

図8.10　アナログ入力の設定．Channel options（図8.6 画面の一部拡張）

上位機種の ADP3450 などを使用したとき有効．AD では使用できない

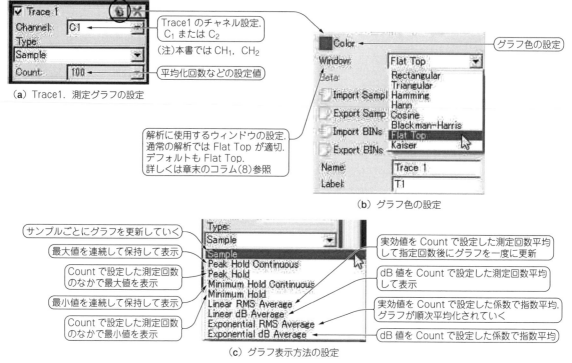

（a）Trace1．測定グラフの設定

（b）グラフ色の設定

（c）グラフ表示方法の設定

図8.11　測定グラフの設定（図8.6画面の一部拡張）

また，100個のデータを平均化して使用するのがAverageです．よって，Averageに設定したほうがデータのばらつきが減少し，高域の不要成分も減衰させることができます．

Coupling，Bandwidth，Impedanceは，上位機種ADP3450などを使用したときに有効です．ハードが対応していない**AD**では使用しません．

● 測定グラフの設定

図8.11は測定グラフの設定です．Trace1とTrace2の2つのグラフが使用できます．ChannelでC1，またはC2を選びます．Typeはアベレージなどのデータの表示方法です．図(c)に示す**9種類から選択**できます．

Linearアベレージはアベレージ回数後に一度にグラフが書き変わり，Exponentialアベレージは1サンプルごとに設定した係数で順次平均化していきます．

図(a)の歯車（設定）では，図(b)に示す機能があります．Windowは解析の際に重要な窓関数設定の役割を果たし，8種が用意されています．詳しくは章末の**コラム(8)**をご覧ください．実用的には**Flat Top**を選んでおくと，周波数分解能も，Binの中心周波数のずれによる振幅変動も良好です．デフォルトもFlat Topになっています．

図(c)はグラフの表示方法です．測定データを単純にプロットしていくだけでなく，最大値や最小値を保

持したり，平均化してグラフ化することができます．Linear Averageは，指定回数測定後にグラフが一度に更新されます．Exponential Averageはグラフが1サンプルごとに順次平均化されていきます．

● 関連するグラフの設定　View

図8.12(a)は関連する（図8.6画面の一部拡張）グラフの設定です．スペクトラム・グラフと同時に関係するグラフや表を表示する9個の機能があります．

図8.12(b)のPersistenceは，スペクトラムの発生頻度を色分けして表示する機能です．スペクトラムの周波数が時間変動する場合や，雑音の発生頻度を観測する場合に有効な機能です．

図8.12(c)は計測しているデータの波形表示です．1サンプル期間のすべてが表示されます．周波数レンジが100 kHzの場合にはサンプリング周波数が200 kHz（5 μs），サンプリング点数8192からサンプリング期間が40.96 msになり，その時間内（±20.48 ms）の波形を表示します．

● 測定定数などの設定　Constant etc

図8.13は各種測定定数などを設定するものです．図(a)Measurementは，計測の際の定数や各種計測値そして高調波の次数とレベル，周波数を表示できます．

+Addボタンを押すと図(a)のウィンドウが開きます．

表示したい項目を選択しAddボタンを押し，Closeボタンを押すと選択された項目が表示されています．多くの項目が表示されますが，不必要な項目は選択した後−Removeボタンで削除することができます．

図(b)Constantは，A−Dコンバータと解析アルゴリズムによる理論値の計測定数です．雑音計測の場合に，計測した値を$RBW$の平方根で除算すると1Hzあたりの雑音電圧密度が求まります．

図(c)Dynamicは，計測したデータから算出した各種計測値です．ひずみ率などは増幅器の性能評価に重要です．

図(d)Harmonicsは基本波と高調波の次数や周波数そしてレベルの表示です．表示高調波の数はOptionで設定することができます．計測周波数はBinの周波数分解能により誤差が生じます．

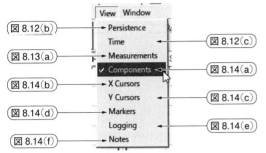

(a) スペクトラムと同時に9機能のグラフや表が表示できる

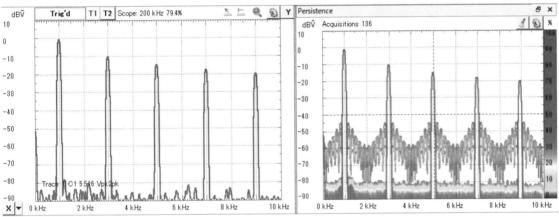

(b) Persistence…スペクトラム・グラフの発生頻度を色別に表示

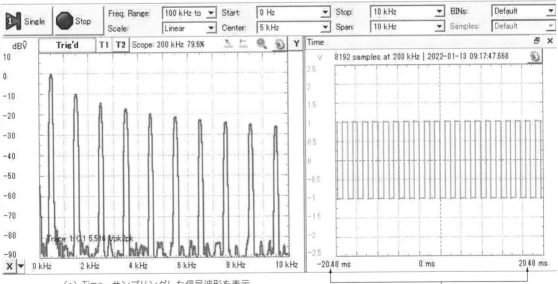

(c) Time…サンプリングした信号波形を表示
（この例では500Hz 方形波）

周波数レンジが100kHz なのでサンプリング周波数が200kHz，サンプリング点数 8192 からサンプリング期間が 40.96ms になる．その時間内（±20.48ms）の波形を表示している

図8.12 関連するグラフの設定 View

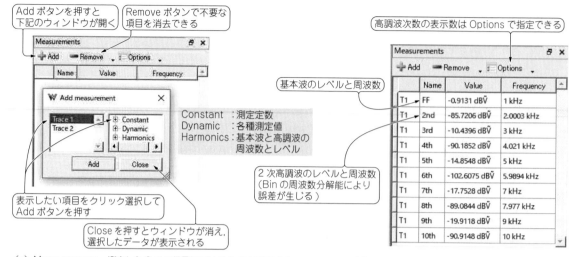

（a）Measurements…測定した 2 つの信号について 3 つを表示する

（d）Harmonics：基本波と高調波の周波数とレベル

|    | Name | Value | Frequency |
|----|------|-------|-----------|
| T1 | FF | -0.9131 dBV̂ | 1 kHz |
| T1 | 2nd | -85.7206 dBV̂ | 2.0003 kHz |
| T1 | 3rd | -10.4396 dBV̂ | 3 kHz |
| T1 | 4th | -90.1852 dBV̂ | 4.021 kHz |
| T1 | 5th | -14.8548 dBV̂ | 5 kHz |
| T1 | 6th | -102.6075 dBV̂ | 5.9894 kHz |
| T1 | 7th | -17.7528 dBV̂ | 7 kHz |
| T1 | 8th | -89.0844 dBV̂ | 7.977 kHz |
| T1 | 9th | -19.9118 dBV̂ | 9 kHz |
| T1 | 10th | -90.9148 dBV̂ | 10 kHz |

|    | Name | Value |
|----|------|-------|
| T1 | ENBW | 3.7706 |
| T1 | Resolution | 24.414 Hz |
| T1 | RBW | 92.056 Hz |
| T1 | FS | 5.801 dBV̂ |
| T1 | DNR | 122.2 dBFS |
| T1 | Bits | 14 |
| T1 | Bins | 4087 |
| T1 | Samples | 8192 |

ENBW ：窓関数による等価雑音帯域幅係数
Resolution ：図 8.5(a)に示した Bin の分解能（Bin の幅）
RBW ：分解能帯域幅　$RBW = ENBW \times Resolution$
FS ：正弦波のときのフル・スケール実効値電圧 5.801dBV̂≒1.95V$_{rms}$
DNR ：ダイナミック・レンジ：フルスケールと最小検出分解能との比
Bits ：A-D コンバータのビット数
Bins ：図 8.5(a) の Bin 数
Samples ：1 回の測定で使用するサンプリング点数

（b）Constant：測定定数（A-D コンバータと解析アルゴリズムによる理論値）

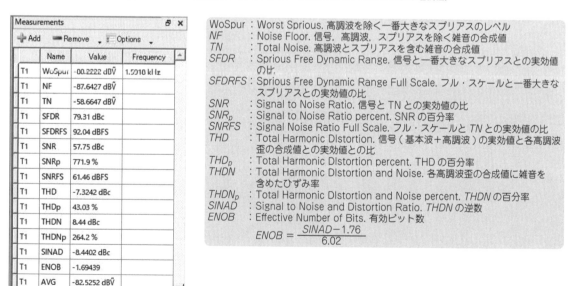

| | Name | Value | Frequency |
|----|------|-------|-----------|
| T1 | WoSpur | -00.2222 dBV̂ | 1.5010 kHz |
| T1 | NF | -87.6427 dBV̂ | |
| T1 | TN | -58.6647 dBV̂ | |
| T1 | SFDR | 79.31 dBc | |
| T1 | SFDRFS | 92.04 dBFS | |
| T1 | SNR | 57.75 dBc | |
| T1 | SNRp | 771.9 % | |
| T1 | SNRFS | 61.46 dBFS | |
| T1 | THD | -7.3242 dBc | |
| T1 | THDp | 43.03 % | |
| T1 | THDN | 8.44 dBc | |
| T1 | THDNp | 264.2 % | |
| T1 | SINAD | -8.4402 dBc | |
| T1 | ENOB | -1.69439 | |
| T1 | AVG | -82.5252 dBV̂ | |

WoSpur ：Worst Sprious. 高調波を除く一番大きなスプリアスのレベル
NF ：Noise Floor. 信号，高調波，スプリアスを除く雑音の合成値
TN ：Total Noise. 高調波とスプリアスを含む雑音の合成値
SFDR ：Sprious Free Dynamic Range. 信号と一番大きなスプリアスとの実効値の比
SFDRFS ：Sprious Free Dynamic Range Full Scale. フル・スケールと一番大きなスプリアスとの実効値の比
SNR ：Signal to Noise Ratio. 信号と TN との実効値の比
SNR$_p$ ：Signal to Noise Ratio percent. SNR の百分率
SNRFS ：Signal Noise Ratio Full Scale. フル・スケールと TN との実効値の比
THD ：Total Harmonic DIstortion. 信号（基本波＋高調波）の実効値と各高調波歪の合成値との実効値との比
THD$_p$ ：Total Harmonic DIstortion percent. THD の百分率
THDN ：Total Harmonic DIstortion and Noise. 各高調波歪の合成値に雑音を含めたひずみ率
THDN$_p$ ：Total Harmonic DIstortion and Noise percent. THDN の百分率
SINAD ：Signal to Noise and Distortion Ratio. THDN の逆数
ENOB ：Effective Number of Bits. 有効ビット数

$$ENOB = \frac{SINAD - 1.76}{6.02}$$

（c）Dynamic：各種測定値（測定データによって算出された各種データ）

図8.13　測定定数などの設定

● 測定した各スペクトルの周波数とレベルなど

図8.14に，その他の有用データの表示機能を示します．

図(a)Componentsは，高調波ひずみだけでなく，スプリアスなどの単一周波数成分すべての周波数とレベルを表示します．表示順序はレベルの大きい順で，表示個数は歯車設定のPeaksで指定できます．

図(b)X-Cursorsは，スペクトル・グラフのX軸にカーソルを表示し，その周波数とレベルを計測グラフの下部に数字表示します．Normalのカーソルの他に基準カーソルとの差分を表示するDeltaのカーソルがあります．

図(c)Y-Cursorsは，スペクトル・グラフのY軸にカーソルを表示してそのレベルを右の表に数字表示し

**Components**

設定により表示個数を選べる

T1

| | Frequency | Magnitude |
|---|---|---|
| 1 | 1.001 kHz | -0.92 dBṼ |
| 2 | 3.0029 kHz | -10.4483 dBṼ |
| 3 | 5.0049 kHz | -14.8635 dBṼ |
| 4 | 7.0068 kHz | -17.7635 dBṼ |
| 5 | 9.0088 kHz | -19.9231 dBṼ |
| 6 | 11.011 kHz | -21.6528 dBṼ |
| 7 | 12.988 kHz | -23.0775 dBṼ |
| 8 | 14.99 kHz | -24.2989 dBṼ |
| 9 | 16.992 kHz | -25.3444 dBṼ |
| 10 | 18.994 kHz | -26.2829 dBṼ |
| 11 | 20.996 kHz | -27.1132 dBṼ |
| 12 | 22.998 kHz | -27.8726 dBṼ |

（a）Components…測定した各スペクトルの周波数とレベルを表示する

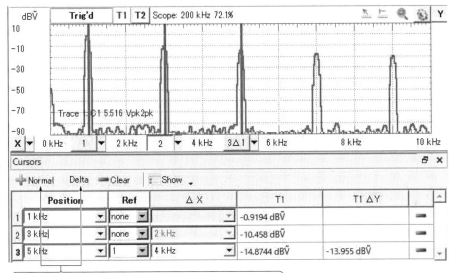

位置の絶対値を示すカーソルと差分を示すカーソルの2種がある

（b）X-Cursors…X軸カーソルを測定グラフに表示し，グラフ下部にその周波数とレベルを表示する

位置の絶対値を示すカーソルと差分を示すカーソルの2種がある

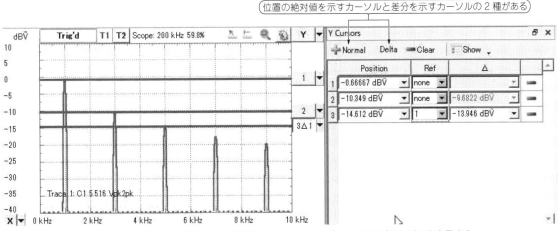

（c）Y-Cursors…Y軸カーソルを測定グラフに表示し，グラフの右にそのレベルを表示する

図8.14　その他の有用データの表示機能

Spectrum

+LPF

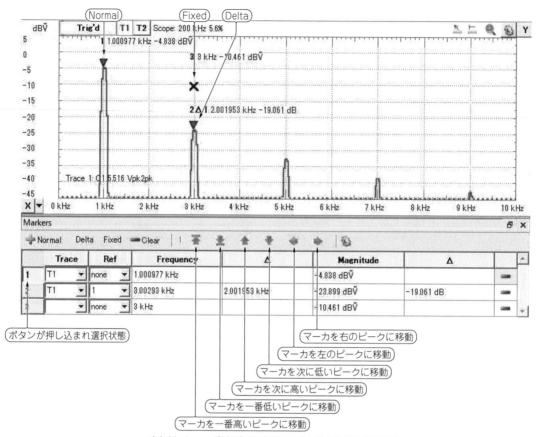

（d）Markers…測定グラフ上にマーカとその数値を表示する

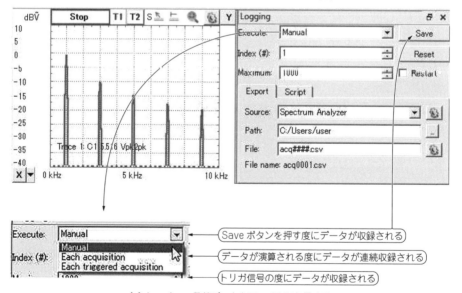

（e）Logging…数値データをファイルに収録する

**図8.14　その他の有用データの表示機能（つづき）**

ます．Normalのカーソルの他に基準カーソルとの差分を表示するDeltaのカーソルがあります．

　図（d）**Markers**は，計測グラフ上にマーカとその数値を表示します．マーカにはNormal，Delta，Fixedの3種があります．NormalとDeltaはスペクトラムのレベルに追従していきます．しかしFixedは最初のレ

## [コラム(8)] FFTアナライザ窓関数の使い方

### ● サンプリング区間が整数倍周期にならないとき

FFTアナライザでは, **図8.C**に示すように連続した被測定波形を一定区間サンプリングしてディジタル・データとして蓄え, そのデータを演算して解析しています. このとき, 波形Aのようにサンプリング区間でちょうど整数倍の周期になる波形と, 波形Bのように整数倍にならない波形があります. 通常は, 不特定の波形を測定するのでサンプリング区間が周期の整数倍になることは期待できません.

FFTではサンプリングした波形が, **図8.D**に示すように連続しているとして解析されます. したがって波形Bのようにサンプリング区間で整数倍の周

期にならない波形の場合には, 開始と終了の部分で不連続が生じます. 結果, 実際の波形とは異なった形として解析され, 実際には含まれない高調波が解析されてしまいます.

このような現象を避けるために, FFTでは演算をする前に**図8.E**に示すように窓関数と呼ばれる係数を乗算して, 開始と終了付近をゼロに近づけ, 誤った高調波の発生を防いでいます.

### ● SpectrumではFlat Top窓がデフォルト

窓関数にはさまざまな形があります. WaveFormsのSpectrumで使用できる8個の窓を使った解析結果を, **図8.F**に示します. 解析した信号は10 kHzの正弦波で, 周波数レンジを100 kHz, 表示範囲を7.5～12.5 kHzにしています. 理想はBinの幅をもった1本の短冊になり, スプリアス(spurious: 設計上意図しない周波数成分)がゼロになることです.

**図8.F(a)**はRectangular(方形波窓)と呼ばれます. サンプリングしたデータに窓関数を乗算せず, そのままFFTした結果です. (サイドローブと呼ばれる)スプリアスがたくさん観測されています.

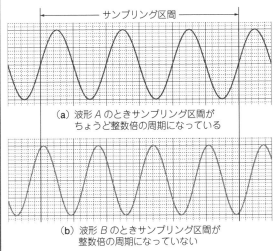

（a）波形 A のときサンプリング区間が
ちょうど整数倍の周期になっている

（b）波形 B のときサンプリング区間が
整数倍の周期になっていない

**図8.C　測定波形を一定区間サンプリングすると**

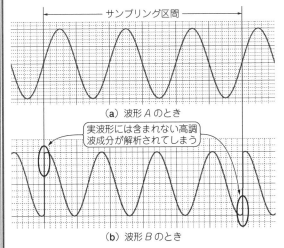

（a）波形 A のとき

実波形には含まれない高調
波成分が解析されてしまう

（b）波形 B のとき

**図8.D　FFTではサンプリングした区間の波形が連続しているとして解析されている**

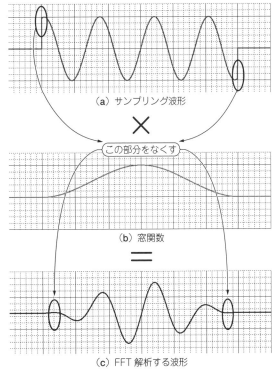

（a）サンプリング波形

この部分をなくす

（b）窓関数

（c）FFT 解析する波形

**図8.E　誤った高調波が分析されないように両端の振幅を減少させる窓関数を乗算する**

## ［コラム(8)］ FFTアナライザ窓関数の使い方（つづき）

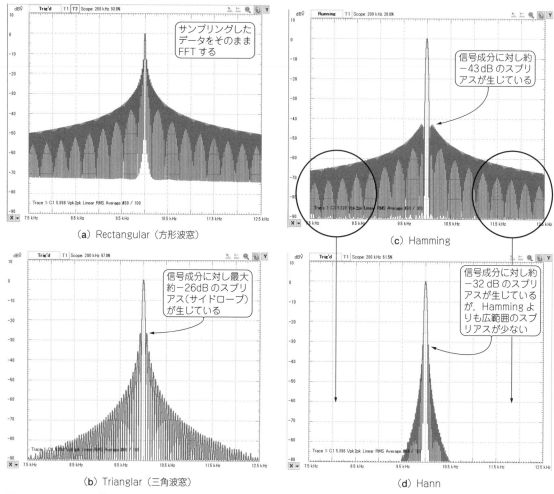

（a）Rectangular（方形波窓）

サンプリングした
データをそのまま
FFTする

（c）Hamming

信号成分に対し約
−43dBのスプリ
アスが生じている

（b）Trianglar（三角波窓）

信号成分に対し最大
約−26dBのスプリ
アス（サイドローブ）
が生じている

（d）Hann

信号成分に対し約
−32dBのスプリ
アスが生じている
が，Hamming
よりも広範囲のスプ
リアスが少ない

**図8.F　Spectrumで使用できる8つの窓関数の応答特性**

Spectrumで使用できる8個の窓の中で一番スプリアスが少ないのが，(f)のBlackman-Harris，次に少ないのが(g)のFlat Topです．この2つの窓の中心付近を見るとBlackman-Harrisは尖っていま

すが，Flat Topはその名のとおり平坦になっています．
FFTではBinの分解周波数があり，ディジタル演算なので当然飛び飛びに分析されます．分析中心周波数とぴったり一致した信号の場合は問題ありませんが，

ベルに置くと，信号のレベルが変動しても最初に置かれた位置に固定され移動しません．

NormalとDeltaのマーカは図(d)に示すように番号をクリックすると，マーカが矢印ボタンで次に高いピークを探すなど機能的に移動します．

図(e)Loggingは，数値データをファイルに収録する

機能です．ManualではSaveボタンが押される度に，Each aquisitionでは測定の度に，Each triggered aquisitionではトリガ信号の度に数値データが収録されます．

図(f)Notesは，グラフの右に任意の文章を表示する機能です．

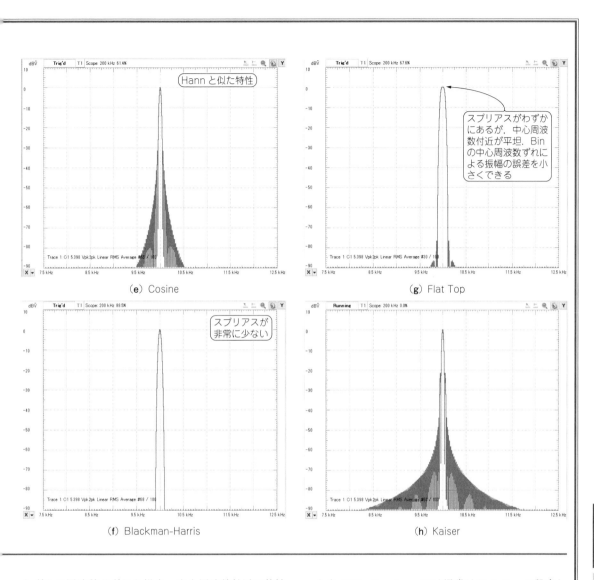

(e) Cosine

(g) Flat Top

(f) Blackman-Harris

(h) Kaiser

わずかに周波数がずれた場合，中心周波数付近の特性が尖っていると振幅誤差が大きくなります．この点からFlat Topは8個の窓の中では周波数のずれによる誤差が一番少なくなります．またスプリアスもごくわず

かなので，Spectrumでは通常はFlat Topに設定しておけば良く，デフォルトもFlat Topになっています．

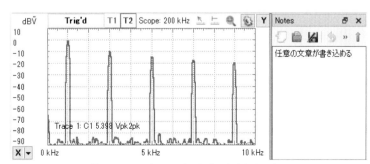

**図8.14 その他の有用データの表示機能**
（つづき）

（f）Notes…グラフの右に任意の文章を表示する

Intro
Scope
Wavegen
+Booster
+3相
+低歪
Network
Spectrum
+LPF
Impedance
Tracer
App

# 第9章

## スペアナ(Spectrum)の本格活用のために

# アンチエイリアスLPFの設計・製作

AD(Analog Discovery)には，電気・電子測定において役立つさまざまな機能が搭載されています．有効活用できれば驚異的なコスト・パフォーマンスが得られます．しかし機能が多いぶん使い方がやや難しく，取り扱いを間違えると誤った結果を得ることになります．

ここでは第8章で紹介したADのSpectrum活用で重要となるアンチエイリアス・フィルタ(Anti Alias Filter)について解説し，あわせてアクティブ・フィルタによる用途(周波数)ごとのアンチエイリアス・フィルタ…ロー・パス・フィルタ(LPF)を設計・製作します．

## 9.1 Spectrumで正しい結果を得るために

### ● サンプリング定理から外れるとエイリアスが発生

ADのSpectrumモードは，入力されたアナログ信号をA-D(Analog-Digital)変換し，得られたディジタル・データを高速フーリエ変換(FFT：Fast Fourier Transform)し，信号の周波数成分を観測するモードです．

ところがアナログ信号をディジタル信号に変換する場合は，「入力アナログ信号の最高周波数は，サンプリング周波数の1/2(0.5)を超えてはならない」というサンプリング定理に従う必要があります(アンダ・サンプリングなどの手法を使用する場合などは除く)．

図9.1に示すのは，周波数$f_a$から$f_b$に含まれた信号を，周波数$f_s$でサンプリングしたときに得られるディジタル・データに含まれる周波数成分です．信号成分のほかに，サンプリング周波数とその整数倍の周波数の両端にイメージA，イメージB，イメージC…が現れるのです．

そしてこの信号の周波数成分が高くなり，図9.2のように$f_s/2$の周波数を超えると，信号とイメージAとが重なる部分が生じます．この部分をエイリアシング(Aliasing)と呼びます．

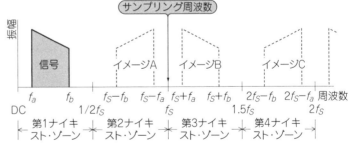

**図9.1 アナログ信号をサンプリングしたときのディジタル・データの周波数成分**
アナログ信号だけでなく，1/2$f_s$より高い周波数にイメージが発生している

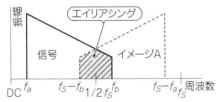

**図9.2 アナログ信号の周波数成分がサンプリング周波数$f_s$の1/2を超えるとエイリアシングが現れる**
アナログ信号の高い方の周波数$f_b$が1/2$f_s$を超えると，イメージAと範囲が重なり合う部分が発生する

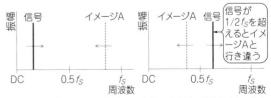

(a) 正弦波が1/2$f_s$より低いとき　(b) 正弦波が1/2$f_s$より高いとき

**図9.3 正弦波信号の周波数を高くしていくと**
正弦波が1/2$f_s$を超えると，イメージAのほうが1/2$f_s$より低くなり，それを観測することになる

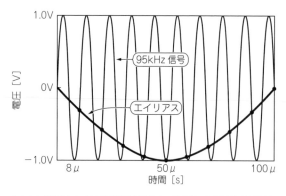

（a）エイリアシングを時間領域で表す…95kHzの信号を100kHz
でサンプリングすると5kHzのエイリアシング誤差が生じる

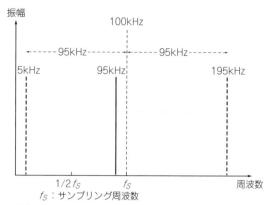

（b）エイリアシングを周波数領域で表す…サンプリング周波
数の両端に信号周波数だけ離れたスペクトルが生じる

**図9.4　A-D変換で生じるエイリアシング誤差**
95 kHzの信号を100 kHzでサンプリングすると5 kHzのエイリアシングによる波形が発生する．周波数軸でみるとサンプリング周波数
より信号周波数分だけ低い周波数にスペクトラムが発生する

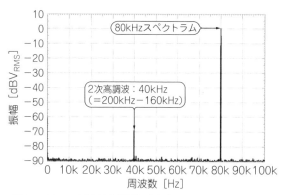

**図9.5　80 kHz正弦波を観測したときの80 kHzスペクトラム**
正弦波の周波数がサンプリング周波数の$1/2f_s$を超える前後のようす…80 kHz信号は$1/2f_s$より低いので80 kHz信号スペクトラムが見られる

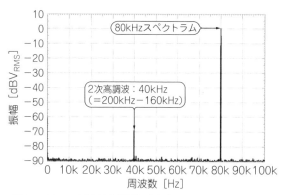

**図9.6　130 kHz正弦波を観測したときの70 kHzスペクトラム**
$1/2f_s$を超えた130 kHz信号は70 kHz（＝200 kHz−130 kHz）イメージのスペクトラムが見られる

● **サンプリング周波数$f_s$より2倍高い周波数が入ると**

　**図9.3**は正弦波信号の周波数を高い周波数に変化させていった場合の，サンプリング周波数$f_s$によるA-D変換データの変化を指しています．信号周波数が$f_s/2$を超えるとイメージAが信号よりも低くなり，A-D変換データとして実際には存在しない信号が現れてしまうことになります．

　**図9.4(a)** は95 kHzの正弦波を$10\,\mu\mathrm{s}$（100 kHz）でサンプリングしたときのようすです．サンプリングした点（黒丸）をたどっていくと，95 kHzではなくもっと低い周波数の信号になっていることがわかります．この状態を周波数軸で示したのが**図9.4(b)** です．サンプリング周波数よりも信号周波数ぶんだけイメージが低い周波数（100 kHz−95 kHz＝5 kHz）に移動した結果であることがわかります．

● **存在しないのに現れるイメージがエイリアス**

　**図9.5**はADを**Spectrum**モードにして，

- Freq.Range：100 kHz to 122.1 Hz
- Start：0 Hz
- Stop：100 kHz
- Window：Flat Top

を設定し，**Wavegen**に正弦波，周波数80 kHz，振幅1.41 Vを設定して測定したときの結果です．80 kHzに約0 dBV（$1\mathrm{V_{RMS}}$）のスペクトラムが現れ，これは正常な測定結果といえます．WindowはC₁ C₂の歯車をクリックして選択します．

　**図9.6**は**Wavegen**に正弦波，周波数130 kHz，振幅1.41 Vを設定して計測した結果です．70 kHzのところに約0 dBVのスペクトラムが現れています．70 kHz成分は印加していないので，このスペクトラムはイメージと呼ばれるわけです．200 kHz−130 kHz＝70 kHzなので，200 kHz（$51\,\mu\mathrm{s}$）でサンプルしていることになり

表9.1 Freq. Rangeとサンプリング周波数の関係

| Freq. Range | サンプリング周波数 |
|---|---|
| Auto | Stop周波数の2倍 |
| 10 MHz to 12.21 kHz | 20 MHz |
| 1 MHz to 1.221 kHz | 2 MHz |
| 100 kHz to 122.1 Hz | 200 kHz |
| 10 kHz to 12.21 Hz | 20 kHz |
| 1 kHz to 1.221 Hz | 2 kHz |

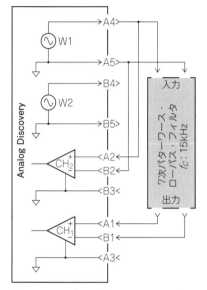

図9.7 アンチエイリアス・フィルタの効果を観測するための接続図

信号源 $W_1$ から方形波を出力し、チャネル $CH_1$ と $CH_2$ で測定する。$W_1$ と $CH_1$ の間にはカットオフ周波数15 kHzのアンチエイリアス・フィルタを挿入し、$W_1$ と $CH_2$ は直接接続する

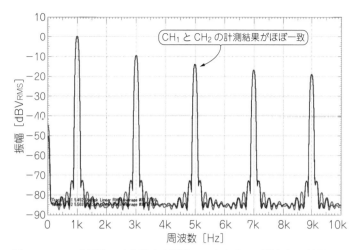

CH₁とCH₂の計測結果がほぼ一致

図9.8 1 kHz方形波には奇数次高調波スペクトラムが見られる（ADによる実測）

1 kHzの奇数次はすべて1 kHzの整数倍になるので、0～10 kHzの範囲では、$n$ kHzにスペクトラムが重なる。15 kHzカットオフ周波数のLPFの有無による違いはわからない

表9.2 9次高調波までの振幅値

方形波の理論的な $n$ 次高調波の振幅値である $1/n$ にほぼ合った高調波が観測されている

| | 振幅CH₁（フィルタ経由） | | 振幅CH₂（信号源に直結） | | 基本波との振幅比 |
|---|---|---|---|---|---|
| 基本波 | − 0.015 dBV | 0.9983 V | − 0.028 dBV | 0.9968 V | 約1倍 |
| 3次高調波 | − 9.560 dBV | 0.3327 V | − 9.568 dBV | 0.3324 V | 約1/3倍 |
| 5次高調波 | − 14.00 dBV | 0.1995 V | − 14.00 dBV | 0.1995 V | 約1/5倍 |
| 7次高調波 | − 16.93 dBV | 0.1424 V | − 16.9 dBV | 0.1427 V | 約1/7倍 |
| 9次高調波 | − 19.14 dBV | 0.1104 V | − 19.08 dBV | 0.1112 V | 約1/9倍 |

ます。

このようにして各周波数レンジでのサンプリング周波数を算出すると、**表9.1**のような結果が見えてきます。また**図9.5**の結果を細かく見ると、40 kHzに約−70 dBの小さなスペクトルが見られます。これは80 kHzの2倍の高調波160 kHzのイメージが現れたもので、現実には存在しない成分です。

● **方形波信号を入力してSpectrumで観測すると**

理想的な正弦波には高調波が含まれません。しかし方形波には奇数倍の高調波が含まれています。そして、$n$ 次高調波の振幅は基本波の $1/n$ になっています。三角波にも奇数倍の高調波が含まれ、その振幅は $1/n^2$ になります。

**図9.7**は、ADによって高調波をたくさん含んだ信号を測定・分析するための接続です。ここでは、$CH_1$ の測定入力にカットオフ周波数15 kHzの7次バタワ

ースLPFを挿入し、$CH_2$ には $W_1$ 信号を直接接続しました。$W_1$ から1 kHzの方形波、振幅1.111 Vを出力し、**Spectrum**で観測した結果を**図9.8**に示します。

［View］→［Measurement］→［Add］→［Harmonics］を選び［Add］を押すと、高調波成分の振幅が数値で表示されます。その測定結果を**表9.2**に示します。3次から9次の高調波が $CH_1$、$CH_2$ ともほぼ理論どおりの大きさで測定されています。

ところが周波数を1.2 kHzに設定すると、**図9.9**に示すように $CH_2$ の解析結果にはたくさんのスペクトルが現れてしまいました。これは**図9.1**に示したイメージA、イメージCによるスペクトルが現れたためです。しかし、$CH_1$ には奇数倍の高調波のみが観測されています。理由はADのサンプリング周波数が200 kHzで、$CH_1$ の入力にカットオフ周波数15 kHzのLPFを挿入したため、100 kHz以上の高調波がADに入力されなかったためです。

● **アンチエイリアシング・フィルタが必須**

1.2 kHzの高次高調波のスペクトルを計算したのが

Spectrum

+LPF

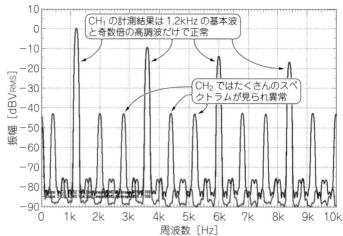

図9.9 1.2 kHz方形波のスペクトラムを観測した例
CH₂の測定結果には1.2 kHzの奇数倍以外に多くのスペクトラムが見られる

CH₁の計測結果は1.2kHzの基本波と奇数倍の高調波だけで正常

CH₂ではたくさんのスペクトラムが見られ異常

表9.3 1.2 kHzの高次奇数倍の高調波イメージ
方形波に含まれる$n$次奇数倍の高調波成分は，サンプリング周波数の半分（$1/2\,f_S$）を超えるとイメージになる．理論的には折り返しを繰り返して高い次数まで続く

| | $n$次<br>高調波 | イメージ<br>周波数［Hz］ | 折り返し<br>周波数［Hz］ | 振幅値 | 振幅値<br>［dB］ |
|---|---|---|---|---|---|
| イメージA | 161 | 193.2 k | 200 k − 193.2 k = 6.8 k | $1/161 = 6.211 \times 10^{-3}$ | 44.14 |
| | 163 | 195.6 k | 200 k − 195.6 k = 4.4 k | $1/163 = 6.135 \times 10^{-3}$ | 44.24 |
| | 165 | 198.0 k | 200 k − 198.0 k = 2.0 k | $1/165 = 6.061 \times 10^{-3}$ | 44.35 |
| イメージC | 327 | 392.4 k | 400 k − 392.4 k = 7.6 k | $1/327 = 3.058 \times 10^{-3}$ | 50.29 |
| | 329 | 394.8 k | 400 k − 394.8 k = 5.2 k | $1/329 = 3.040 \times 10^{-3}$ | 50.34 |
| | 331 | 397.2 k | 400 k − 397.2 k = 2.8 k | $1/331 = 3.021 \times 10^{-3}$ | 50.4 |
| | 333 | 399.6 k | 400 k − 397.2 k = 0.4 k | $1/333 = 3.003 \times 10^{-3}$ | 50.45 |
| イメージE | 495 | 594.0 k | 600 k − 594.0 k = 6.0 k | $1/495 = 2.020 \times 10^{-3}$ | 53.89 |
| | 497 | 596.4 k | 600 k − 596.4 k = 3.6 k | $1/497 = 2.012 \times 10^{-3}$ | 53.93 |
| | 498 | 598.8 k | 600 k − 598.8 k = 1.2 k | $1/499 = 2.004 \times 10^{-3}$ | 53.96 |

表9.3です．このように高次高調波がたくさん含まれた信号をスペクトル解析すると，イメージによって正しい観測結果が得られないことがわかります．

　このため市販のFFTアナライザにおいては，**サンプリング周波数に応じたLPFが実装**され，A-Dコンバータにサンプリング周波数の1/2以上の周波数成分が入力されないようにしています．このようなLPFを，アンチエイリアシング・フィルタと呼んでいます．

　しかし，**AD**にはこのアンチエイリアシング・フィルタは実装されていません．そのため高次の高調波が含まれる信号を観測すると，**図9.9**に示したようにエイリアシングによって誤ったスペクトルが表示されることになります．

　1 kHz方形波の場合，イメージが表示されなかったのは各イメージ・スペクトルの周波数が信号の高調波と同じ周波数になり，重なって見えなかったためです．

　**AD**に各サンプリング周波数に応じて，アンチエイリアシング・フィルタを実装すると，形状・価格ともに手軽な製品にはなりません．入門者が手軽に購入できる価格で製品化するために，アンチエイリアシング・フィルタを省いたことは仕方ないことと思われます．したがって，高次高調波が含まれる信号のスペク

トル解析をする場合には，**AD**の入力段にその周波数に応じたLPFを挿入する必要があります．

● **Channel optionsでデータ処理を選択する**
　**AD**のソフトウェア**WaveForms**は比較的頻繁にバージョンアップが行われているようです．筆者が執筆時に使用したVer3.12.2では，**図9.10**に示すようにChannel optionsによるデータ処理の選択ができるようになっています．プルダウン・メニューからSample Modeが設定でき，DecimateとAverageが選択できます．先に示した**図9.5**〜**図9.9**はデフォルトのDecimateで測定した結果です．

　**図9.9**の設定からSample ModeをAverageに設定した結果が**図9.10(c)**です．**図9.9**で見られたイメージが激減しています．

● **Stop周波数を変更すると**
　**図9.11**はFreq. Rangeはそのままで，Stop周波数を10 kHzから100 kHzに変更した結果です．Decimateでは方形波の高調波が折り返してそのままの振幅で表示されています．これに対しAverageでは高調波が折り返した後，振幅が減衰していくようすが見られま

(a) Channel options

(b) Sample Mode の設定

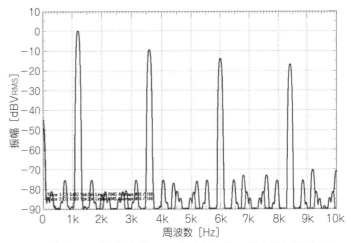

(c) Sample Mode を Average にすると異常スペクトラムが激減する

**図9.10 Channel options によるデータ処理の選択**

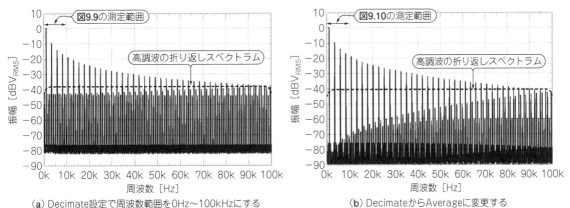

(a) Decimate設定で周波数範囲を0Hz〜100kHzにする

(b) DecimateからAverageに変更する

**図9.11 Stop周波数を Freq. Range の最大値100 kHz に変更したときのエイリアシングのようす（ADによる実測）**
Decimate ではデータの間引き，Average では表示範囲のデータに影響を与えない程度に平均化してからFFTを行っている

す．これは採集したデータをDecimateでは間引きし，Averageでは表示範囲のデータに影響を与えない程度に平均化してからFFTを行っていると思われます．

したがって高次高調波が比較的少ない場合には，**解析最高周波数の10倍程度のサンプリング・クロック**になるように周波数レンジを設定し，Sample ModeをAverageに設定すればよいことになります．たとえば周波数レンジが100 kHz to 122.1 Hzの場合には，Stop周波数を20 kHz程度以下に設定します．

ただし，表示周波数範囲を狭くするほどスペクトルの幅が広がってしまい，細かい周波数分解能が得られなくなります．周波数レンジAutoではサンプリング周波数がStop周波数の2倍になります．したがってStop周波数以上の周波数成分があるとエイリアシングになり，実成分なのかどうかの区別がつきません．

以上のことから**AD**で**Spectrum**モードを使用する際は，サンプリング周波数の1/2以上の周波数成分を

カットオフするアンチエイリアス・フィルタを挿入するのが基本になります．

## 9.2 LPFのカットオフ特性による種類

● **アンチエイリアス・フィルタにはバタワースLPF**

不要な高域周波数成分を除去するためのアンチエイリアス・フィルタにはLPFが使用されます．LPFは主にOPアンプによるアクティブ・フィルタによって構成されますが，そのカットオフ特性や応答特性によって異なるいろいろな種類があります．

**図9.12**に代表的な4種のフィルタを示します．これらのフィルタの特性は，回路構成は同じ（エリプティックのみ素子数が増える）ですが，構成するLCRの値の選び方によって決定されます．

しかし，LPFを挿入すると回路の副作用として，過渡応答においてオーバシュートなどが生じます．バタ

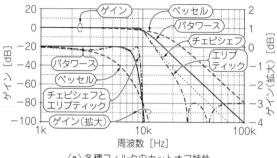

（a）各種フィルタのカットオフ特性

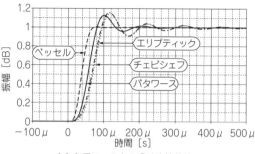

（b）各種フィルタの過渡応答特性

**図9.12　代表的なLPFの特性**
カットオフ周波数が10kHzで5次のLPFを4種類(ベッセル, バタワース, チェビシェフ, エリプティック)の方法で実現する. バタワースは周波数特性の通過域の平たん性が最も良い. ベッセルは過渡応答特性でリンギングが最も小さい

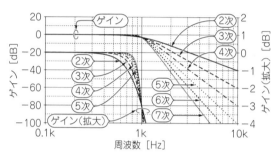

**図9.13　2～7次までのバタワースLPFの周波数特性**
次数が大きくなるほど減衰特性の傾斜が急になる

ワース特性フィルタでは通過域特性はもっとも平坦ですが, 図(b)に示すように, ステップ入力信号に対してはオーバーシュートやリンギングが発生します.

ベッセル特性は過渡応答特性に優れていますが, カットオフ特性は緩慢で通過域の平坦性も良くありません.

チェビシェフやエリプティック特性は急峻なカットオフ特性が実現できますが, 通過域のゲインが変動するリプルが生じ, 過渡応答特性に大きなリンギングが生じます.

このようにそれぞれのフィルタ特性は特徴をもっているので, 使用目的によってカットオフ特性と過渡応答特性を考慮し選択します.

ここで使用するアンチエイリアス・フィルタは信号が定常状態での分析で, **振幅の平坦性**が重要です. このため通常はバタワース特性を使用します.

#### ● フィルタの減衰傾度は−20 dB/dec×次数

LPFのことはご存じの方も多いと思いますが, 図9.13に示すようにその段数(次数という…LCの素子数)が増えるほど通過域の平坦性が良くなり, カットオフ特性が急峻になります. そして減衰傾度は−20 dB/dec×次数の傾斜になります.

近年はA-Dコンバータやメモリが高性能で低価格になってきていますが, それに比較して精度・温度安

定度の良いコンデンサなどは高価格なので, フィルタの次数は増やさず, サンプリング周波数を高くする傾向にあります.

## 9.3　アンチエイリアス・フィルタのためのLPF性能比べ

アンチエイリアス・フィルタに使用するアクティブLPFにはOPアンプによる各種の定番回路があります. それぞれに長所・短所があるので実際に試作し, 特性を実測して比べてみました.

#### ● サレン・キー(Sallen Key)4次LPF

図9.14に代表的なサレン・キー4次LPFを示します. 図(a)が回路構成です. このサレン・キーLPFは部品点数がもっとも少なく, 知名度の高いフィルタです. OPアンプがバッファ接続なので, 素子の誤差によらずゲインが正確に1になります.

短所はバッファ接続のためOPアンプの±入力が入力信号と同じ振幅になり, 入力信号が大きくなると±入力も大きく振れ, OPアンプによってはひずみが発生してしまいます. また高域周波数になるとOPアンプの負帰還量が減り, OPアンプの出力インピーダンスが上昇することから高域での減衰が劣化してしまいます.

図(b)はFRA5087を使用して測定したゲイン-周波数特性です. OPアンプの$GBW$(Gain Band Width)による特性の変化をみるために, ICソケットを使って, 3種のOPアンプTL062($GBW$：1 MHz), NE5532($GBW$：10 MHz), LME49720($GBW$：55 MHz)を差し替えて測定しました.

**AD**でもこの特性を測定することができますが, 後述でわかるように, **AD**ではダイナミック・レンジが不足して大きな減衰量が計測できないため, 専用のFRA5087を使用しました.

$GBW$の大きいNE5532とLME49720では, 最大減衰量が約−100 dBに達していますが, TL062では約

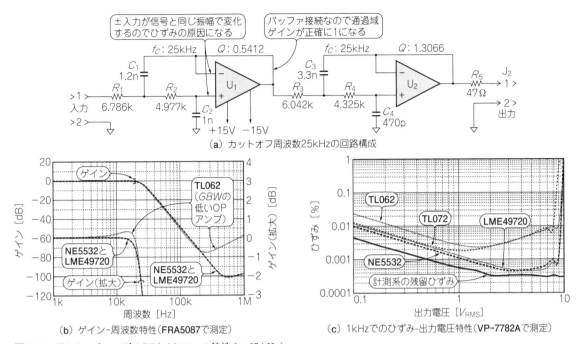

（a）カットオフ周波数25kHzの回路構成

（b）ゲイン-周波数特性（**FRA5087**で測定）

（c）1kHzでのひずみ-出力電圧特性（**VP-7782A**で測定）

**図9.14　サレン・キー4次LPF**（バタワース特性$f_c$：25 kHz）
OPアンプの$GBW$が低いとカットオフ周波数付近にピークが発生したり減衰特性が悪化する．ひずみ特性も同様に悪化する

－75 dBになり，それ以上の周波数では減衰量が減少しています．

　またTL062の特性を見るとわかるように，OPアンプの$GBW$が少なくなるとカットオフ周波数付近のゲインにピークが生じてきます．カットオフ周波数25 kHzでは，$GBW$：10 MHzのNE5532では正確なカットオフ特性が得られています．

　図（c）は周波数1 kHzでのひずみ-出力電圧特性です．ここではTL062より少し$GBW$の大きいTL072（$GBW$：3 MHz）を加えて，4種のOPアンプを交換して比較しました．

　TL062とTL072の比較では，1 V以下では$GBW$の大きいTL072のほうが低ひずみです．しかし，1 Vを超えたあたりからひずみが増加し，同量のひずみになっていきます．これはOPアンプの±入力の振幅が増加したために発生したひずみです．NE5532とLME49720では±入力の振幅が増えてもひずみが発生しにくい回路構成になっているためか，1 V以上でもひずみが減少していきます．

● **多重帰還型4次LPF**

　図9.15に多重帰還型4次LPFを示します．図（a）が回路構成ですが，サレン・キー4次LPFに比べると抵抗が1本増えます．しかし，OPアンプの＋入力がグラウンドに接続されているため，入力信号が増大してもOPアンプの±入力の振幅が大きくならず，ひずみの発生を少なくできます．またコンデンサ$C_1$が信号とグラウンド間に挿入されているため，高域でOPアンプの帰還量が減っても減衰特性の悪化がサレン・キーよりも少なくなります．

　ただし通過域ゲインが$R_1$と$R_2$の比で決定されるため，抵抗の誤差がそのまま通過域ゲインの誤差になります．

　図（b）のゲイン-周波数特性を見ると，NE5532とLME49720で今回の測定では最小の－120 dBになっています．図（d）は同じ基板を**AD**のネットアナ機能で計測した結果です．同じ基板なのに最大減衰量が－80 dBにとどまっています．これは**AD**のCH$_1$，CH$_2$分析部のアイソレーション特性が影響したためと思われます．

　少し面倒ですが**AD**でもLPF出力を40 dB程度増幅して，減衰部分だけを測定すれば，より正確な計測が可能になります．

　図（c）のひずみ-出力電圧特性では，NE5532とLME49720で，これも今回の測定では最小の約0.0003 ％になり測定限界に達しています．TL072でもサレン・キーの図9.14（c）にくらべてひずみが大幅に少なくなっています．

● **フリーゲ（Fleege）4次LPF**

　図9.16にフリーゲLPFと呼ばれるタイプを示します．フリーゲはDABP（Dual Amplifier Band Pass）が有用ですが，LPFも構成できます．特徴はすべて同容量のコンデンサで構成できることと，カットオフ周

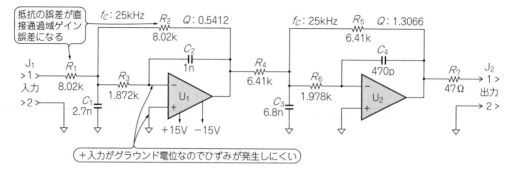

(a) カットオフ周波数25kHzの回路構成

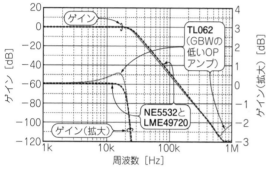

(b) ゲイン-周波数特性(**FRA5087**で測定)

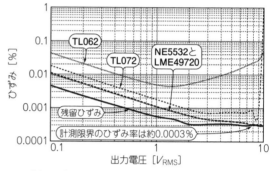

(c) ひずみ-出力電圧特性@1kHz(**VP-7782A**で測定)

**図9.15  多重帰還型4次LPF**(バタワース特性 $f_c$：25 kHz)
減衰特性が最も良く，−120 dBまで信号をカットオフできる．
ひずみ特性も良く，計測限界の0.0003 %にまで下がっている．
**AD**のネットアナ機能ではダイナミック・レンジが不足している
ので−80 dBまでしか測れていない

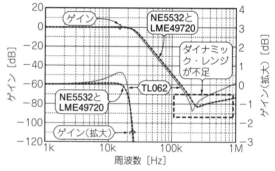

(d) **AD**のネットアナ機能で測定したゲイン-周波数特性

波数と$Q$が独立した素子で決定され，お互いが影響し
ないことです．

　図(a)の回路では，通過域ゲインを1にするために
同一抵抗値の$R_1$，$R_2$を使用しています．通過域のゲ
インを2にすれば$R_2$は不要で，$R_1$は$R_4$と同じ抵抗値
6.366 kΩになります．そして$R_1$，$R_4$，$R_7$，$R_{10}$を連動
して切り替えれば，カットオフ周波数を切り替えるこ
とができます．

　図(b)に示すゲイン-周波数特性をみると，最大減
衰量が−80程度に留まっています．$GBW$の小さい
OPアンプTL062でも，カットオフ周波数付近でのピ
ークは現れていません．他の回路にくらべ比較的大き
な$Q$でも正確な特性が得られるのが，この回路の特徴
です．

　図(c)のひずみ特性をみると，より低ひずみである
はずのLME49720のほうがNE5532よりも悪い特性に
なっています．これはNE5532に比べて，LME49720
の入力雑音電流が大きいことが影響しているようです．
このことを調べるために，LPFの入力を短絡して出
力雑音のスペクトラムを測定したのが図(d)と(e)で
す．LME49720では10 kHz以下で出力雑音密度が増

加していきますが，NE5532では比較的平坦で低い値
に留まっています．

● **FDNR型5次LPF**

　**図9.17**に示すのは，FDNR(Frequency Dependent
Negative Resistor)と呼ばれる一風変わった形式の
LPFです．図(d)に示すように，$LC$フィルタを構成
する素子のインピーダンスに$1/s$($/j\omega$)を乗算すると，
(分数の分母・分子に同じ数を乗算しても分数の値は
変わらないのと同じ理由で)コイルが抵抗になってし
まいます．よって，形状が大きく，高価で，特性の良
くないコイルが省略できるというフィルタです．コイ
ルが省略できる代わりに$D$素子が必要になります．

　$D$素子は図(a)に示すように$CR$とOPアンプで実現

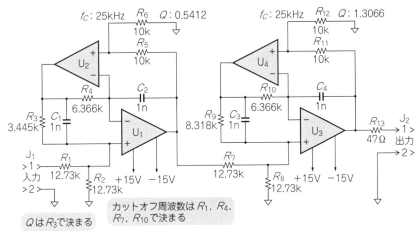

（a）カットオフ周波数25kHzの回路構成

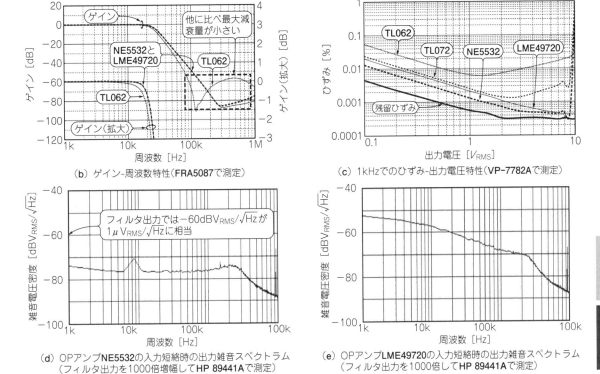

（b）ゲイン-周波数特性（FRA5087で測定）

（c）1kHzでのひずみ-出力電圧特性（VP-7782Aで測定）

（d）OPアンプNE5532の入力短絡時の出力雑音スペクトラム
（フィルタ出力を1000倍増幅してHP 89441Aで測定）

（e）OPアンプLME49720の入力短絡時の出力雑音スペクトラム
（フィルタ出力を1000倍してHP 89441Aで測定）

**図9.16　フリーゲ型4次LPF**（バタワース特性$f_c$：25 kHz）
*GBW*の低いOPアンプでもゲイン周波数特性にピークは発生していないが，減衰量が－80 dB程度しかない．LME49720のひずみ特性がNE5532より悪いのは，LME49720のほうが入力雑音電流が多いため

できます．

　FDNRの特徴は，すべて同じ容量のコンデンサで構成できること，そして**図(a)**でわかるように信号ラインとOPアンプ出力がコンデンサで直流カットオフされています．このためOPアンプの直流ドリフトが信号に影響しません．つまり，直流電圧を正確に測定する際のLPFに適しています．

　FDNRで注意しなくてはならない点は，構成する

OPアンプの出力振幅が入力信号よりも大きく振れることです．**図(f)**はOPアンプの出力振幅を求めるシミュレーションです．入力信号は1 Vですが，OPアンプU₂の出力がカットオフ周波数付近で約2.3 Vに達しています．

　このため**図(c)**のひずみ-出力電圧特性を見ると，他のフィルタでは10 V$_{RMS}$程度まで扱えるのに，FDNRでは5 V$_{RMS}$でひずみが増大し，波形がクリップして

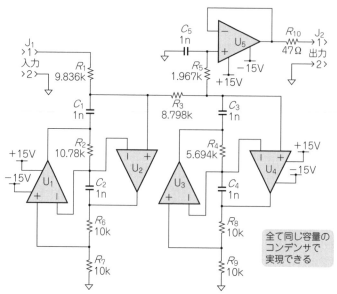

（a）カットオフ周波数25kHzの回路構成（D素子）

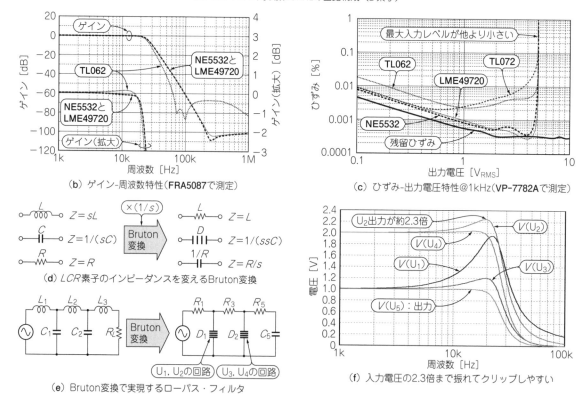

（b）ゲイン-周波数特性（**FRA5087**で測定）

（c）ひずみ-出力電圧特性@1kHz（**VP-7782A**で測定）

（d）*LCR*素子のインピーダンスを変える Bruton 変換

（e）Bruton 変換で実現するローパス・フィルタ

（f）入力電圧の2.3倍まで振れてクリップしやすい

**図9.17　FDNR型5次LPF**（バタワース特性$f_c$：25 kHz）
Bruton 変換を用いるので，コイルを使わずに *LC* LPF が実現できる．ただし素子の誤差がカットオフ周波数付近の平たん性に影響しやすく，最大入力レベルが他のフィルタより小さい

います．
　ひずみ特性も OP アンプの±入力が振れるため，TL062 や TL072 ではひずみが悪化しています．
　図（a）の FDNR 回路は図（e）に示すように信号源抵抗が 0 Ω の *LC* LPF を変形して回路構成しています．信号源抵抗があるとブルトン（Bruton）変換でコンデンサになってしまい，コンデンサが信号ラインに挿入されてしまうと直流が通過できなくなってしまいます．

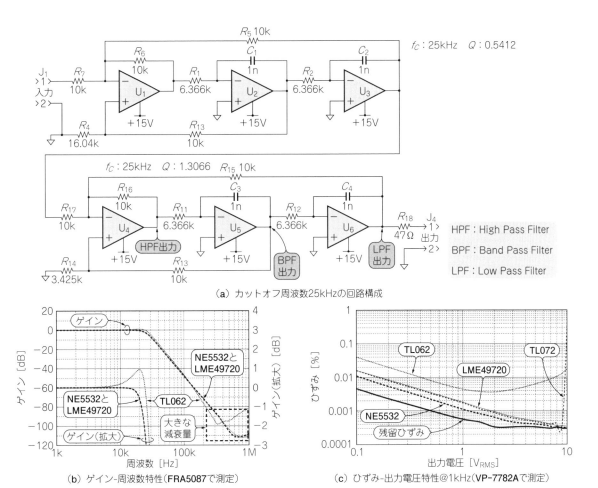

**（a）カットオフ周波数25kHzの回路構成**

**（b）ゲイン-周波数特性（FRA5087で測定）**

**（c）ひずみ-出力電圧特性@1kHz（VP-7782Aで測定）**

**図9.18　状態変数型4次LPF**（バタワース特性$f_c$：25 kHz）
1つの回路からLPF，HPF，BPFの3つの出力が得られる．比較的大きな減衰特性だが，$GBW$が低いとカットオフ周波数付近でピークが発生する．良好なひずみ特性も得られている

　信号源抵抗が0ΩのLC LPFは，信号源抵抗がある LC LPFにくらべて素子の誤差によるカットオフ周波数付近の特性の暴れが大きくなります．このため図 （b）を見ると，$GBW$の大きなOPアンプでは5 kHz位からゲインが下がり気味で理想特性から外れています．

● **状態変数（State Variable）型4次LPF**
　図9.18に示すのは状態変数型と呼ばれるLPFです．図（a）がその回路構成です．紹介するフィルタのなかでは一番部品点数が多く，贅沢な回路です．
　この方式の特徴は，1つの回路から**HPF**（High Pass Filter），**BPF**（Band Pass Filter），**LPF**（Low Pass Filter）の**3つの出力**が得られること，そして周波数を決定する素子と$Q$を決定する素子が独立し個別に変更でき，すべて同一容量のコンデンサで構成できることです．したがってHPF，BPF，LPFの切り替えや，カットオフ周波数を任意に設定できる**ユニバーサル・**

フィルタとしてよく使用されています．
　この回路を利用すると，低ひずみの発振器を構成することもできます．
　図（b）のゲイン-周波数特性を見ると，先に述べた多重帰還型LPFの次に大きな減衰量が得られていますが，このレベルになるとプリント基板のパターンも影響し，どちらの方式のほうがカットオフ特性に優れているかは簡単には比較できません．
　$GBW$の低いOPアンプでのカットオフ周波数付近のピークも，紹介するフィルタのなかでは一番大きな約+0.95 dBになっています．
　図（c）のひずみ特性を見ると，TL072では紹介しているフィルタの中ではもっとも低ひずみな特性が得られています．LME49720よりもNE5532のほうが低ひずみなのは入力雑音電流の影響と考えられます．

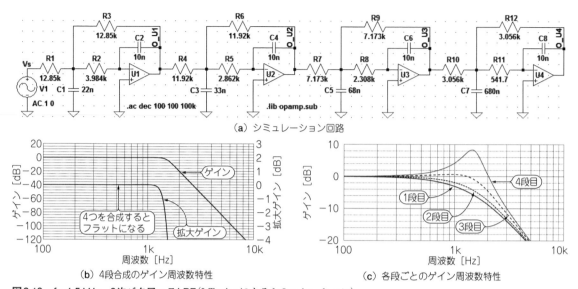

（a）シミュレーション回路

（b）4段合成のゲイン周波数特性

（c）各段ごとのゲイン周波数特性

**図9.19** $f_c$=1.5 kHz，8次バタワースLPF（LTspiceによるシミュレーション）
各段のカットオフ周波数付近のゲインは$Q$値が異なるのでばらついているが，4段連結すると平たんで0 dB付近になる．波形クリップを防ぐため$Q$値の大きい段は後段に配置する

## 9.4　多重帰還型フィルタによる アンチエイリアスLPFの構成

### ● 平坦特性に優れた$f_c$=1.5 kHz，8次LPFを設計する

FFTアナライザに使用するアンチエイリアス・フィルタは，定常状態に達した信号のスペクトルを観測するので，平坦性に優れたバタワース特性が適しています．ここでは素子数が少なく，低ひずみ，高減衰量の得られる多重帰還型LPFを使い，その設計方法と製作例を紹介します．

**図9.19**に，カットオフ周波数（$f_c$）1.5 kHzの8次バタワースLPFを示します．**図（a）**がシミュレーション回路です．図からわかるように，**図9.15**に示した多重帰還型4次LPFを2段縦列接続しています．各段の$f_c$はすべて1.5 kHzですが，それぞれの$Q$は異なった値になっています．

シミュレーションのOPアンプには，電源接続が不要な［opamp］のモデルを使用しています．このモデルを使用するときは回路図に［.lib opamp.sub］のコマンドを貼り付ける必要があります．

### ● OPアンプ1回路で2次特性フィルタとする

ずっと以前，OPアンプICの価格が非常に高価だった時代には，OPアンプ1回路でもっと高次のフィルタを構成することがありました．しかし，OPアンプ1回路によるフィルタでは，高次になるほど$CR$のばらつきに対する特性のばらつき（素子感度）が高くなります．結果，高精度でE系列にはない特殊な値の$CR$が必要でした．ところが，現在はOPアンプICは低価

格になってきました．OPアンプICよりも，精度や温度特性の良いコンデンサのほうがずっと高価になっています．このようなことから近年は，高次のフィルタ構成でもOPアンプ1回路で2次，多くても3次のブロックを組み合わせるようになってきました．

### ● 2次フィルタ4段で8次LPF

**図9.19（b）**に示すのが$f_c$=1.5 kHz，8次バタワースLPFの入出力におけるゲイン-周波数特性です．1.5 kHzで利得が-3 dB低下し，減衰傾度が-20 dB/dec×8=-160 dB/decと急峻な値になっています．

**図（c）**は各段のゲイン-周波数特性です．後段になるほど$Q$が大きいので，カットオフ周波数付近の利得が後段ほど大きくなっています．

**図（a）**の回路の最終段の特性をグラフ化するには，Add TraceでV(O_U4)/V(O_U3)と入力します．するとU$_3$出力を基準としてU$_4$出力のゲイン・位相-周波数特性がグラフ化されます．

**図（c）**の各段の異なった特性を合成すると，**図（b）**のバタワース特性が実現できます．

### ● $Q$の小さい順に配列する

各段の配列は$Q$の小さい順に並べていきます．最初に一番大きな$Q$をもってくるとカットオフ周波数付近の利得が1よりも大きくなり，ここで信号がクリップし，無ひずみ最大入力電圧が下がってしまうからです．$Q$が低いブロックではカットオフ周波数付近のゲインが1よりも小さいので減衰し，順次ゲインを上げていけばゲインが1以上にならないので，無ひずみ最大入

表9.4　バタワース/ベッセル型アクティブ・フィルタの正規化表

カットオフ周波数$f_c$を1としたときの，各段の周波数$f_n$と$Q_n$を示す．図9.19では8次バタワース型の係数を使用している

| 次数 | バタワース特性 | | ベッセル特性 | |
|---|---|---|---|---|
| | $f_n$ | $Q_n$ | $f_n$ | $Q_n$ |
| 2次 | $f_1 = 1$ | $Q_1 = 0.70710$ | $f_1 = 1.27363$ | $Q_1 = 0.57735$ |
| 3次 | $f_1 = 1$ | $Q_1 = 0.50000$ | $f_1 = 1.32700$ | $Q_1 = 0.50000$ |
| | $f_2 = 1$ | $Q_2 = 1.00000$ | $f_2 = 1.45238$ | $Q_2 = 0.69102$ |
| 4次 | $f_1 = 1$ | $Q_1 = 0.54120$ | $f_1 = 1.41924$ | $Q_1 = 0.52193$ |
| | $f_2 = 1$ | $Q_2 = 1.30656$ | $f_2 = 1.59124$ | $Q_2 = 0.80553$ |
| 5次 | $f_1 = 1$ | $Q_1 = 0.50000$ | $f_1 = 1.50690$ | $Q_1 = 0.50000$ |
| | $f_2 = 1$ | $Q_2 = 0.61803$ | $f_2 = 1.56110$ | $Q_2 = 0.56353$ |
| | $f_3 = 1$ | $Q_3 = 1.61803$ | $f_3 = 1.76072$ | $Q_3 = 0.91647$ |
| 6次 | $f_1 = 1$ | $Q_1 = 0.51764$ | $f_1 = 1.60597$ | $Q_1 = 0.51032$ |
| | $f_2 = 1$ | $Q_2 = 0.70711$ | $f_2 = 1.69130$ | $Q_2 = 0.61120$ |
| | $f_3 = 1$ | $Q_3 = 1.93185$ | $f_3 = 1.90713$ | $Q_3 = 1.02336$ |
| 7次 | $f_1 = 1$ | $Q_1 = 0.50000$ | $f_1 = 1.68530$ | $Q_1 = 0.50000$ |
| | $f_2 = 1$ | $Q_2 = 0.55496$ | $f_2 = 1.71738$ | $Q_2 = 0.53236$ |
| | $f_3 = 1$ | $Q_3 = 0.80194$ | $f_3 = 1.82350$ | $Q_3 = 0.66083$ |
| | $f_4 = 1$ | $Q_4 = 2.24698$ | $f_4 = 2.05067$ | $Q_4 = 1.12624$ |
| 8次 | $f_1 = 1$ | $Q_1 = 0.50980$ | $f_1 = 1.78382$ | $Q_1 = 0.50599$ |
| | $f_2 = 1$ | $Q_2 = 0.60134$ | $f_2 = 1.83765$ | $Q_2 = 0.55961$ |
| | $f_3 = 1$ | $Q_3 = 0.89998$ | $f_3 = 1.95914$ | $Q_3 = 0.71086$ |
| | $f_4 = 1$ | $Q_4 = 2.56292$ | $f_4 = 2.19534$ | $Q_4 = 1.22576$ |
| 9次 | $f_1 = 1$ | $Q_1 = 0.50000$ | $f_1 = 1.85750$ | $Q_1 = 0.50000$ |
| | $f_2 = 1$ | $Q_2 = 0.53209$ | $f_2 = 1.87936$ | $Q_2 = 0.51971$ |
| | $f_3 = 1$ | $Q_3 = 0.65270$ | $f_3 = 1.94882$ | $Q_3 = 0.58941$ |
| | $f_4 = 1$ | $Q_4 = 1.00000$ | $f_4 = 2.08145$ | $Q_4 = 0.76060$ |
| | $f_5 = 1$ | $Q_5 = 2.87939$ | $f_5 = 2.32350$ | $Q_5 = 1.32197$ |
| 10次 | $f_1 = 1$ | $Q_1 = 0.50623$ | $f_1 = 1.94864$ | $Q_1 = 0.50391$ |
| | $f_2 = 1$ | $Q_2 = 0.56116$ | $f_2 = 1.98659$ | $Q_2 = 0.53756$ |
| | $f_3 = 1$ | $Q_3 = 0.70711$ | $f_3 = 2.06850$ | $Q_3 = 0.62046$ |
| | $f_4 = 1$ | $Q_4 = 1.10134$ | $f_4 = 2.21052$ | $Q_4 = 0.80977$ |
| | $f_5 = 1$ | $Q_5 = 3.19623$ | $f_5 = 2.45810$ | $Q_5 = 1.41531$ |

力電圧を損なわずにすみます．

### ● フィルタ設計には正規化表を使う

各段のカットオフ周波数や$Q$を理論から計算式をたてて求めるのは複雑で，計算ミスも生じやすくなります．そこで現実のアクティブ・フィルタでは，**表9.4**に示す正規化表から値を読み取って，設計します．

**表9.4**に示す$f_n$と$Q_n$は，各段のカットオフ周波数と$Q$の正規化値を示しています．バタワース特性は$f_n$がすべて1になっています．これは各段のカットオフ周波数は，トータルのカットオフ周波数と同じ周波数で設計すればよいことを示しています．この値から**図9.19(a)**の各段のカットオフ周波数がトータルのカットオフ周波数1.5 kHzと同じ値になっています．

ベッセル8次の1段目は$f_n$：1.78382になっています．したがってカットオフ周波数1.5 kHz，8次ベッセル特

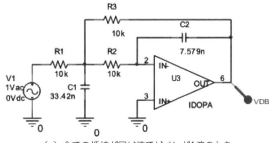

（a）全ての抵抗が同じ値でゲインが1倍のとき

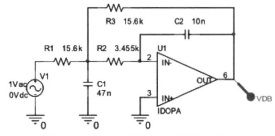

（b）ゲインとコンデンサの値の比が任意のとき

**図9.20　多重帰還LPFの計算方法**
2次バタワース型のカットオフ周波数$f_c$が1 kHz，$Q$値が0.707のときの回路．本文の式(9.1)(9.2)を参照する

性のフィルタの初段のカットオフ周波数は1.5 kHz ×1.78382＝2.67573 kHz，$Q$は0.50599に設計することになります．

$Q$の正規化値が0.5になっている箇所は1次のフィルタになります．

**表9.4**はLPFの正規化表ですが，$f_n$の値を逆数にするとHPFの正規化表として使えます．

### ● 多重帰還LPFの計算式

**図9.19(a)**に示した多重帰還型LPFのカットオフ周波数と$Q$は，**図9.20**と以下に示す式から求めることができます．

#### ▶3本の抵抗を同じ値にする方法［図9.20(a)］

この例は3本の抵抗を同じ値にして，2つのコンデンサの比で$Q$値を決定します．この回路のカットオフ周波数$f_c$は1 kHz，$Q$値は0.707，ゲインは1倍です．計算式は，

$$R = R_1 = R_2 = R_3$$
$$f_c = \frac{1}{2\pi CR}, \quad C_1 = 3QC, \quad C_2 = \frac{C}{3Q} \quad \cdots\cdots\cdots (9.1)$$

片方のコンデンサをE系列から選ぶと，もう片方は$Q$値から容量を決定し，E系列から外れた値になることがほとんどです．複数のコンデンサを組み合わせるか，特注することになります．

#### ▶任意のゲインに設定する方法［図9.20(b)］

この例は任意のゲイン$A$を設定しています．定数を求める式は，

$$f_C = \frac{1}{2\pi\sqrt{R_2 R_3 C_1 C_2}}$$

$$Q = \frac{\sqrt{\dfrac{C_1}{C_2}}}{\sqrt{\dfrac{R_2 R_3}{R_1^2}} + \sqrt{\dfrac{R_3}{R_2}} + \sqrt{\dfrac{R_2}{R_3}}}, \quad A = -\frac{R_3}{R_1} \cdots (9.2)$$

2つの容量比が$4Q^2(1+A)$よりも大きいならば，コンデンサの容量をE系列から任意に選ぶことができるので，メリットが大きな定数設計法です．

①$C_1 = nC_2$として，次の式を満たす$C_1$と$C_2$を決める

$n \geq 4Q^2(1+A)$

②次の式から$R_3$を求める

$$R_3 = \frac{1 + \sqrt{1 - \dfrac{4Q^2(1+A)}{n}}}{4\pi f_c Q C_2} \cdots\cdots\cdots (9.3)$$

③$R_1 = R_3/A$から$R_1$を求める

④次の式から$R_2$を求める

$$R_2 = \frac{1}{(2\pi f_c)^2 R_3 C_1 C_2} \cdots\cdots\cdots\cdots (9.4)$$

## 9.5 LPFの抵抗・コンデンサ値を算出

### ● 素子値の算出手順

ここでは多重帰還のLPF用途なので，図9.20に関する前掲式(9.1)，(9.2)から$CR$の定数を算出します．利得1なので，図(a)でも良いのですが，図(b)には大きなメリットがあります．

それは，コンデンサ比$n \geq 4Q^2(1+A)$を満たせば任意のコンデンサの値で設計できることです．企業などであれば精度1％のコンデンサを特注で購入することができますが，個人では5％精度以下のコンデンサ入手は難しいです．

図9.20(b)の方式ではE系列から任意の容量を選べるだけでなく，実際に入手したコンデンサの値を測定し，その値から抵抗を算出すれば，コンデンサの誤差はすべて抵抗で補正できることになります．

ただし，この方法は大量生産するには工数が多くなるので向きません．しかし，個人で製作する際にコンデンサを大量に買って選別する必要がなく，必要な数のコンデンサで高精度で急峻なカットオフ特性のアクティブ・フィルタを試作することができます．

### ● Excelを使った抵抗値の算出

図9.20(b)の式(9.2)は少し複雑で，電卓で計算する際にも間違いが生じやすくなります．そこで図9.21に示すように，Excelでセルに数式を埋め込み，抵抗値を求めれば即座に正確な抵抗値が求まります．

最初に，必要なカットオフ周波数，$Q$，利得を設定します．するとカットオフ周波数と10kΩで決定され

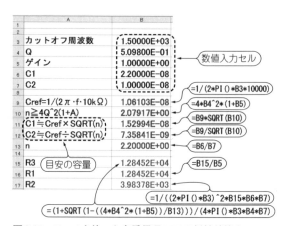

**図9.21 Excelを使った多重帰還LPFの抵抗値算出**
カットオフ周波数$f_c$と$Q$値とゲイン(=1)から$C_{ref}$と$n$が計算され，E系列に合う$C_1$と$C_2$を選ぶ．$R_1$，$R_2$，$R_3$が計算される

る目安の容量$C_{ref}$と，$C_{ref}$が幾何平均値になる$n$の比をもった$C_1$，$C_2$の目安の容量が計算・表示されます．この目安の容量から，$n$よりも大きく，$n$に近い，容量比をもつ2つのコンデンサの容量をE系列から選んで，$C_1$，$C_2$のセルに設定します．

すると$R_1$，$R_2$，$R_3$の値が計算・表示されます．$R_1$，$R_3$の抵抗値が大きすぎる場合は$C_1$，$C_2$の容量を増やします．小さすぎるときは容量を減らします．

$R_2$はOPアンプの負荷にはならないので1kΩ以下になっても大丈夫です．

すべての定数が求まったら図9.19で示したように，LTspiceなどを使用して特性を確認します．

### ● 誤差の検討はモンテカルロ解析

図9.22は素子の特性誤差による影響を調べる方法を示したもので，LTspiceを使用したモンテカルロ解析です．

LTspiceは，モンテカルロ解析のとき定数設定がやや面倒です．そこで抵抗の誤差とコンデンサの誤差を，tol1，tol2のパラメータ設定にし，パラメータ設定の1箇所を変更すれば，すべての素子の誤差が切り替わるようにしています．

図(b)は抵抗誤差1％，コンデンサ誤差5％のときの特性です．最悪では1dB程度のピークが見られます．図(c)は抵抗誤差1％，コンデンサ誤差1％のときの特性です．最悪では0.3dB程度のピークが見られます．

図(b)，図(c)のグラフから，8次LPFではコンデンサの誤差は1％以内にする必要があることがわかります．ここでは実際にコンデンサの値を測定して，その値から抵抗値を決定するので，コンデンサの誤差が影響せず，好結果が期待できます．

## [コラム(9)] フィルタ用抵抗・コンデンサを選ぶときの指針

### ● コンデンサのほうが高価なことを念頭に

アクティブ・フィルタの場合，どの定番回路においても同様ですが，コンデンサと抵抗の組み合わせは無数にあります．たとえば図9.20(a)の場合，抵抗値10 kΩを倍の20 kΩにしても，$C_1$，$C_2$の容量を半分にすれば同じ特性になります．

通常，抵抗よりもコンデンサのほうが高価です．したがって，できるだけコンデンサの容量はE系列の中の少ない本数が望まれます．図9.20(a)の場合，$C_1$を優先してE系列の33 nFにすれば，

抵抗値 = 10 kΩ × 33.42/33 ≒ 10.13 kΩ，

$C_2$ = 7.579 nF × 33/33.42 ≒ 7.484 nF

が設計値になります．

### ● 抵抗値の選択は自由度が高いが…

前述のように組み合わせ自由な$CR$ですが，抵抗値には不具合の発生しない常識的な範囲があります．図9.20(a)の$R_1$は，前段OPアンプの負荷になります．通常電源電圧が±15 VのOPアンプの場合，負荷電流は数mA以下に抑えます．すると$R_1$は2 kΩ程度以上が選択範囲になります．

またNE5532などのバイポーラ・トランジスタ入力OPアンプの場合には，入力バイアス電流が流れます．たとえばバイアス電流を100 nAとすると，10 kΩの抵抗両端には，

100 nA × 10 kΩ = 1 mV

の直流電圧が発生し，これは直流オフセット電圧になります．したがって用途にもよりますが，数10 kΩ以上になると直流オフセット電圧が無視できなくなります．よって，使用する抵抗値は10 kΩ前後になるようにして，コンデンサ容量を選択します．

100 kHzを超えると，コンデンサ容量は100 pF以下と小さくなります．なので，できるだけ容量が小さすぎないように低い抵抗値を選びます．また，100 Hz以下の場合になると，コンデンサ容量が大きくなります．結果，コンデンサの実装が難しく，高価になるので高い抵抗値を選ぶことになります．

### ● 高抵抗値を使用するときはFET入力型OPアンプも

抵抗値が数10 kΩよりも高くなるときはFET入力型OPアンプを使用して，バイアス電流による直流オフセット電圧が大きくならないようにします．

抵抗値が高くなると，OPアンプの入力雑音電流や抵抗自身の熱雑音により出力雑音が増加します．このため低雑音のアクティブ・フィルタが必要な場合には，できるだけ低い抵抗値を選びます．

### ● 小容量コンデンサには温度補償型C0Gセラコン

コンデンサには用途によって多くの種類があります．急峻なカットオフ特性が必要なアクティブ・フィルタの場合には，正確な容量と低$ESR$（直列等価抵抗），そして周囲温度，周波数，信号振幅の変化による容量変化の少ないものが必要です．

容量が比較的小さいコンデンサの場合には，温度補償用（C0G特性 0±30 ppm/℃）の積層セラミック・コンデンサが適しています．リード・タイプの場合，秋月電子では10 nF以下，RSでは22 nF以下，DigiKeyでは100 nF以下のものが手に入るようです．

表面実装タイプであればもっと選択の幅は広がります．難点は高精度のものがなく，標準品では5％以上の容量誤差になっていることです．

### ● 高誘電率の積層セラコンは要注意

積層セラミック・コンデンサで注意が必要なのは，同じ積層セラミック・コンデンサでも高誘電率系（B，X7R，X5R，Y5V特性など）のものは周囲温度，直流バイアス電圧，信号振幅，周波数の変化によって大きく容量が変化することです．アクティブ・フィルタ用途には不適切です．

大きな容量になると，フィルム・コンデンサのなかから選ぶことになります．ポリプロピレン系のものが特性は良いのですが，形状が大きく，リード・タイプでは製造中止になっているものが増えています．

### ● ポリエステル・フィルム/高分子コンデンサに注目

入手しやすいのはポリエステル・フィルム系のものです．しかし，周波数による容量変化があるのでアクティブ・フィルタに使用する際には，高域カットオフ周波数での容量を測定して使う必要があります．

パナソニック社のECQV型は小型で実装しやすかったのですが，製造中止になっています．オークションで検索するとまだ多く出品されているので，個人的には手に入るようです．

ルビコン社などで販売されている薄膜高分子積層コンデンサ（PMLCAP）は，$22\,\mu$F程度までそろっています．表面実装のものが多く，容量誤差が大きいですが，DigiKeyから入手できるようです．種類が少ないですが秋月電子でもPMLCAPを扱っています．

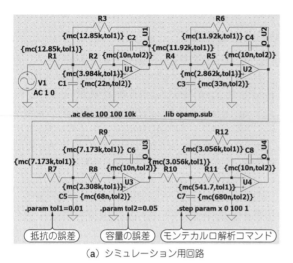

(a) シミュレーション用回路

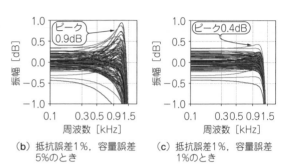

(b) 抵抗誤差1%，容量誤差 5%のとき

(c) 抵抗誤差1%，容量誤差 1%のとき

**図9.22　モンテカルロ解析で抵抗とコンデンサの誤差の影響を見積もる**
容量誤差1%でも最悪0.4 dB程度のピークがみられるが，実際に容量を計測して抵抗値を決定するので好結果が期待できる

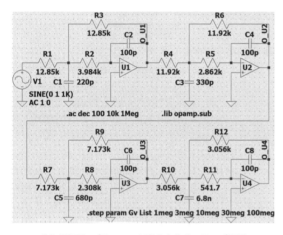

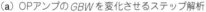

(a) OPアンプの *GBW* を変化させるステップ解析

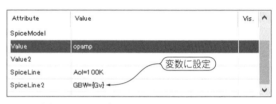

(b) 各OPアンプの *GBW* を変数に設定する方法

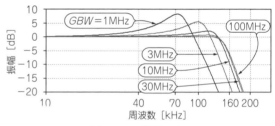

(c) ステップ解析の結果

**図9.23　OPアンプ *GBW* の違いによる影響の確認**
もっともカットオフ周波数の高い150 kHzでは，OPアンプの *GBW* は30 MHz以上必要である

● **OPアンプの *GBW*（利得帯域幅）の影響**

図9.23(a)は，カットオフ周波数150 kHz 8次バタワース LPFのLTspiceによるシミュレーション回路です．OPアンプは何種類かを選んで特性実験が行えるようにしました．*GBW* を{*G_v*}の変数にして，1～100 MHzまで1，3系列でステップ解析しています．

図(c)の解析結果を見ると，*GBW*：10 MHzでは2 dB程の盛り上がりがあります．よって，*GBW* が30 MHz以上のOPアンプが必要なことがわかります．

## 9.6　5バンド・アンチエイリアスLPFの製作

写真9.1に最終的に仕上がったアンチエイリアスLPFの外観と内部基板のようすを示します．

● **15 Hz/150 Hz/1.5 kHz/15 kHz/150 kHz切り替えLPF**

ここでは切りの良い値ということで，15 Hz～150 kHzまで10倍ごとに切り替えられるLPF5種類を製作しました．

図9.19(b)に示したように，高域カットオフ周波数が1.5 kHzのフィルタの場合，1.5 kHzでは振幅が−3 dB（約70.8 %）に低下してしまいます．1 kHzまでなら±0.1 dB（約98.9 %）の変動に収めることができます．したがって1.5 kHzのフィルタは1 kHzまでの信号解析に使用します．

5 kHzでは約−80 dBの減衰が得られるので，サンプリング周波数を10 kHz以上にすればほぼエイリアスから逃れられます．

**AD**の**Spectrum**で使用する際には，周波数レンジ

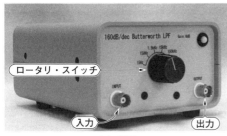

（a）前面

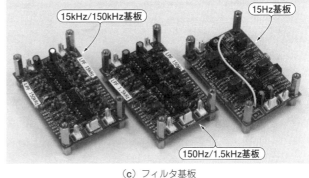

（c）フィルタ基板

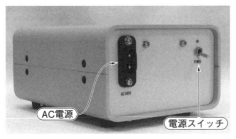

（b）後面

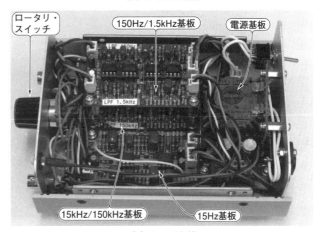

（d）ケース内部

**写真9.1　160 dB/dec バタワース特性アンチエイリアス LPF の外観と内部基板のようす**
1枚のプリント基板に2回路のフィルタを実装しているが，15 Hz の基板はコンデンサのサイズの都合で1回路だけの実装になっている

---

を10 kHz にするか，周波数レンジ Auto の場合は上限周波数を5 kHz にして，1 kHz までのデータを使用します．1.5 MHz も欲しいところですが，アクティブ・フィルタでは少し無理なので，コラム（10）に $LC$ によるLPFを紹介します．

5つのフィルタはケースに収め，パネル面のロータリ・スイッチで周波数レンジを切り替えます．

#### ● LPF ボードの製作

表9.5に，製作したフィルタに使用したコンデンサの設計値を示します．カットオフ周波数15 Hz では抵抗値が高くなるので，OPアンプには FET 入力 OPA 2134 を使用しました．150 kHz では $GBW$ と $SR$（スルーレート）の大きい AD827 を使用しました．1つの基板に2回路実装したので，15 kHz も AD827 になります．150 Hz と 1.5 kHz の基板は NE5532 を使用しています．

各段の $Q$ に合わせて $CR$ の定数を決定し，実装します．このとき実際に使用するコンデンサを，**AD** などを使用して測定周波数をカットオフ周波数に等しくし，容量を測定します．測定した容量を図9.21に示した Excel シートに設定し，$R_1$, $R_2$, $R_3$ の値を再び求めま

**表9.5　今回求めたコンデンサの設計値**

| 部品 | カットオフ周波数 | | | | |
|---|---|---|---|---|---|
| | 15 Hz | 150 Hz | 1.5 kHz | 15 kHz | 150 kHz |
| $C_1$ | 2.2 μF | 220 nF | 22 nF | 2.2 nF | 220 pF |
| $C_2$ | 1 μF | 100 nF | 10 nF | 1 nF | 100 pF |
| $C_3$ | 2.2 μF | 330 nF | 33 nF | 3.3 nF | 330 pF |
| $C_4$ | 680 nF | 100 nF | 10 nF | 1 nF | 100 pF |
| $C_5$ | 2.2 μF | 680 nF | 68 nF | 6.8 nF | 680 pF |
| $C_6$ | 330 nF | 100 nF | 10 nF | 1 nF | 100 pF |
| $C_7$ | 2.2 μF | 680 nF | 680 nF | 68 nF | 6.8 nF |
| $C_8$ | 33 nF | 10 nF | 10 nF | 1 nF | 100 pF |
| OPアンプ | OPA2134 | NE5532 | | AD827 | |

す．求まった値に近くなるよう，**誤差1％程度の金属皮膜抵抗を2本組み合わせて実装します**．

求まった値がE系列よりも少し大きいときは，抵抗値をディジタル・マルチメータなどで実測し，不足分を直列にします．求まった値がE系列よりも少し小さいときは，実測した値に並列に抵抗を追加して抵抗値を合わせます．

Spectrum

+LPF

● 通過域の特性がフラットになるよう調整する

　できあがったフィルタ基板は，図9.24に示すような接続を行い，ADのネットアナ機能で調整します．写真9.2にフィルタ基板をADに接続しているところを示します．

　求めた抵抗値ではOPアンプのGBWが影響して，図9.25(a)に示すようなカットオフ周波数付近で若干もち上がった特性になります．このため，もっともこの特性に影響を与える図9.19(a)の$R_{11}$を，固定抵抗と半固定抵抗を直列にして適切な抵抗値を求めます．

　これは図9.25(b)に示すように，スイープ範囲をカ

ットオフ周波数付近にして，利得が0dB付近になるように調整します．調整すると図9.25(c)に示すようにほぼフラットの特性が得られます．

　調整ができたら$R_{11}$を外して，抵抗値をディジタル・マルチメータなどで測定します．その値に等しくなるように固定抵抗を2本程度組み合わせて実装します．図9.25(d)に示すのは，全体特性をADで測定した結果です．−70dB程度以下はADのダイナミック・レンジが不足してデータがバラつき，うまく計測できませんでした．

● 目的の特性が得られないときは

　すべての素子を間違いなく実装できれば，目的の特性が得られます．ただし，1つでも誤って実装すると目的の特性になりません．

　目的の特性が得られないときは，各段の特性の実測

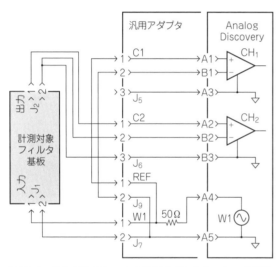

図9.24　それぞれのフィルタ基板をADのネットアナ機能で測定・調整する

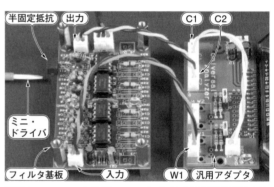

写真9.2　フィルタ基板の$R_{11}$に取り付けた半固定抵抗をミニドライバで回して調整する

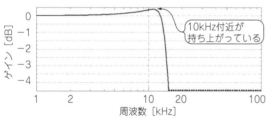

（a）調整前の特性（Y軸を＋0.5〜−4.5dBに設定）

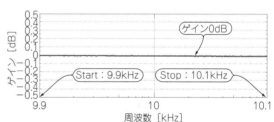

（b）スイープ範囲を9.9〜10kHzの狭い範囲に限定して測定（Y軸を＋0.5〜−0.5dBに設定）

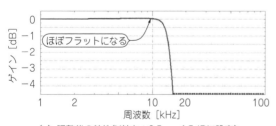

（c）調整後の特性（Y軸を＋0.5〜−4.5dBに設定）

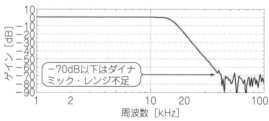

（d）調整後の特性（Y軸を＋10〜−90dBに設定）

図9.25　通過域のゲインがほぼ0dBになるように調整
ADのネットアナ機能で実測しながら，フィルタ回路の$R_{11}$の半固定抵抗を調整する

値とシミュレーション値とを比較して誤差が発生している段を見つけ出します.

たとえば図9.19(a)の2段目特性をADで測定するには,W₁出力の信号をフィルタ入力に加え,C₁入力をU₁の出力に,C₂入力をU₂出力に接続します.すると,測定結果はC₁を基準としたC₂の値になるので,2段目のみの利得・位相-周波数特性がグラフに表示されます.

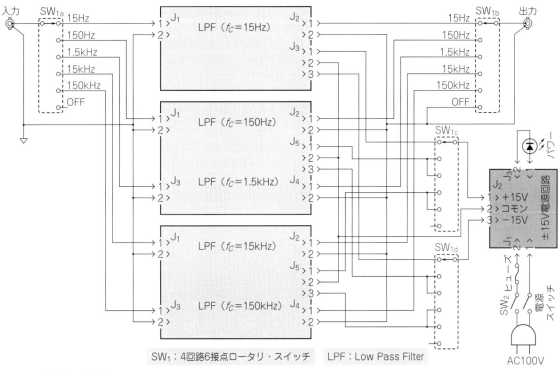

SW₁：4回路6接点ロータリ・スイッチ　　LPF：Low Pass Filter

**図9.26　基板間の結線図**

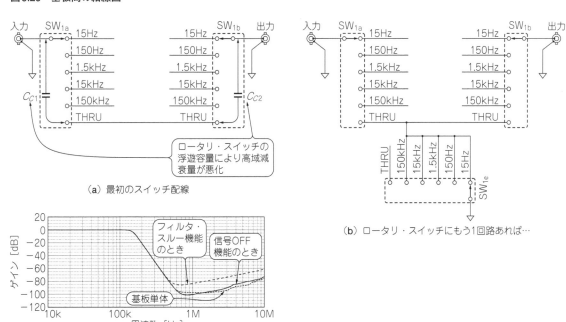

（a）最初のスイッチ配線

（b）ロータリ・スイッチにもう1回路あれば…

（c）スルー接続の有無による高域減衰特性（FRA5087で実測）

**図9.27　ケース内の配線とその特性**

この結果と**図9.19(c)**のシミュレーション結果を比較して，乖離のある段を探します．乖離がある段が見つかったら，その段の素子を詳しくチェックし，誤実装した素子を見つけ出します．

● 長期に使用できるよう筐体（ケース）に収納

**図9.26**が製作した5バンド・アンチエイリアスLPFの基板間結線図です．最初は**図9.27(a)**に示すように，ロータリ・スイッチの6接点目はフィルタをスルーにする機能にして配線しました．ところがケースに実装してから特性を測ってみると，**図9.27(c)**に示すよう

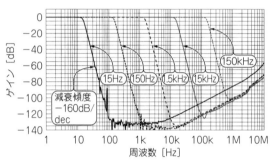

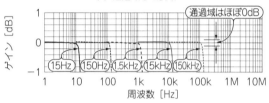

**図9.28 5バンド・アンチエイリアスLPFのゲイン周波数特性**（FRA5087で測定）
減衰域が−100dBまで下がる．通過域は±0.1dBの平たん性が得られている

にフィルタ基板単体の特性に比べ，高域の減衰特性が悪化してしまいました．ロータリ・スイッチの浮遊容量で信号が漏れてしまうようです．

**図9.26**のように6接点目をグラウンドに接続して，信号OFFの機能にすると基板単体と遜色ない特性になりました．ロータリ・スイッチにもう1回路あれば，**図9.27(b)**のように，スルー以外ではグラウンドに接続して高域減衰特性の悪化を防ぐことができたのですが…．多段ロータリ・スイッチがなくて断念しました．

● 製作したフィルタの特性確認

**図9.28**に示すのが最終特性です．コンデンサの容量を実測し，その容量に合わせて抵抗を0.1％誤差程度に抑えたので，通過域では±0.1dB以内の平坦性が実現できました．

最大減衰量は10MHzで−70dB程度，1MHz以下では−100dB以上の減衰が得られています．15Hzのフィルタの高域の減衰特性が悪いのは，2個のOPアンプで4段のフィルタを構成したため，同一パッケージ内のOPアンプの干渉か，OPアンプの*GBW*特性が影響しているようです．

● PFCの高調波電流スペクトルを再計測してみる

**図9.29**に示すのは，高域雑音の多いPFC（Power Factor Correction；力率改善）回路の高調波電流を計測した結果です．LPFがない状態の**図9.29(a)**では，高域雑音の折り返しで雑音レベルが上がっています．しかし，1.5kHzのLPFを挿入した**図9.29(b)**では雑音レベルが下がり，高調波スペクトルのようすがよくわかります．

なお，力率を測定する際に1.5kHzのLPFを挿入すると電流位相がずれてしまいます．正しい力率が計測できません．

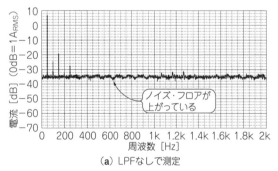

（a）LPFなしで測定

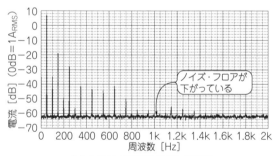

（b）1.5kHzのLPFを付加して測定

**図9.29 アンチエイリアスLPFの有無によるADのスペアナ特性の違いを確認**
PFC回路の高調波電流スペクトルを測定した．アンチエイリアスLPFによって，1.5kHzより高い周波数の高調波が除かれるので，エイリアシングが発生せずノイズ・フロアが低下した

## ［コラム(10)］ $f_c$＝1.5 MHz $LC$ LPFとプリアンプ

高域カットオフ周波数1.5 MHzのLPFは，アクティブ・フィルタよりも$LC$フィルタのほうが簡単に設計・製作できます．図9.Aにカットオフ周波数1.5 MHzのアンチエイリアス・フィルタ付きアンプの構成を示します．

初段のOPアンプにAD797（アナログ・デバイセズ）を使うと1 MHzでスルーレートが不足するので，低雑音高速電流帰還タイプのAD811（アナログ・デバイセズ）を使用しました．終段は低価格のAD817を使用しています．

41.7 $\mu$Hと66.8 $\mu$Hのコイルを使用しますが，これはサトー電気で販売している10 Kボビン（写真9.A）を使用しています．巻き線のポリウレタン線もサトー電気で少量販売しています．

分割ボビンには4つの巻き溝があり，そこに均等にポリウレタン線を巻きます．ネジ式TH形コアを挿入してP形コアを被せ，シールド・ケースに入れたら完成です．

10～100ターン巻いたコイルを製作し，実際のインダクタンスを測定した結果を図9.Bに示します．TH形コアの場合はコアの挿入具合でインダクタンスが変化します．基準値を目安に巻き数を決めてから製作します．

使用するのは41.7 $\mu$Hと66.8 $\mu$Hなので，54ターンと69ターンのコイルを製作しました．コイルの測定はもちろん**AD**のImpedance機能でインダクタンスを測定しながら，目標値になるようにコアを回して調整します．コアをボビンに深く挿入するとインダクタンスは大きくなります．

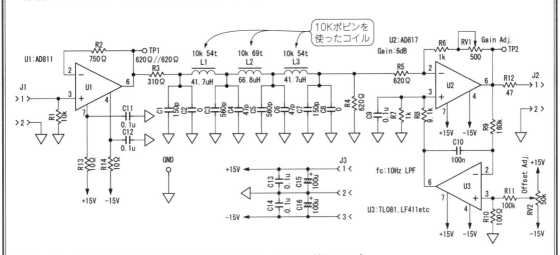

図9.A　カットオフ周波数1.5 MHzのアンチエイリアス・フィルタ付きアンプ

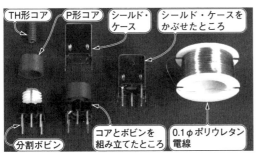

写真9.A　10 Kボビンを使ったコイルの自作

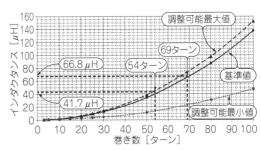

図9.B　10 Kボビンによるインダクタンスの構成
（巻き数100ターンまでのインダクタンス）

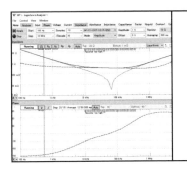

Intro

Scope

Wavegen

+Booster

+3相

+低歪

Network

Spectrum

+LPF

Impedance

Tracer

App

# 第10章

電子部品の回路特性とモデリングが基礎からわかる

## *R, C, L*のふるまい観測… Impedance活用法

AD（Analog Discovery）が万能測定器と呼ばれる訳は，オシロスコープやスペアナ機能だけではなく，抵抗，コンデンサ，コイルなどの電子部品のインピーダンス（Impedance）までもが測定できる点にあります．

ADのアプリケーション・ソフトWaveformsの初期バージョンには，インピーダンス測定機能［Impedance］は付いていませんでしたが，新版のAD2から追加されました．この機能は旧版のADでも同様に使えます．

ADでのインピーダンス測定は，
- 確度が仕様で規定されていない
- DUTへの駆動能力が劣る

などの欠点はありますが，測定原理の理解や測定スキルの向上に役立つ多くの機能をもっています．身近において，ぜひとも活用いただきたいものです．

## 10.1 インピーダンスと*R, C, L*の性質

### ● 流れる電流の周波数によってふるまいが変化する

電子回路における電気信号は，回路基板などに実装されているトランジスタやICなどの半導体，さらには抵抗*R*，コンデンサ*C*，コイル*L*など，いろいろな素子を流れています．そして電気信号…電流の流れかたは，素子の種類によって異なります．同じ素子であっても，流れる信号の周波数によって流れやすさが変化します．

図10.1は*R, C, L*のそれぞれに1 $V_{0-p}$，1 kHzの信号を印加したとき，各素子に流れる電流波形を求めるために行った回路シミュレーションの例です．

図10.1におけるコンデンサとコイルのインピーダンスは，$f=1$ kHz正弦波とすると，以下の式からほぼ1 kΩと求めることができます．

コンデンサは電流に対して電圧が90°遅れるので，コンデンサ159 nFのインピーダンス$Z_{C1}$は，

$$Z_{C1} = -jX = -j\frac{1}{2\pi f C_1}$$
$$= \frac{1}{6.28 \times 10^3 \times 159 \times 10^{-9}} = \frac{10^9}{10^6} = 10^3$$

コイルは電流に対して電圧が90°進むので，コイル159 mHのインピーダンス$Z_{L1}$は，

$$Z_{L1} = jX = j(2\pi f L)$$
$$= j(6.28 \times 10^3 \times 159 \times 10^{-3}) = 10^3$$

となります．

### ● ω＝（2πf）は159とセットで使うと計算しやすい

インピーダンスの計算では必ず角速度$\omega(=2\pi f)$が登場します．よって筆者は，（実際の設計では使わない）原理的なシミュレーションではコンデンサやコイルの値には159を好んで使用しています．先の図10.1でもそうです．たとえば2πの相方になる*C*や*L*の値を159にしておくと，$f=1$ kHzにおけるそれぞれのイン

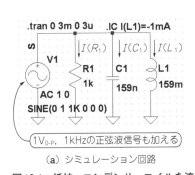

（a）シミュレーション回路

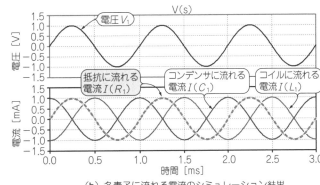

（b）各素子に流れる電流のシミュレーション結果

**図10.1 抵抗，コンデンサ，コイルを流れる電流をシミュレーションで確認すると**
電流波形は印加電圧波形に対して，抵抗の場合は位相は変わらないので0°，コンデンサの場合は90°進む，コイルでは90°遅れる

表10.1 交流回路で使用する6つのパラ
メータ
信号の0°成分を実数，90°成分を$j$として表
す．回路の話をしているとよく登場する用語．
すぐにイメージできるようになっておきたい

| 電流の流れにくさ<br>(単位：オームΩ) | インピーダンス<br>Impedance $Z$ | 抵抗<br>Resistance $R$ | リアクタンス<br>Reactance $X$ |
|---|---|---|---|
| | $Z=R+jX$　$X$は誘導性(コイル)のとき＋，容量性(コンデンサ)のとき－ | | |
| 電流の流れやすさ<br>(単位：シーメンスS) | アドミタンス<br>Admitance $Y$ | コンダクタンス<br>Conductance $G$ | サセプタンス<br>Susceptance $B$ |
| | $Y=G+jB$　$B$は容量性(コンデンサ)のとき＋，誘導性(コイル)のとき－ | | |

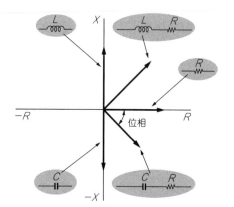

インピーダンスは大きさと位相の2つの要素から構成されるので，ベクトルとして表し，抵抗による位相0°成分を実数，コイルとコンデンサによる±90°成分(リアクタンス成分)を虚数として表す．

$$インピーダンス\ Z=\frac{V}{I} \quad\cdots\cdots\cdots\cdots\cdots(1)$$

(分母の電流を基準とした電圧との比)
コンデンサは電流に対し電圧が90°遅れるので，コンデンサのインピーダンスは，

$$Z_C=-jX=-j\frac{1}{2\pi fC} \quad\cdots\cdots\cdots(2)$$

コイルは電流に対し電圧が90°進むので，コイルのインピーダンスは，

$$Z_L=jX=j(2\pi fL) \quad\cdots\cdots\cdots\cdots(3)$$
ただし，$f$：周波数[Hz]

図10.2 インピーダンスは振幅と位相の2つのパラメータで構成されたベクトル図で表せる

ピーダンスが，

$$1/\omega C=10^3, \quad \omega L=10^3$$

と切りの良い値になるからです．

　さて，**図10.1**のシミュレーション結果を見ると，$1\,\mathrm{V_{0-p}}$の電圧が印加されたので流れる電流は3つとも同じ$1\,\mathrm{mA_{0-p}}$です．しかし，印加電圧に対して流れる電流波形の位相は，コンデンサの場合は90°進み，コイルの場合は90°遅れています．

　このように交流の電子回路では，電気信号を振幅と位相という2つの異なったディメンションのパラメータで表します．また，電流の流れにくさを表すパラメータが**インピーダンス**です．逆に，電流の流れやすさを表すパラメータは**アドミタンス**と呼ばれます．これらを組み合わせると，**表10.1**のように6個のパラメータになります．

● **振幅と位相をベクトルで表すこともある**

　インピーダンスは振幅と位相の2つのパラメータから構成されるので，**図10.2**に示すようなベクトル図で表すことができます．純粋な(理想)抵抗の場合は，電圧・電流の位相ずれがないので，実数軸上のベクトルになります．ただし，純粋な抵抗というのは現実には存在しません．現実には(見えないけれども，小さな)浮遊容量とか浮遊誘導(コイル)成分が存在します．

　コンデンサの場合は，**図10.2**に示すように分母の基準となる電流に対して電圧が90°遅れます．よって虚数軸に沿ってマイナス側になります．コイルの場合は逆に虚数軸に沿っての上側になります．そしてコンデンサとコイルは**図10.2**に示す式に従い，周波数に

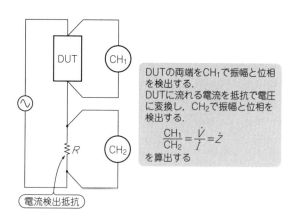

DUTの両端をCH₁で振幅と位相を検出する．
DUTに流れる電流を抵抗で電圧に変換して，CH₂で振幅と位相を検出する．

$$\frac{CH_1}{CH_2}=\frac{\dot{V}}{\dot{I}}=\dot{Z}$$
を算出する

図10.3 インピーダンス測定は被測定素子に交流信号を加え，被測定素子の両端電圧と流れた電流波形から，ベクトル演算で算出する
DUT(Device Under Test)は被測定体のこと

よってインピーダンスが変化します．

## 10.2 インピーダンス測定のしくみ

● **電圧・電流の測定値をベクトル演算**

　$R, C, L$のインピーダンス測定は，**図10.3**に示すように被測定素子に交流信号を印加し，被測定素子の両端電圧と流れた電流波形から**図10.4**に示す式に従って，$R, C, L$の成分をベクトル演算で算出します．

　ただし，インピーダンスを測定する際に素子のインピーダンスが$1\,\Omega$程度以下のごく低い値になると，**図10.5(a)**に示すように，測定のためのリード線やコネクタの接触抵抗による誤差が無視できなくなります．

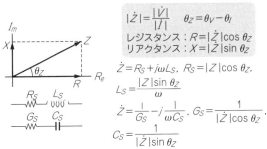

$$|\dot{Z}|=\frac{|\dot{V}|}{|\dot{I}|} \qquad \theta_Z=\theta_V-\theta_I$$

レジスタンス：$R=|\dot{Z}|\cos\theta_Z$
リアクタンス：$X=|\dot{Z}|\sin\theta_Z$

$\dot{Z}=R_S+j\omega L_S,\ R_S=|Z|\cos\theta_Z,$

$L_S=\dfrac{|Z|\sin\theta_Z}{\omega}$

$\dot{Z}=\dfrac{1}{G_S}-j\dfrac{1}{\omega C_S},\ G_S=\dfrac{1}{|\dot{Z}|\cos\theta_Z},$

$C_S=\dfrac{1}{|\dot{Z}|\sin\theta_Z}$

（a）直列等価回路の場合はインピーダンス$Z$から計算する

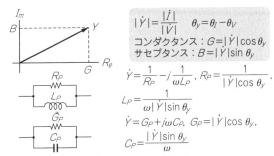

$$|\dot{Y}|=\frac{|\dot{I}|}{|\dot{V}|} \qquad \theta_y=\theta_I-\theta_V$$

コンダクタンス：$G=|\dot{Y}|\cos\theta_y$
サセプタンス：$B=|\dot{Y}|\sin\theta_y$

$\dot{Y}=\dfrac{1}{R_P}-j\dfrac{1}{\omega L_P},\ R_P=\dfrac{1}{|\dot{Y}|\cos\theta_y}$

$L_P=\dfrac{1}{\omega|\dot{Y}|\sin\theta_y}$

$\dot{Y}=G_P+j\omega C_P,\ G_P=|\dot{Y}|\cos\theta_y,$

$C_P=\dfrac{|\dot{Y}|\sin\theta_y}{\omega}$

（b）並列等価回路の場合はアドミタンス$Y$から計算する

**図10.4　ベクトル図からインピーダンス$Z$とアドミタンス$Y$を計算する**

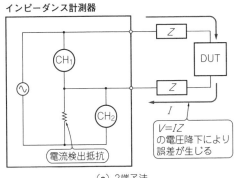

（a）2端子法

（b）4端子法

**図10.5　測定時のリード線の影響を低減する方法**
低インピーダンスの場合は4端子法で測定するとリード線やコネクタの接触抵抗による電圧降下が低減できる

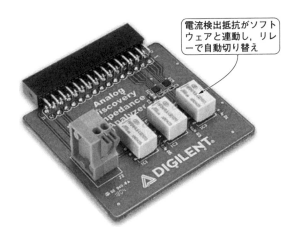

（a）DIGILENT社製

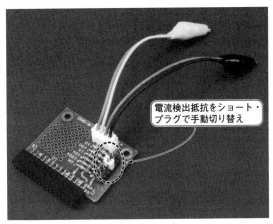

（b）自作したアダプタ

**写真10.1　ADのためのインピーダンス測定アダプタ**

このようなとき使用されるのが，図(b)に示す4端子法です．素子に電流を流すためのリード線と，素子の両端電圧を測定するリード線を別々にします．そして素子の両端電圧を，高い入力インピーダンスの回路で測定します．すると，両端電圧を検出するリード線の電流$I_2$がごく小さくなります．結果，リード線やコネクタの接触抵抗による電圧降下が低減し，素子の両端電圧が正確に計測できることになります．

● ADのインピーダンス測定機能

AD2のアプリケーション・ソフトWaveformsの初期バージョンではインピーダンス測定機能がありませんでしたが，現在では追加されています．この機能は旧版のADでも同様に使えます．

ADでインピーダンス測定機能を使うためには，電流を検出するための抵抗が必要です．そのため，電流検出抵抗を実装した外部アダプタを接続する必要があ

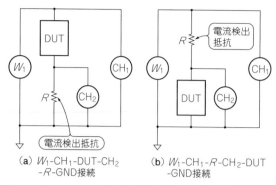

（a）$W_1$-CH$_1$-DUT-CH$_2$-$R$-GND接続

（b）$W_1$-CH$_1$-$R$-CH$_2$-DUT-GND接続

**図10.6 ADにおけるインピーダンス測定時の接続**
グラウンドからの電圧を検出すると誤差がなくなり，CH$_1$の測定値からCH$_2$の測定値をソフトで引き算すれば正しい測定値が得られる

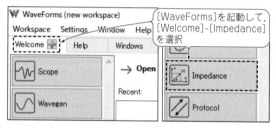

**図10.8 ［Welcome］をクリックするとメニューの下に［Impedance］が現れ，左クリックするとインピーダンス測定のAnalyzer画面が開く**

ります．**写真10.1（a）**に示すアダプタがDigilent社から別売されています．簡単な回路なので，ここでは**写真（b）**に示すようなアダプタを自作しました．

**AD**ではインピーダンス計測の際，**図10.4（a）**に示す方法のほかに，**図10.6**に示す2つの接続法，およびDigilent社のアダプタの4つがサポートされており，ソフトウェアでいずれかを選択します．

● **シングルエンド入力にしたほうが良い**

電圧・電流を測定するとき，一般には**図10.5**に示したようにDUTと抵抗の両端をそれぞれ検出しますが，**AD**においては内蔵されている差動増幅器の*CMRR*（Common Mode Rejection Ratio）が悪化すると誤差が生じます．そこで**図10.6**に示すように，シングルエンド接続でグラウンドからの電圧を検出するとこの影響がなくなります．CH$_1$の計測値からCH$_2$の計測値をソフトウェアで引き算して演算すれば正しい値が得られます．

**図10.7**が自作したインピーダンス測定アダプタの回路図です．$W_1$-CH$_1$-DUT-CH$_2$-$R$-GNDの接続方法になっています．

● **選別した高精度抵抗を活用する手**

測定においてもっとも重要なのは，$R_1 \sim R_6$の抵抗

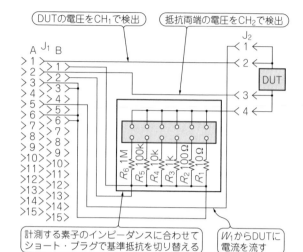

**図10.7 自作したインピーダンス測定アダプタの回路構成**
$W_1$-CH$_1$-DUT-CH$_2$-$R$-GNDの接続になっている．$R_1 \sim R_6$は選別した誤差0.1％以内のものを実装する

値の誤差です．日本製の金属皮膜抵抗は定格値に比較して誤差の少ないものが多いようです．筆者は，秋月電子通商でKOA製の誤差1％以内の金属被膜抵抗100本入りを購入して測定したところ，かなりの確率で0.1％以内のものが選別できました．

$R_1 \sim R_6$には，選別した誤差0.1％以内の抵抗を実装しています．

**AD**とアダプタを接続するコネクタも，秋月電子通商でC-13419［FH-2x15RG］，ヒロスギネットで［FSR-42085-15］の型名で販売されています．

---

## 10.3 Impedanceの起動

● **WaveForms → Impedance**

**AD**にインピーダンス測定アダプタを装着し，USBコネクタをパソコンに接続して［WaveForms］を起動します．

**図10.8**に示すように［Welcome］を左クリックすると，メニューの下のほうに［Impedance］の項目があり，左クリックするとインピーダンス測定Analyzerの画面が開きます．

**図10.9**に示すように，インピーダンス測定機能にはインピーダンス-周波数特性のグラフが得られるAnalyzerと単一周波数での測定値がテキスト表示されるMeterの2つのモードがあります．

● **結線方法と基準抵抗の設定**

まず，あらかじめ**図10.9**に示すように接続するアダプタの結線方法と基準抵抗の値を設定します．基準抵抗はもっとも正確に測定したい周波数でのインピーダンスに近い値を選びます．

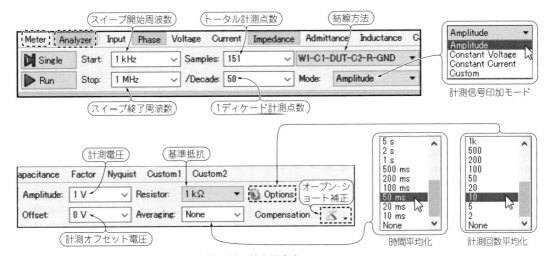

**図10.9　接続するアダプタの結線方法と基準抵抗の値を設定する**
基準抵抗はもっとも正確に測定したい周波数でのインピーダンスに近い値を選ぶ

たとえば，高域カットオフ周波数10 kHzのLPFに使用する10 nFのコンデンサの場合には，

$$\frac{1}{2\pi \times 10\ \mathrm{kHz} \times 10\ \mathrm{nF}} \fallingdotseq 1.59\ \mathrm{k\Omega}$$

なので1 kΩを選びます．

● スイープ開始/終了周波数と測定点数

　スイープ周波数範囲は100 μHz～25 MHzと広範囲です．100 μHzは1周期10,000秒なのでとてもスイープする気にはなれませんが，可能なようです．周波数はプルダウン・メニューで選ぶほか，任意の値をキー入力できます．

　測定点数は1ディケードでの値，またはトータル点数どちらでも設定できます．インピーダンスの変化が激しい場合は測定点数を多く設定します．

● アベレージ設定

　インピーダンスの値が極端に高かったり低かったりするとデータのばらつきが多くなります．このようなときは，平均化でデータのばらつきを減少させます．

　平均化には1点のインピーダンスを測定する印加時間での平均化と，複数回測定した結果の平均を求める回数での平均化の2つの設定があります．

　周波数の高域を重点的に平均化したい場合は時間での平均化，低域を平均化したい場合は回数での設定が時間的に有利です．

● オープン/ショート補正

　ハードウェアでの誤差補正が4端子法ですが，ソフトウェアでの誤差補正がオープン/ショート補正です．

　図10.10に示すように，インピーダンス測定ではリード線やコネクタなどによって不要なインピーダンス

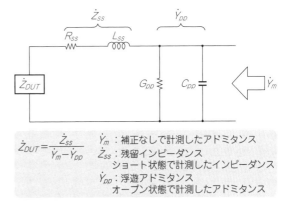

$$\dot{Z}_{DUT} = \frac{\dot{Z}_{ss}}{\dot{Y}_m - \dot{Y}_{pp}}$$

$\dot{Y}_m$：補正なしで計測したアドミタンス
$\dot{Z}_{ss}$：残留インピーダンス
　　　　ショート状態で計測したインピーダンス
$\dot{Y}_{pp}$：浮遊アドミタンス
　　　　オープン状態で計測したアドミタンス

**図10.10　オープン/ショート補正**
インピーダンス測定ではリード線やコネクタなどの不要インピーダンスやアドミタンスが生じる．よって不要成分をあらかじめ測定端の短絡・開放で測っておき，測定値から差し引くことで，正確な値を求める方法

やアドミタンスが発生してしまいます．この不要成分をあらかじめ短絡・開放して測定しておき，測定値から差し引くことにより正確な値を求めるのがオープン/ショート補正です．

　**1 Ω程度以下の低インピーダンスや，1 MΩ程度以上の高インピーダンスを測定するときの必須の手法で**す．また，より正確に補正するためには電磁誘導や浮遊容量の値が変化しないよう測定ケーブルを実際に計測する位置に固定して行います．

● オープン/ショート補正の実行

　オープン/ショート補正を実行するには，**図10.11**に示すオープン/ショート補正のプルダウン・メニューをクリックします．すると**図10.11(a)**のメニューが開きます．

Impedance

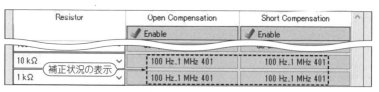

（a）補正実行メニュー　　　　　　　　　　　　　　（b）補正状況の表示

**図10.11　オープン／ショート補正の実行方法**

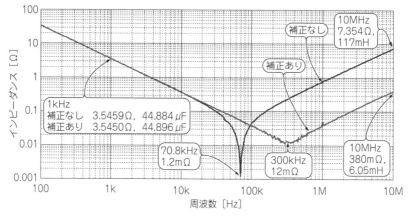

**図10.12　OSコンデンサ(47μF・25V)測定におけるオープン／ショート補正の効果**

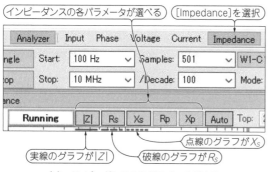

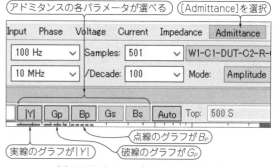

（a）インピーダンスの各パラメータ設定時　　　　（b）アドミタンスの各パラメータ設定時

**図10.13　[Analyzer]の主な表示パラメータ**
[Impedance]または[Admittance]を選ぶことにより，それぞれの表示パラメータが自動的に切り替わる．それぞれを選択することで6つのパラメータすべてをグラフ表示できる

　オープン／ショート補正を実行する前に，必要な周波数範囲，測定点数，そして平均化の設定を行います．

　オープン／ショート補正はインピーダンスの極端に低い値と高い値を測定します．データのばらつきが大きくなるので平均化の設定は重要です．

　周波数範囲や測定点数が異なると，オープン／ショート補正は行えません．

　補正を実行し，[Compensation]をクリックすると図10.11(b)に示す，補正状況が表示されます．

　オープン／ショート補正値は，設定パラメータとともにパソコンに[File]→[Save Project]または[Workspace]→[Save As]でファイル名を付けて保存できます．

　オープン／ショート補正は時間がかかるので，最初に実行してその値を保存しておくことをお勧めします．

● OSコンデンサ測定におけるオープン／ショート補正
　図10.12に示すのは，低*ESR*といわれているOSコンデンサ47μF・25Vをオープン／ショート補正の有無で測定し，エクスポートしてExcelでグラフ化した結果です．10kHz以上で大きな差が見られます．

　補正ありデータはOSコンデンサらしい納得できるグラフになっており，オープン／ショート補正の効果が大きいことを示しています．しかし，それでも数100kHzで10mΩの低インピーダンスになるとデータのばらつきがあり，苦しいところです．

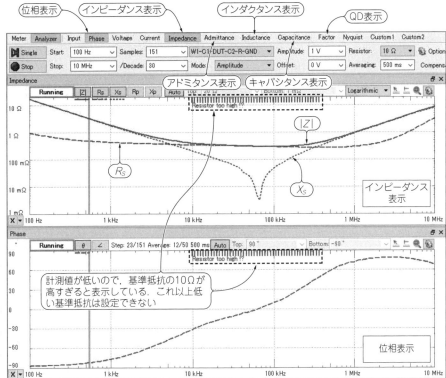

位相表示　インピーダンス表示　インダクタンス表示　QD表示

アドミタンス表示　キャパシタンス表示

$|Z|$

$R_S$

$X_S$

インピーダンス表示

Resistor too high !?

計測値が低いので，基準抵抗の10Ωが高すぎると表示している．これ以上低い基準抵抗は設定できない

位相表示

**図10.14　電解コンデンサ(100μF)の測定結果**

[Analyzer]モード，基準抵抗10Ωで測定したとき．周波数1 kHzの$|Z|$の成分はコンデンサ成分が支配的なので$X_S$グラフに，10 k〜100 kHz付近は等価直列抵抗$R_S$が支配的なので$R_S$のグラフに，1 MHz以上の高域ではコイル成分が支配的なので$X_S$のグラフに重なっている

● [Analyzer] モードの表示パラメータ

[Analyzer]モードでは，図10.13に示すように[Impedance]または[Admittance]を選ぶことにより，それぞれの表示パラメータが自動的に切り替わります．選択することにより表10.1に示した6つのパラメータすべてをグラフ表示することができます．

図10.14に示すのは100μFの電解コンデンサを基準抵抗10Ωで測定した例です．上のグラフがインピーダンス，下のグラフが位相を表示しています．インピーダンスの絶対値$|Z|$が実線，直列等価抵抗$R_S$が長い点線，リアクタンス$X_S$が短い点線でグラフ化されています．

理論的には，周波数が低い領域ではリアクタンスはコンデンサ成分なのでマイナスですが，グラフではプラスの領域に表示されています．

周波数が低い領域の$|Z|$の成分は，コンデンサ成分が支配的なので$X_S$のグラフに，100 kHz付近は$|Z|$の成分は直列等価抵抗が支配的なので$R_S$のグラフに，高域では$|Z|$の成分はコイル成分が支配的なので$X_S$のグラフに重なっています．

● [Meter] の表示パラメータ

図10.15に示すのは，[Meter]モードで100 nFのフィルム・コンデンサを測定したときの表示例です．

アクティブ・フィルタに用いるコンデンサなどの測

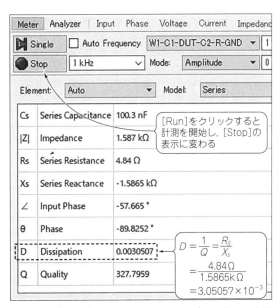

[Run]をクリックすると計測を開始し，[Stop]の表示に変わる

| | | |
|---|---|---|
| Cs | Series Capacitance | 100.3 nF |
| $|Z|$ | Impedance | 1.587 kΩ |
| Rs | Series Resistance | 4.84 Ω |
| Xs | Series Reactance | -1.5865 kΩ |
| ∠ | Input Phase | -57.665 ° |
| θ | Phase | -89.8252 ° |
| D | Dissipation | 0.0030507 |
| Q | Quality | 327.7959 |

$$D = \frac{1}{Q} = \frac{R_S}{X_S}$$
$$= \frac{4.84\,\Omega}{1.5865\,\mathrm{k}\Omega}$$
$$= 3.05057 \times 10^{-3}$$

**図10.15　[Meter]でのフィルム・コンデンサ(100 nF)測定結果**

アクティブ・フィルタに使用するコンデンサなどの測定や選別に使用できる

定や選別に使用できます．フィルタなどに使用するコンデンサの測定において重要なことは，先に説明したように測定周波数と基準抵抗の設定です．精度を必要とする周波数を設定し，そのときのインピーダンスに

Impedance

近い基準抵抗を選択します．データがばらつくときは平均化回数を増やします．

基準抵抗に0.1％以内の誤差の金属被膜抵抗を使用すれば，基準抵抗付近のインピーダンスならば0.2％程度以内の精度が得られるようです．

## 10.4 抵抗のSpiceモデルとADによる測定

### ● 現実には浮遊容量と浮遊インダクタンスが存在する

受動素子には$R$, $C$, $L$がありますが，そのなかでもっとも特性が安定していて小型なのが抵抗です．しかし，現実の抵抗(器)には，リード線や抵抗の構造によって，浮遊インダクタンスや浮遊容量と呼ばれるものが含まれます．一般の回路図には描かれない(明示されない)ものです．よって'浮遊'という言葉になっています．これは抵抗の種類や構造によっても異なるため，使用目的によって，種類や実装方法を慎重に検討します．

シミュレーションを実行するときは，浮遊成分が回路特性に影響を与えるかどうかを確認する必要があります．影響がありそうなときは，それらをモデリングしてシミュレーション回路に反映させる必要があります．

図10.16は，樹脂コーティングした精密抵抗器FLB(アルファエレクトロニクス)の周波数特性を示したものです．前段の説明では，抵抗器は理想的に周波数による変化はないとしましたが，現実は周波数が高くなると無視できないことを示したものです．抵抗値により周波数特性の形が異なっています．

なお，同じシリーズの抵抗の場合は，浮遊容量や浮遊インダクタンスの値は同程度と考えられます．なので，抵抗値が異なるとそれらの影響が異なります．

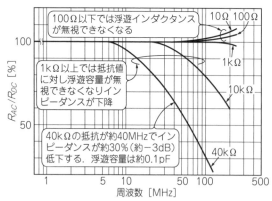

**図10.16　精密抵抗器FLB(アルファエレクトロトニクス)のインピーダンス-周波数特性**
現実の抵抗器には浮遊インダクタンスや浮遊容量が含まれる．抵抗値によって周波数特性の形が異なる．100Ω以下では抵抗値に対し浮遊インダクタンスが無視できず，インピーダンスが上昇する

図10.17に浮遊成分を考慮した抵抗の等価回路を示します．浮遊インダクタンスは直列に，浮遊容量は並列に接続されます．

### ● 周波数が高くなるとインピーダンスが変化する

ここではプリント基板に実装したときの影響も含めます．図10.18(a)にシミュレーション回路を示します．浮遊容量が1pF，浮遊インダクタンスが3nHとして，1mΩから10MΩまでステップ解析してシミュレーションします．定電流を加えることにより発生した電圧をインピーダンスとして読むことができます．

図10.17に示した式(1)，(2)から，周波数が1MHzのときのインピーダンスは，1pFでは約160kΩ，3nHでは約19mΩになります．このため周波数が高くなると，図10.18(b)に示すように高抵抗では浮遊容量，低抵抗では浮遊インダクタンスの影響でインピーダンスが変化します．

10～100Ω程度の抵抗が浮遊成分の影響が一番少なくなっています．高周波では50Ωや75Ωのインピーダンスで回路設計されることが多いのもこのためです．

### ● 金属皮膜の高抵抗は高周波でインピーダンス低下

図10.19に示すのは，リード・タイプ1/4W金属皮膜抵抗をADで測定した結果です．抵抗値が高くなると，シミュレーション結果と同じように高周波でインピーダンスが低下していきます．

10MΩの抵抗が，1MHzでは約510kΩになっています．浮遊容量を計算すると約0.3pFです．この値がどの程度正確かはわかりませんが，傾向はよく現れています．

100Ω以下の低インピーダンスをADで測定するときは，信号波形がクリップしていないか確認します．図10.20に示すように，インピーダンス測定画面で[View]-[Time]とクリックすると，下の画面に波形が表示されるので，モニタしながら計測すると安心です．

図10.21にオープン/ショート補正の有無による変化を示します．低抵抗や高抵抗では補正の効果が大きいことがわかります．

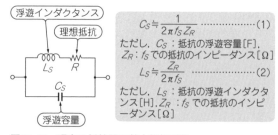

ただし，$C_S$：抵抗の浮遊容量[F]，$Z_R$：$f_S$での抵抗のインピーダンス[Ω]

$$C_S \fallingdotseq \frac{1}{2\pi f_S Z_R} \quad\cdots\cdots\cdots(1)$$

$$L_S \fallingdotseq \frac{Z_R}{2\pi f_S} \quad\cdots\cdots\cdots(2)$$

ただし，$L_S$：抵抗の浮遊インダクタンス[H]，$Z_R$：$f_S$での抵抗のインピーダンス[Ω]

**図10.17　現実の抵抗器の基本等価回路**
浮遊インダクタンスは直列に，浮遊容量は並列に接続される

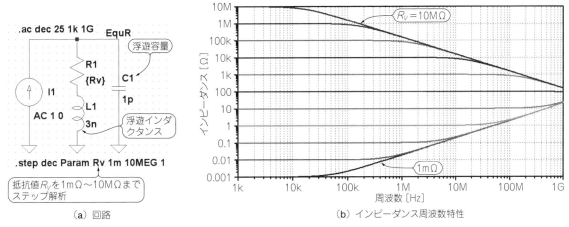

(a) 回路　　　　　　　　　　　　　　　(b) インピーダンス周波数特性

**図10.18　抵抗器 基本等価回路のシミュレーション**
1 kΩ以上では浮遊容量，100 Ω以下では浮遊インダクタンスの影響で高域側のインピーダンスが変化する．浮遊インダクタンスと浮遊容量の影響を調べた（LTspiceによるシミュレーション）

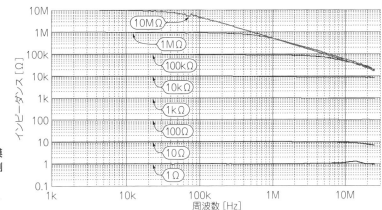

**図10.19　1/4 W 1 Ω～10 MΩ金属皮膜抵抗のADによるインピーダンス実測値**（KOAの金属皮膜抵抗）
10 MΩの抵抗が1 MHzでは510 kΩになる．浮遊容量を計算すると約0.3 pF

● 電力用抵抗器のインピーダンス周波数特性

　写真10.2に示すのは，ふつうの抵抗とは異なる形状の電力用抵抗です．図10.22にADによる電力用抵抗を測定した結果を示します．

　ホーロ抵抗やセメント抵抗は，マンガニン線などを巻き線した構造なので，浮遊インダクタンスが多くなっています．

　酸化金属皮膜抵抗は，浮遊インダクタンス成分が少なく，高周波まで一定のインピーダンスを保っています．ただし，電源投入時の突入電流などで定格電力を超えた短時間（数十ms程度）のパルス性大電力で焼損しやすいです．巻き線抵抗はパルス性の過大電力に強い長所があります．

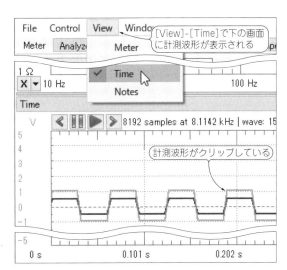

**図10.20　低抵抗のインピーダンス測定での注意点**
100 Ω以下のインピーダンスを測定するときは，入力した波形がクリップしていないことを確認する．信号5 V，基準抵抗10 Ωで10 Ωの抵抗を測定したときのようす

Impedance

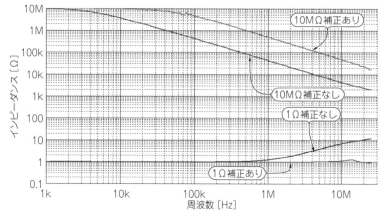

図10.21 低抵抗や高抵抗ではオープン／ショート補正の効果が大きい
金属皮膜抵抗のインピーダンス周波数特性

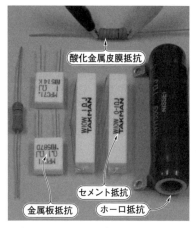

写真10.2 インピーダンス測定で使用した電力用抵抗器

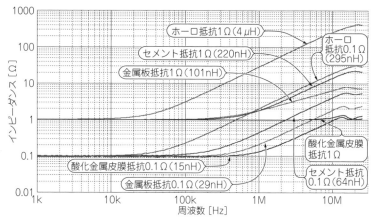

図10.22 ホーロ抵抗やセメント抵抗は浮遊インダクタンスの影響が大きい（ADによる測定）

電力用抵抗器のインピーダンス周波数特性．（ ）は浮遊インダクタンス．10 MHz でのインピーダンス上昇値から算出

## 10.5 コンデンサのSpiceモデルとADによる測定

● 直列等価抵抗や浮遊インダクタンスが存在する

　コンデンサはとくに種類が多く，最適な使い分けが難しい部品です．電気的特性だけではなく，形状や価格，温度範囲にも注意が必要です．電解コンデンサなどでは寿命の考慮も重要で，最適な種類を選択する必要があります．

　図10.23に示すのが，コンデンサの等価回路です．コンデンサは誘電体によって形成されています．誘電体には漏れ電流が生じるので，コンデンサに並列に抵抗が入ります．また誘電体のインピーダンスが無限小まで下がることはなく，有限のインピーダンスがあります．これが直列等価抵抗 $ESR$（Effective Series Resistor）として表されます．そして誘電体やリード線による浮遊インダクタンスが直列に存在します．

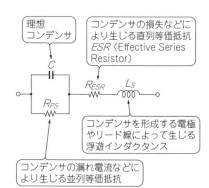

図10.23 コンデンサの基本等価回路
直列等価抵抗や直列等価インダクタンスが存在する

● 種類によってインピーダンス周波数特性が異なる

　図10.24に示すのは，ADによって5種類のコンデンサを測定した結果です．1 kHz以下の低域では，等価回路におけるコンデンサ成分のインピーダンスが一番高く，図10.24中の式(3)によって，その容量が求

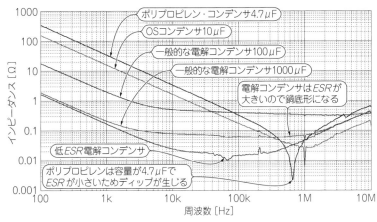

図10.24　各種コンデンサのインピーダンス周波数特性（ADによる測定）

低域ではコンデンサ成分，インピーダンスがもっとも下がった点では直列等価抵抗，高域では直列等価インダクタンスが支配的．インピーダンスが0.1 Ω以下になるとデータが暴れてくる．アベレージ50 ms，10回

低域では，コンデンサによるインピーダンスが大きく支配的．次式で，その容量値を算出できる

$$C \fallingdotseq \frac{1}{2\pi f\, Z_{100\mathrm{Hz}}} \quad \cdots\cdots (3)$$

高域の10MHzの点では，浮遊インダクタンスによるインピーダンスが支配的．次式でそのインダクタンス値を算出できる

$$L_S \fallingdotseq 2\pi f\, Z_{10\mathrm{MHz}} \quad \cdots\cdots (4)$$

まります．

　そして，もっともインピーダンスが下がった点で等価直列抵抗$ESR$のインピーダンスが支配的になり，その値から$ESR$が求まります．さらに周波数が高くなると，直列等価インダクタンスのインピーダンスが支配的になり高くなります．図10.24では10 MHzでのインピーダンスから，式(4)により，その値を算出することができます．

　たとえばポリプロピレン・コンデンサは，$ESR$が低く，容量と浮遊インダクタンスの直列共振周波数でインピーダンスがもっとも低くなり，ディップが生じています．その最低値が$ESR$です．

　電解コンデンサは容量が大きく，$ESR$も比較的高いことから鍋底型の特性になります．同じシリーズの電解コンデンサでは，容量が大きいほど$ESR$が低くなっています．電解コンデンサには多くの種類があり，低$ESR$の電解コンデンサは，その値が一般的により小さくなります（図10.24では$Z_L$）．$ESR$は周囲温度により変化し，低温になるとその値が2倍程度増加します．

　OSコンデンサは，同じ容量の電解コンデンサよりも$ESR$が低くなっています．スイッチング電源の雑音除去や電流が高速に急変するCPUのパスコンとして多用されています．

● 実測値からシミュレーション・モデルを作成する

　図10.24の測定データから各パラメータを算出し，シミュレーションしたのが図10.25です．

　一般に電解コンデンサは，周波数特性に劣るといわれています．これは$ESR$の値が大きいことによるためで，浮遊インダクタンスが大きいということではありません．

　実際に各種コンデンサの特性を測定してみると，リード線の間隔の広いコンデンサは，浮遊インダクタン

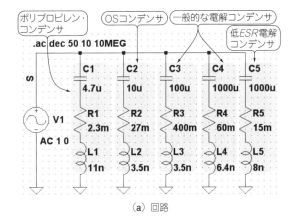

（a）回路

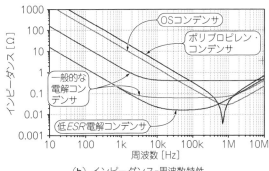

（b）インピーダンス-周波数特性

図10.25　コンデンサの基本等価回路によるシミュレーション

$C_1$のポリプロピレン・コンデンサは形状が大きく，リード線の間隔が広いので浮遊インダクタンスの値がもっとも大きい．実測値からコンデンサのSPICEモデルを作成することができる

スが大きくなる傾向にあります．図10.24の例でも4.7$\mu$Fポリプロピレン・コンデンサは，耐圧が450 Vあります．形状が大きく，リード線の間隔が一番広くなっています．このため浮遊インダクタンスも一番大きくなっています．

Impedance

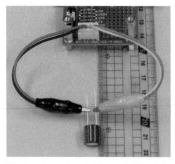

**写真10.3 OSコンデンサを根元から10 mmの位置で測定しているようす**
ワニ口クリップは, 同位置でオープン/ショート補正を行ってから測定

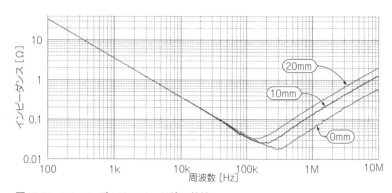

**図10.26 OSコンデンサのリード線の特性**
ADでの測定でリード線1 cmのとき, 10 nH程度のインダクタンスがあることがわかった

● 1 cmのリード線で10 nHのインダクタンスが付く

写真10.3に示すのは, OSコンデンサを測定しているところです. 図10.26にワニ口クリップを接続する位置を変えてインピーダンス特性を測定した結果を示します.

リード線が1 cmのときは, 10 nH程度のインダクタンスが発生します. そのためコンデンサのリード線の長さが高域でのインピーダンスに大きく影響していることがよくわかります.

OSコンデンサの低インピーダンスであることの特徴が生かされるかは, 実装するプリント基板のパターン設計によります.

## 10.6 コイルのSpiceモデルとADによる測定

● コイルとして動作する周波数範囲が狭い

$C$, $R$, $L$のなかで一番やっかいなのが, インダクタ(コイル)です. インダクタンスを大きくするには, コア(磁心)が必要になります. しかし, コイルに加える電圧が高くなるとこのコアが飽和し, インダクタンスがゼロになってしまいます. さらに, この飽和電圧には周波数特性があります. コアによっては非直線が大きく, ヒステリシスも発生します.

コイルは形状が大きく高価でもあるので, 電子回路ではなるべく使用しないのが得策とされています. しかし, スイッチング電源におけるチョーク・コイルなど, 大電力を扱うには他に代替できる素子がありません. そのため, いかにコイルをうまく使いこなせるかが回路エンジニアのレベルを決定する要素にもなります.

図10.27はもっともシンプルなコイルの等価回路です. 回路的には抵抗の等価回路と同じです. ただし, それらの値の範囲が抵抗とは異なります.

コイルは導線を巻いて製作します. その導線による抵抗分が$R_S$です. 周波数が高くなると, 導線の周囲

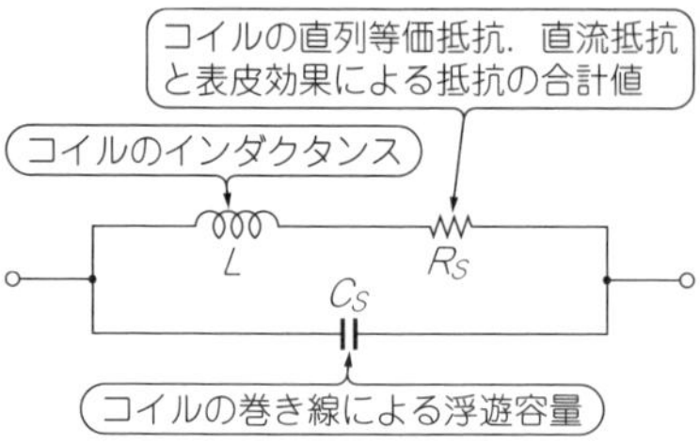

**図10.27 コイルの基本等価回路**
コイルの直列等価抵抗と巻き線による浮遊容量が存在する

しか電流が流れないという**表皮効果**と呼ばれる癖があります. つまり, $R_S$は直流での抵抗値だけでなく, 周波数によっても変化します. そして巻き線間には浮遊容量が$C_S$存在します.

● マイクロ・インダクタのシミュレーション

図10.28に示すのは, 市販のマイクロ・インダクタLHL10TB103K(太陽誘電)の定数をデータシートから参照して, モデリングした等価回路です. 図10.28(b)にそのシミュレーション結果を示します.

コイルは自身のインダクタンスと浮遊容量とで並列共振します. すると, その共振周波数でインピーダンスが急上昇し, ピークが生じます. この周波数が**自己共振周波数**と呼ばれるもので, データシートに直流抵抗値とともに記載されています. シミュレーション回路における$C_1$が, データシートに書かれている自己共振周波数から算出した値です. $L_2$は理想コイルです.

図10.28(b)に示すように302 Hz[≒$R_1/(2\pi L_1)$]以下の周波数では, グラフが平たんになり抵抗成分が支配的です. したがって302 Hz以下では, コイルとして動作せず, 抵抗の動作になります. また, 290 kHz(≒$1/(2\pi\sqrt{L_1C_1})$で自己共振します. つまり, この周波数以上ではコイルとしては動作せず, コンデンサの動作になります.

このようにコイルは抵抗やコンデンサに比べ, コイルとして動作する周波数範囲が狭いのも使い方が難しいところです.

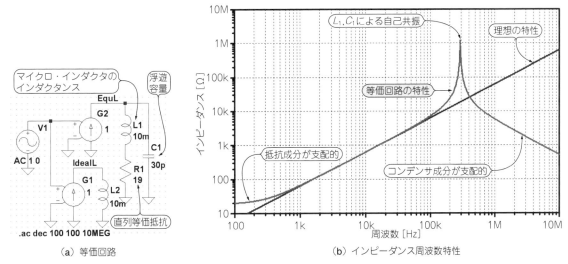

（a）等価回路　　　　　　　　　　　（b）インピーダンス周波数特性

**図10.28　コイルの基本等価回路によるシミュレーション**
10 mHのマイクロ・インダクタの動作を調べた．1 k〜100 kHzではコイルとして動作していることが確認できる．300 Hz以下の周波数では抵抗成分，290 kHz以上でコンデンサ成分が支配的

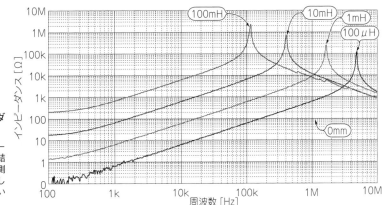

**図10.29　ADによるマイクロ・インダクタの特性確認**

10 mHのマイクロ・インダクタのインピーダンス周波数特性は，シミュレーション結果とほぼ一致．鋭いピークが生じるので測定点数を1デカード100点程度に大きくした．測定値のダイナミック・レンジが広いので平均化．50 ms，10回で測定

● **インピーダンス周波数特性はシミュレーション一致**

図10.29に示すのは，市販のマイクロ・インダクタ LHL10TB（太陽誘電）100 μH，1 mH，10 mH，100 mHの4つをADで測定した結果です．

4つとも同じ形状になっているため，インダクタンスが高いほど直流抵抗値が高く，浮遊容量が大きくなります．またインダクタンスが高くなるほどコイルとして動作する周波数範囲が狭くなっています．

10 mHインダクタの測定結果をシミュレーションと比較すると，ほぼ同じ程度の値が得られています．データシートの自己共振周波数が290 kHzですが，**AD**による実測値では，約400 kHzなので少し高くなっています．

他のインダクタンスでも，同じように実測値のほうが高くなっています．測定の際には治具の浮遊容量などが加わり，自己共振周波数が下がることはありますが高くなることは考えにくいです．別の測定器で測っ

てみても同程度の自己共振周波数なので，データシートの値は少し余裕をもたせ，低く書かれているのかもしれません．

## 10.7　トランスのSpiceモデルと ADによる測定

● **トランスのふるまい**

トランスは，大きく重いと敬遠されがちな素子です．しかし，交流電力の電圧・電流を任意に変換し，少ない損失でエネルギー伝送のできる唯一の素子で，電子装置には欠かせない部品です．

トランスは図10.30に示すように，交流電圧を1次側と2次側の巻き線比で変換し，電流を巻き線比の逆数で変換します．**正確な電圧変換比**を得ることを目的とするトランスを**PT**（Potential Transformer）または VT（Voltage Transformer）と呼んでいます．**正確な電流変換比**を得るのを目的にするトランスは**CT**

Impedance

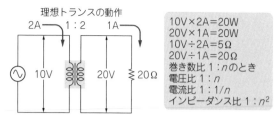

理想トランスの動作

2A　1:2　1A

10V　20V　20Ω

10V×2A＝20W
20V×1A＝20W
10V÷2A＝5Ω
20V÷1A＝20Ω
巻き数比 1:nのとき
電圧比 1:n
電流比 1:1/n
インピーダンス比 1:n²

**図10.30　理想トランスのふるまいとインピーダンス**
2次側に付けた負荷抵抗20Ωは1次側からみると5Ω（＝1/n²）に見える

(Current Transformer)と呼ばれています.

　実際のトランスには巻き線抵抗やコアの損失があり，変換比が少しずれた値になります. 正確な電圧比を得たいときは2次側巻き線を開放，正確な電流比を得たいときは2次側巻き線を短絡に近い状態で利用します.

　図10.30に示すように，2次側巻き線に接続された

負荷抵抗を1次側から観測すると，巻き線比の2乗に反比例した値になります. コンデンサが負荷の場合は，その容量が巻き数比の2乗に比例した値，コイルの場合は，そのインダクタンスが巻き数比の2乗に反比例した値になります.

● **漏れインダクタンスのふるまい**

　トランスの等価回路については，先にネットワーク・アナライザの解説（第7章）で紹介しました.「**7.3 トランス測定の予備知識**(p.102)」も併せてご覧ください.

　トランスには1次側巻き線のインダクタンス（励磁インダクタンス）のほかに巻き線抵抗，巻き線容量があります. また，トランス特有のパラメータとして漏れインダクタンス（リーケージ・インダクタンス）と呼ばれるものもあります.

---

### ［コラム(11)］ 抵抗・コンデンサ・コイルの直並列合成値の算出

　抵抗・コンデンサ・コイルを直列に接続したり，並列に接続したりしたときの合成値の求め方は，原理・原則を知っておくと覚えやすくなります.

　図10.A(a)に示すように素子を直列に接続した場合はインピーダンスの加算になります. したがって，抵抗やコイルは単純な加算で求められます.

　一方，コンデンサのインピーダンスはコンデンサ容量の逆数なので図10.A(b)に示すように分数の足し算になります.

　並列接続の場合はアドミタンスの加算になります. したがって抵抗とコイルのアドミタンスは容量の逆数になるので分数の計算になり，コンデンサ容量は単純に加算すれば求められます.

　実際のコイルの直並列はコイルから発生する磁束が他のコイルに影響するため，コイルの電磁シールドの具合や配置方法によって合成値が変化し，簡単な計算では求めることができません.

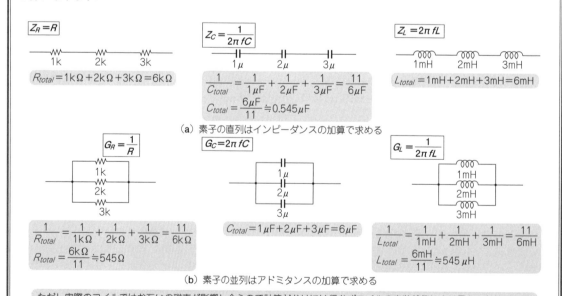

$Z_R = R$

$R_{total} = 1k\Omega + 2k\Omega + 3k\Omega = 6k\Omega$

$Z_C = \dfrac{1}{2\pi fC}$

$$\dfrac{1}{C_{total}} = \dfrac{1}{1\mu F} + \dfrac{1}{2\mu F} + \dfrac{1}{3\mu F} = \dfrac{11}{6\mu F}$$
$$C_{total} = \dfrac{6\mu F}{11} \fallingdotseq 0.545\mu F$$

$Z_L = 2\pi fL$

$L_{total} = 1mH + 2mH + 3mH = 6mH$

（a）素子の直列はインピーダンスの加算で求める

$G_R = \dfrac{1}{R}$

$$\dfrac{1}{R_{total}} = \dfrac{1}{1k\Omega} + \dfrac{1}{2k\Omega} + \dfrac{1}{3k\Omega} = \dfrac{11}{6k\Omega}$$
$$R_{total} = \dfrac{6k\Omega}{11} \fallingdotseq 545\Omega$$

$G_C = 2\pi fC$

$C_{total} = 1\mu F + 2\mu F + 3\mu F = 6\mu F$

$G_L = \dfrac{1}{2\pi fL}$

$$\dfrac{1}{L_{total}} = \dfrac{1}{1mH} + \dfrac{1}{2mH} + \dfrac{1}{3mH} = \dfrac{11}{6mH}$$
$$L_{total} = \dfrac{6mH}{11} \fallingdotseq 545\mu H$$

（b）素子の並列はアドミタンスの加算で求める

ただし実際のコイルではお互いの磁束が影響し合うので計算どおりには行かずコイルの実装状態により異なった値になる

**図10.A　抵抗・コンデンサ・コイルの直並列合成値の算出例**

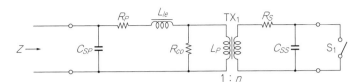

**図10.31 トランスのパラメータ抽出のための等価回路**
2次側巻き線を開放／短絡して1次側インピーダンスを測定し各パラメータを求める. $L_{le} \ll L_P$なので2次側を開放すると，1次側から見たインピーダンスは$C_{SP}$，$C_{SS}$，$R_P$，$L_P$. 2次側を短絡すると，$C_{SP}$，$R_P$，$R_S$，$L_{le}$が支配的になる

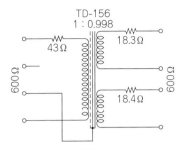

**図10.32 600 Ω信号トランスTD-156**
**（タムラ製作所）の構成**
巻き線抵抗は直流に，巻き線比は2次側解放にして1kHz程度の信号を加え，1次側-2次側電圧比で求める

この漏れインダクタンスによって，1次側コイルで発生した磁束がすべて2次側コイルに結合することができず，この成分はトランスからは独立したインダクタンスとして動作します．

● **2次側パラメータを1次側に換算する**

また，トランスの測定においては周波数特性を決定するパラメータを明確にする必要があります．そのための方法として一般には2次側のパラメータを1次側に換算し，かつ周波数を低域，高域に分けます．

結果，低域カットオフ周波数は励磁インダクタンスと巻き線抵抗が支配的になります．1次側巻き線インダクタンスが大きく，巻き線抵抗が小さいほど低域カットオフ周波数は低くなります．つまり，同じ大きさで巻き数を増やすと巻き線抵抗が増加し，低域カットオフ周波数が思うように下がりません．このため大きなトランスにするか，同じ巻き数でも大きなインダクタンスが得られるコアを使用すると低域カットオフ周波数が下がります．

一方，漏れインダクタンスや巻き線容量が小さいほど高域カットオフ周波数は高くなります．漏れインダクタンスを小さくするには，1次側コイルと2次側コイルを近接させ，結合度を良くする必要があります．しかし近接させると浮遊容量が増加し，高域カットオフ周波数付近の特性の乱れが増加します．

● **トランスのパラメータを抽出する方法**

図10.31はトランスの各パラメータを抽出するための等価回路です．

一般に漏れインダクタンス$L_{le}$は，励磁インダクタンス$L_P$の1/100〜1/1000です．$L_{le}$を省略し，2次側を開放して1次側のインピーダンスを測定すると，浮遊容量，1次側インダクタンス，巻き線抵抗，コア損失で決定された特性になります．

2次側を短絡して1次側のインピーダンスを測定すると，浮遊容量や漏れインダクタンス，巻き線抵抗で決定された特性になります．

● **ADで信号トランスのパラメータを抽出する**

図10.32に示すのは，信号トランスTD-156（タムラ製作所）の巻き線構造です．巻き線抵抗はディジタル・マルチメータで直流抵抗を測って求めました．巻き線比は，2次側開放の状態でADで1kHzの正弦波を加え，1次側-2次側の電圧比を測定して求めました．

図10.33にADで測定した2次側開放／短絡での1次側インピーダンスの周波数特性を示します．図10.33に示したそれぞれの周波数で支配的になっている素子の値を，インピーダンスから算出します．

● **利得-位相周波数特性はシミュレーションと一致**

図10.34（a）に示すのは，求めたパラメータでトランスをモデリングしたシミュレーション回路です．図に示すようにSPICEシミュレータでは，漏れインダ

**図10.33 信号トランスTD-156の1**
**側のインピーダンス周波数特性（ADによる測定）**
それぞれの周波数で支配的になるパラメータを算出する

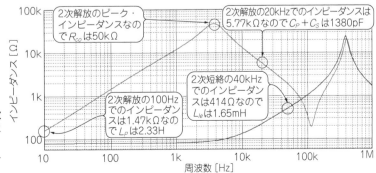

クタンスを結合度としてモデリングし，2次側コイルのインダクタンスは巻き線比から求めます．

　負荷抵抗$R_L$をステップ解析で変化させて周波数特性への影響を比較しています．図10.34(b)にシミュレーション結果を，図10.35にADで測定した周波数特性を示します．ほぼ同等な結果が得られていますが，負荷10kΩでの高域ピークと800kHz付近のディップに乖離が見られます．800kHz付近のディップは1次側−2次側間の浮遊容量が影響しています．

　ADのネットアナ機能にも，アベレージング機能が加わりました．ただし，現在のバージョンでは，アベ

レージするとゲインはスムーズなグラフになりますが，位相特性は逆に暴れた特性になります．ソフトウェアのバグがあるようです．

## 10.8　水晶振動子のSpiceモデルと ADによる測定

### ● 水晶振動子のふるまい

　水晶振動子は特定の周波数で振動し，発振器やフィルタに使われています．

　水晶振動子の振動周波数は，周囲温度変化に対し非常に安定しています．一般の水晶発振器では，周囲温

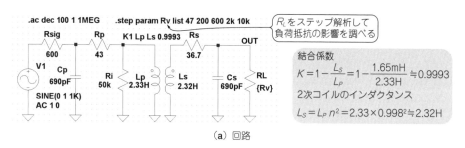

(a) 回路

結合係数
$$K = 1 - \frac{L_S}{L_P} = 1 - \frac{1.65\text{mH}}{2.33\text{H}} \approx 0.9993$$
2次コイルのインダクタンス
$$L_S = L_P\, n^2 = 2.33 \times 0.998^2 \approx 2.32\text{H}$$

**図10.34　図10.33で求めたパラメータを利用してトランスをモデリングする**（LTspiceによるシミュレーション）
漏れインダクタンスは結合係数を使ってモデリング

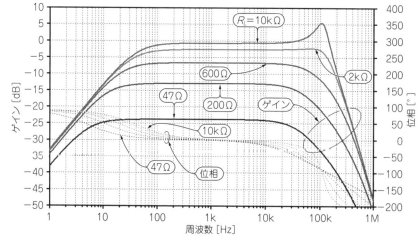

(b) 利得・位相−周波数特性

**図10.35　信号トランスTD-156の利得・位相−周波数特性**
測定結果はシミュレーション結果と一致している（ADによる測定）

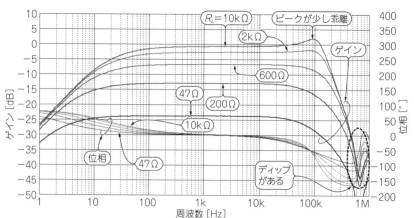

度が0～+70℃の変化で100 ppm以下の周波数確度が得られます．さらに温度補償が施された水晶発振器では，同様な温度変化に対し1 ppm程度の確度が保証されています．

一般的な金属皮膜抵抗の温度係数は，50 ppm/℃程度ですが，これは1℃の温度変化に対する変動の割合です．したがって周囲温度が0～+70℃のときは，単純計算で3500 ppmの変化となります．抵抗などに比べ水晶振動子の確度がいかに安定かわかります．

セラミック振動子も同様の特性をもちますが，温度特性は水晶振動子のほうが高安定です．

● 水晶振動子の等価回路

図10.36に示すのは，水晶振動子の等価回路です．通常$L_X$は数十mH～数Hと大きく，$C_S$は数fF，$R_S$は数十Ωと小さい値なので非常に大きな$Q$が得られます．

$L_X$と$C_S$が直列共振しインピーダンスが最小($R_S$)になり，$L_X$と$C_P$が並列共振しインピーダンスが最大になります．各パラメータの算出式を，図10.36中の式(5)～(9)に示します．

● 水晶振動子のインピーダンスをADで測定する方法

図10.37に示すのは，ADで4.096 MHzの水晶振動子を測定した結果です．

直列共振周波数と並列共振周波数が非常に近接しています．ピーク・ディップが鋭いので，周波数軸を直線にして，4.09 M～4.1 MHzまで2001点，5 Hzステップで非常に細かくスイープします．

$Q$が大きいと応答時間が遅くなり，スイープ速度が速いと計測誤差が大きくなります．このためアベレージを100 msにしています．

インピーダンスのディップ点が$R_S$になるので，正確に計測するため，基準抵抗を少し低めの1 kΩにし

ています．

ディップが鋭いので測定結果を正確に読み取るのが難しいです．そのため図10.37(b)に示すように，測定データのExport機能で，テキストから正確な共振点の周波数とインピーダンスを読み取ります．

● 水晶振動子のモデリングとシミュレーション

最初にADで水晶振動子の並列容量$C_P$を測定します．共振特性に影響されず，しかもできるだけ高い周波数の100 kHzを選びます．水晶振動子を接続しないオープンでの容量と，接続したときの容量の差を$C_P$の値とします．

図10.36の式(8)に，$C_P$の値と共振周波数を代入す

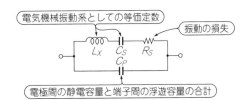

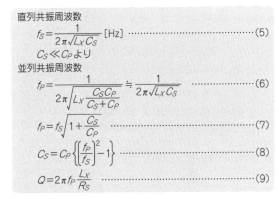

直列共振周波数
$$f_S = \frac{1}{2\pi\sqrt{L_X C_S}} \ [\text{Hz}] \quad\cdots\cdots(5)$$

$C_S \ll C_P$より

並列共振周波数
$$f_P = \frac{1}{2\pi\sqrt{L_X \dfrac{C_S C_P}{C_S + C_P}}} \fallingdotseq \frac{1}{2\pi\sqrt{L_X C_S}} \quad\cdots\cdots(6)$$

$$f_P = f_S\sqrt{1 + \frac{C_S}{C_P}} \quad\cdots\cdots(7)$$

$$C_S = C_P\left\{\left(\frac{f_P}{f_S}\right)^2 - 1\right\} \quad\cdots\cdots(8)$$

$$Q = 2\pi f_P \frac{L_X}{R_S} \quad\cdots\cdots(9)$$

**図10.36 水晶振動子の等価回路と各定数**
通常$L_X$は数十mH～数H，$C_S$は数fF，$R_S$は数十Ω．非常に大きな$Q$が得られる

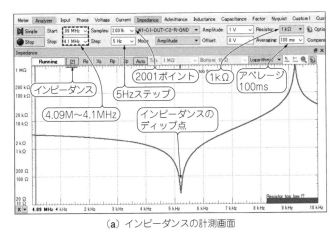

(a) インピーダンスの計測画面

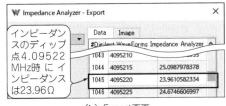

(b) Export画面

**図10.37 4.096 MHzの水晶振動子のインピーダンス-周波数特性(ADによる測定)**
ADのExport機能を利用して，テキスト・データから正確な共振点の周波数とインピーダンスを読み取る

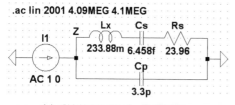

.ac lin 2001 4.09MEG 4.1MEG

（a）測定値からパラメータを算出後，
シミュレーション回路に設定する

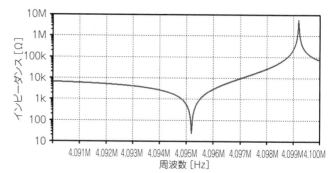

（b）インピーダンス周波数特性

**図10.38　水晶振動子の等価回路によるシミュレーション特性**
インピーダンス−周波数特性は実測値と同等の特性が得られている（LTspiceによるシミュレーション）

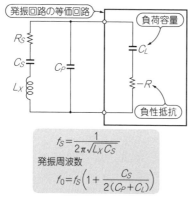

$$f_S = \frac{1}{2\pi\sqrt{L_X C_S}}$$

発振周波数
$$f_0 = f_S\left(1 + \frac{C_S}{2(C_P + C_L)}\right)$$

**図10.39　水晶発振器の等価回路**
負性抵抗は一般的な抵抗とは逆の特性になる

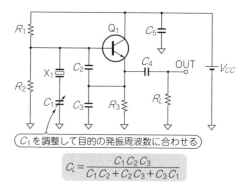

$C_1$を調整して目的の発振周波数に合わせる

$$C_L = \frac{C_1 C_2 C_3}{C_1 C_2 + C_2 C_3 + C_3 C_1}$$

**図10.40　トランジスタ・コルピッツ発振器**（基本的な水晶発振回路）

るると，$C_S$を求めることができます．

$$C_S = C_P\left\{\left(\frac{f_P}{f_S}\right)^2 - 1\right\}$$
$$= 3.3\,\text{pF} \times \left\{\left(\frac{4.099225\,\text{MHz}}{4.095220\,\text{MHz}}\right)^2 - 1\right\}$$
$$\fallingdotseq 3.3\,\text{pF} \times 0.0009525 \fallingdotseq 6.458\,\text{fF}$$

直列共振でのインピーダンスを$R_S$とします．$L_X$は
**図10.36**の式（6）から求めることができます．

$$L_X = \frac{1}{C_S(2\pi f_S)^2} = \frac{1}{6.458\text{fF} \times (2\pi \times 4.095220\text{MHz})^2}$$
$$\fallingdotseq 233.88\,\text{mH}$$

**図10.38（a）**に示すのは，水晶振動子のシミュレーション回路です．この回路でインピーダンス周波数特性を調べます．測定と同じように4.09 M〜4.1 MHzを2001点リニア・スイープしています．**図（b）**に示すように，ほぼ測定値と同じ特性が得られています．

● **水晶発振器を作ってみる**

　**図10.39**に示すのは，水晶発振器の等価回路です．$-R$は負性抵抗と呼ばれる記号です．加える電圧が増加すると流れる電流が減り，加える電圧が減少すると

流れる電流が増えるという特性を表し，一般的な抵抗とは逆の特性になります．この負性抵抗は，トランジスタなどの能動素子を使用することにより実現できます．

　$C_L$は負荷容量と呼ばれるコンデンサ成分です．水晶メーカは，この負荷容量のときに規定の周波数で発振するように水晶振動子を製作します．

　**図10.40**に示すのは，トランジスタを使ったコルピッツ発振器（基本的な水晶発振回路）です．負荷抵抗$R_L$が大きい場合，$C_L$は$C_1$，$C_2$，$C_3$の直列合成容量になり，**図10.39**の式によって$C_L$が決められます．$C_1$の容量を調整して発振周波数を調整します．

● **ADで測定したパラメータによる水晶発振器回路**

　**図10.41（a）**に示すのは，4.096 MHzのコルピッツ水晶発振回路です．**図10.37（b）**で求めたパラメータを利用して水晶振動子のモデルを作成しています．

　水晶は$Q$が非常に大きいので定常状態になるまでの時間が長いです．本回路では10 ms程度の時間が必要になります．発振周波数が4.096 MHzなので1周期が約244 nsと短く，解析ステップを細かくしなくてはなりません．ここでは10 msの間を50 nsステップで解析します．解析点数が200,000点となり，解析時間が

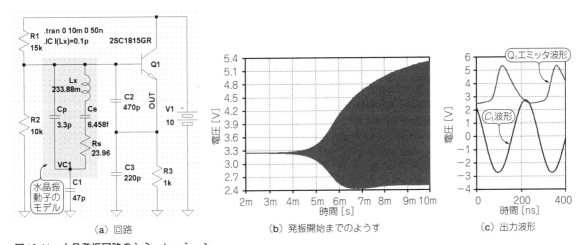

（a）回路　　　　　　　　　　（b）発振開始までのようす　　　　　　（c）出力波形

**図10.41　水晶発振回路のシミュレーション**
$C_1$からバッファをつけて信号を検出するときれいな正弦波が得られる（LTspiceによるシミュレーション）

長くなります．発振を加速するため$L_x$に微少な初期電流を流しています．

　一般には$Q_1$のエミッタ点は出力インピーダンスが低く，負荷の影響を受けにくいのでここから信号を取り出します．しかし**図10.41**のシミュレーション結果

で示すように，ひずみの多い波形が出力されています．気になる場合は，$C_1$の箇所に入力インピーダンスが高く入力容量の少ないバッファを接続して信号を取り出すと，きれいな正弦波が得られます．

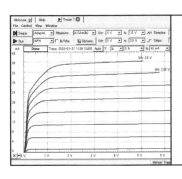

# 第11章

## ダイオード・トランジスタ・FETの*I-V*特性を調べる

# カーブトレーサ…Tracer活用法

Intro

Scope

Wavegen

+Booster

+3相

+低歪

Network

Spectrum

+LPF

Impedance

Tracer

App

半導体カーブトレーサ(半導体パラメータ・アナライザとも呼ばれる)は,ダイオードやトランジスタ,FETなどの個別(ディスクリート)半導体素子のおもに直流特性をグラフ化して表示する測定器です.

このカーブトレーサ,半導体の研究や開発には必須で広く使用されていますが,電子装置を試作する場合は半導体の特性を測定してから設計することはまれです.通常はデータシートに示されている定格や保証値を使って設計しています.

しかし電子回路の入門者が半導体の動作を学ぶときは,カーブトレーサは格好の教材です.半導体素子の機能や動作を調べ操作することで,自然と電子回路のスキルが身についてくるからです.

## 11.1 カーブトレーサとは

写真11.1に示すのは半導体草創の頃のカーブトレーサ Tektronix 576の例です.仕様からわかるように,素子への印加電圧を高電圧,大電流までステップ的に変動させてダイオードやトランジスタなどの電圧-電流特性を測定し,その結果をCRT(ブラウン管ディスプレイ)上に表示させることができるものです.

カーブトレーサの基本的動作は,*X*(横)軸に掃引した電圧を,*Y*(縦)軸にそのとき流れた電流を表示する*I-V*測定です.DUT(Device Under Test;被測定体)がトランジスタの場合には,ベース電流をステップ状に変化させながらコレクタ電圧をスイープし,そのときのコレクタ電流を測定しています.

写真11.2に,KEITHLEY 4200Aパラメータ・アナライザによる測定例を示します.このKEITHLEY 4200Aは,最新の半導体パラメータ・アナライザです.*I-V*特性だけでなく,半導体の接合容量-印加電圧特性や,パルス応答特性などが測定できます.当然ながら測定結果を液晶に表示するだけでなく,数値データをUSBメモリなどに記録することができます.

最大印加電圧:1500V
最大計測電流:10A
*Y*軸:電流 1µA 〜 2A/div
*X*軸:電圧 50mV 〜 200V/div

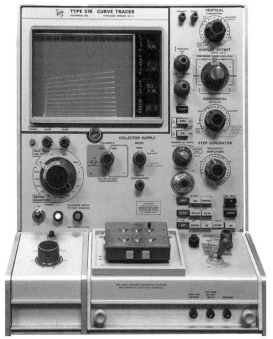

**写真11.1　初期のカーブトレーサ Tektronix 576**

*I-V* 特性　　　最大印加電圧:±210V,
　　　　　　　最大計測電流:100mA または 1A
容量 - 電圧特性　計測周波数:1kHz 〜 10MHz
　　　　　　　計測分解能:1aF,パルス応答特性

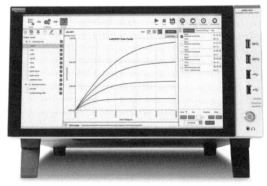

**写真11.2　近年のパラメータ・アナライザ**
**KEITHLEY 4200A**

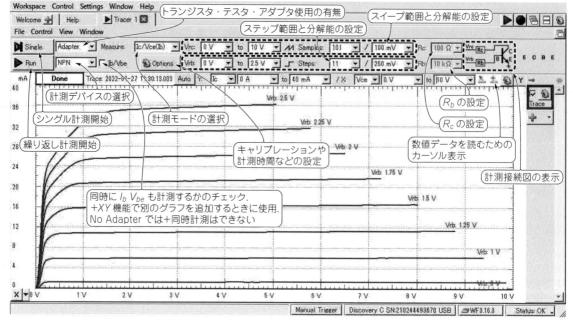

図11.1 Tracer の表示画面

半導体の研究や開発現場では現在もパラメータ・アナライザが活躍しています．しかし電子装置を設計・試作する場合は，半導体の特性を測定してから設計するようなケースはほとんどありません．通常はデータシートを熟読し，記載されている定格や保証値を使って設計します．

## 11.2 Tracer の使い方と準備

### ● 実測例

半導体カーブトレーサの動作は，WaveForms メニューから Tracer を使用します．図11.1 に示すのは，代表的な NPN トランジスタ 2SC1815GR を DUT にして，$V_{ce}$（コレクタ-エミッタ間電圧）をスイープさせ，$I_c$（コレクタ電流）を測定したときの出力特性です．

### ● DUT がトランジスタのときの接続と設定

通常，トランジスタのデータシートにおける出力特性では，ベース電流をステップさせたグラフになっています．しかし，AD には定電流出力がないのでベースに直列に抵抗を挿入して，印加した電圧（$V_{rb}$）をステップさせています．

図11.2 に NPN トランジスタの $I$-$V$ 特性を測定するときの構成例を示します．図(a)に示すのが，エミッタ共通接続における直流特性を測定するときの基本接続です．ベースに一定電流 $I_b$ を流しておき，$V_{ce}$ をスイープさせて $I_c$ を測定します．

対して Tracer での基本接続を図(b)に示します．W1

と W2 の波形出力が定電圧出力になっていることもあり，W2 で発生した電圧を $R_b$ を通してベースに印加しています．また，W1 で発生した電圧を $R_c$ を通してコレクタに印加しています．$I_c$ により $R_c$ に発生した電圧を CH1 で検出し，$I_c$ を演算して求め，$V_{ce}$ を CH2 で検出します．

$R_c$ を挿入することによって $V_{ce}$ 電圧が変化してしまいますが，$R_c$ によって $I_c$ に過大な電流が流れるのを防ぐことができ，DUT を保護しています．$I_b$ は $R_b$ の両端を CH2 で検出して求めます．$V_{be}$ は CH1 で計測します．

$R_b$ と $R_c$ の値は画面で任意に設定することができます．

### ● トランジスタ用測定アダプタが用意されている

Digilent 社（AD のメーカ）では，Tracer 機能で使用するトランジスタ・テスタ・アダプタを販売しています．写真11.3 にこの外観と使用例を示します．このアダプタを使用すると W1，W2 や CH1，CH2 の接続をリレーで自動的に切り替えるので誤接続が防げて便利です．ただし，アダプタには $R_b$：10 kΩ，$R_c$：100 Ω が実装されており，他の値には設定できません．

なお使用感としてですが，このアダプタの DUT を接続する端子のバネが非常に強いので，DUT を頻繁に抜き差しするには不便です．しかも DUT の足が曲がってしまいます．なので，現実には写真11.3(b)に示すようなゼロ・プレッシャ・ソケットを接続して使用するほうが便利です．

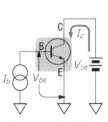

（a）エミッタ共通接続に
よる直流特性計測の
基本接続

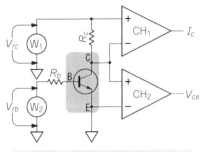

$R_c$ の両端電圧から $I_c$ を算出する．
$R_b$ の両端電圧から $I_b$ を算出する．
$R_b$ と $R_c$ の値は使用した値を画面で任意に
設定できる．
$V_{rc}$ と $V_{rb}$ は画面で設定する値．
$V_{ce}$ は $V_{rc}$ の値が $R_c$ の電圧降下分低くなる

（b）Tracer の基本接続

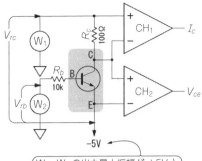

W₁, W₂ の出力最大振幅が ±5V と
小さいのでエミッタを−5V に接続
して $V_{ce}$ を 0 〜 +10V の範囲で可
変する

アダプタには $R_b$：10kΩ，$R_c$：100Ω
が実装されているので他の値に変更できない．
$V_{rc}$ が 0V のとき W₁ 出力が−5V になる．
$V_{rc}$ のスイープ範囲を 0 〜 5V に設定すると
W₁ 出力は−5 〜 0V でスイープする

（c）アダプタを使用したときの基本接続

図11.2　NPN トランジスタの $I$–$V$ 特性を測定するとき

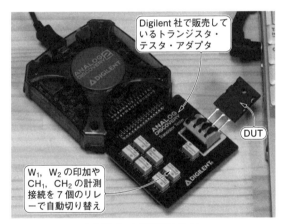

Digilent 社で販売して
いるトランジスタ・
テスタ・アダプタ

DUT

W₁, W₂ の印加や
CH₁, CH₂ の計測
接続を 7 個のリレ
ーで自動切り替え

（a）Digilent 社製のアダプタ

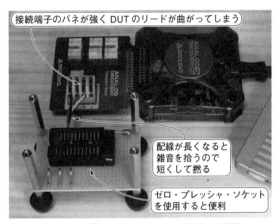

接続端子のバネが強く DUT のリードが曲がってしまう

配線が長くなると
雑音を拾うので
短くして撚る

ゼロ・プレッシャ・ソケット
を使用すると便利

（b）ゼロ・プレッシャ・ソケットを接続して使用

写真11.3　トランジスタ用測定アダプタの例

● 測定電圧範囲に限界がある

　また，AD では電源電圧が ± 5 V と低く，W₁ と W₂
の最大出力電圧は ± 5V です．このため半導体カーブ
トレーサとしては測定電圧範囲が狭くなってしまう欠
点があります．この欠点を少しでも改善するために，
アダプタを使用した基本接続では図11.2(c)に示すよ
うに，エミッタをグラウンドではなく−5 V に接続で
きるようにして，最大コレクタ印加電圧を10 V まで
可能にしています．

　またアダプタを使用したときは，W₁, W₂ の最大出
力電流（50 mA 程度）以上の測定はできません．

　一方，No Adapter のモードでは外部電源や外部ア
ンプを使用することを前提にしているので，通常エミ
ッタをグラウンドに接続して使用します．No Adapter
のモードでは AD の測定電圧範囲 ± 25 V まで可能にな
ります．最大電流は外部電源と使用する抵抗値の許容
電流容量によります．

● アダプタ使用の有無と測定デバイスの設定

　図11.3に Tracer 使用におけるアダプタの使用と，
測定デバイスの設定に関する設定をまとめました．

　まず図(a)，図(b)に示すようにアダプタを使用す
るか否かと，測定するデバイスを選択します．選択の
組み合わせにより図(c)〜(h)が表示されます．

　アダプタを使用する場合は，図(c)に示すように $R_b$
と $R_c$ が100 Ω と10 kΩ に固定されます．アダプタを使
用しない場合は，ユーザが測定に適切な抵抗値を選ん
で接続します．図(d)に示すように，接続した抵抗値

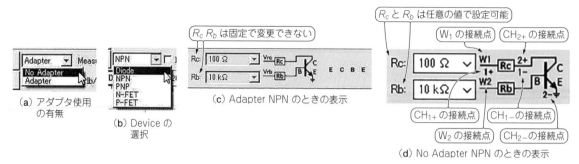

(a) アダプタ使用
の有無

(b) Device の
選択

(c) Adapter NPN のときの表示

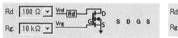

(d) No Adapter NPN のときの表示

(e) Adapter Diode のときの表示

(f) No Adapter Diode
のときの表示

(g) Adapter N-FET のときの表示

(h) No Adapter N-FET
のときの表示

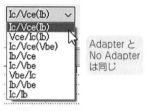

(i) NPN PNP トランジスタの
測定項目

Adapter と
No Adapter
は同じ

(j) Adapter Diode
の測定項目

(k) NoAdapter Diode
の測定項目

(l) N-FET P-FET MOSFET の
測定項目

Adapter と
No Adapter
は同じ

**図11.3 Tracerにおけるアダプタの使用と測定デバイスの設定法**

を任意に設定することはできません.

測定の種類によって信号印加点や測定点が異なります. アダプタを使用しない場合は，図(d)，図(f)，図(h)のようにW$_1$，W$_2$，CH$_1$，CH$_2$，の接続箇所が図で示されます. アダプタを使用する場合はリレーが動作して自動的に接続されるので，接続箇所は示されません.

図(i)～図(l)は，各デバイスのときの測定項目です. NPN・PNPトランジスタの測定項目が8種類ありますが，通常使用するのは

- $I_c/V_{ce}(I_b)$，
- $I_c/V_{ce}(V_{be})$，
- $I_c/V_{be}$，
- $I_b/V_{be}$，
- $I_c/I_b$

の項目です. 後ほど各項目の測定例を示します.

● **ダイオードやMOSFETの測定では**

ダイオードを測定する場合には，アダプタに100 Ωと10 kΩの抵抗が実装されているので，100 Ωのときには$I/V$-mA，10 kΩのときには$I/V$-$\mu$Aを選択します. アダプタを使用しないときは，ユーザが測定電流に合わせて適切な抵抗値を接続するので，測定項目は$I/V$だけになっています.

N-FETとP-FETは，MOSFETの測定用です. 残念ながらJFETはアダプタでは測定できません. **Wave**

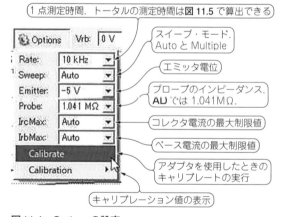

**図11.4 Optionsの設定**

**Forms**ソフトのゲート電圧範囲の設定だけの問題なので，いずれバージョンアップによってJFETも計測できるようになるかと思います.

● **Optionsの設定**

図11.4はOptionsの設定です.

**Rate**は1点測定するときの速度です. 10 kHzだと1点100 $\mu$sで測定するので，図11.5の設定では1回の測定時間は111.1 msになります.

**Sweep**は特性表示のタイミングです. Autoでは測定終了後に特性が一度に表示されるのに対し，Multiple

上記の測定では $V_{rb}$ を 11 点変化させながら $V_{rc}$ を 101 点で
スイープする. よって 11×101＝1111 点の測定が必要になる.
10kHz（100 $\mu$s）では 1 回の測定時間が 111.1ms になる

**図11.5　トータルの測定時間**

では1ステップごとにグラフが1本ずつ表示されます.

**Emitter** はエミッタの接続電位の設定です. アダプ
タを使用してNPNトランジスタを測定する場合, −
5 V に設定するとコレクタ電位のスイープ範囲を0〜
+10 V にできます.

**Probe** は測定の入力インピーダンスの設定です.
**AD** の場合は 1.041 MΩ になります.

**IrcMax** はコレクタ電流の最大値の制限です. DUT
を保護するのに有効です.

**IrbMax** はベース電流の最大値の制限です. DUT を
保護するのに有効です.

**Calibrate** はアダプタを使用するとき有効になりま
す. DUT を実装しない状態でキャリブレートします.
すると Calibration にキャリブレーションした値が表
示されます.

● **View の設定**

図11.6 に示す View は, 選択した特性と同時に, 他
のグラフを表示する機能です.

**+XY** では特性グラフの下部に $CH_1$ と $CH_2$ で測定し
た値を選んで XY グラフ表示します.

**XYZ 3D Points**, **XYZ 3D Surface** は上位機種の ADP
3450 などのとき使用できます.

**Time** は $CH_1$ と $CH_2$ で計測したデータを X 軸を時間
として波形表示します.

## 11.3　アダプタを使用した測定例

● **NPN トランジスタの測定**

図11.7 は, NPN トランジスタ 2SC1815GR の $I_c/V_{ce}(I_b)$
特性の測定画面です. 2SC1815 のデータシートには,
ベース電流 $I_b$ を変化させながらの特性が示されていま
す. しかし **AD** の場合には定電流出力がないので, 代
わりにベースに直列抵抗を挿入して電圧を加えていま
す.

$I_b/V_{be}$ を同時測定するように設定したので, 図11.7
の接続で $I_c$, $V_{ce}$ を測定した後リレーを切り替えて $V_{be}$,
$I_b$ を測っています.

測定終了後 View→Time で波形表示を追加してい
るので, 特性データの下にコレクタ電流（$I_c$）, コレク
タ電圧（$V_{ce}$）, ベース電流（$I_b$）, ベース電圧（$V_{be}$）の波
形が表示されています.

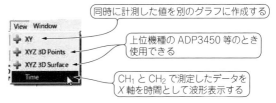

**図11.6　同時に表示するグラフの選択**

$V_{ce}$ ののこぎり波状の波形を見ると, ピークが次第
に低くなっていきます. これは $I_c$ の増加にしたがって
$R_2$ での電圧降下が大きくなるためです.

**AD** の $W_1$, $W_2$ の最大出力電流の制限から $I_c$ は 50 mA
程度までになります.

ベースに抵抗を挿入して, $I_b$ の代わりに $V_{rb}$ で制御
しています. グラフを見ると $V_{rb}$ が一定でも $V_{ce}$ が変
化すると $V_{be}$, $I_b$ のグラフが水平ではなく変化してい
ます. よって, 残念ながら図11.7 の出力特性グラフは,
データシートなどに記載されているベース電流一定の
特性グラフとは若干, 形が異なってしまいます. 定電
流で測定した例は後述します.

● **$I_c/V_{be}$ 特性の測定**

図11.8 は 2SC1815GR の $I_c/V_{ce}(V_{be})$ 特性を測定した
画面です. $R_b$ を 0 Ω にして, ベースに直接電圧を加え
ています. 加えた電圧を 10 mV ステップの等間隔で変
化させているので, コレクタ電流が比例して等間隔で
変化すればエミッタ共通増幅回路のひずみが発生しな
いことになります. しかし図11.8 に示すように $V_{be}$ が
増加するに従って $I_c$ の変化幅が大幅に増大し, エミッ
タ共通増幅回路のひずみ発生の原因を明示しています.

図11.9 は 2SC1815GR の $I_c/V_{be}$ の特性を測定したと
きの画面です. $V_{ce}$ を 10 V 一定にしています. この測
定も $R_b$ が 0 Ω になっています.

図11.9 に示すコレクタ電流を求める式は, トラン
ジスタ特性の基本の式です. $V_{be}$ が増加すると, その
値に対して $I_c$ が指数関数で増大します. 図11.8 のグ
ラフが等間隔にならなかった理由がこの式です. $I_c$ が
増加するほど, $V_{be}$ の変化に対する $I_c$ の変化の割合が
大きくなります.

$I_s$ は飽和電流と呼ばれるパラメータです. $I_s$ はトラ
ンジスタの種類によって異なります. SPICE でもこ
のパラメータが使用されています. 図11.9 のデータ
を Export して $V_{BE}$ と $I_c$ の値を読み, その値から $I_s$ を
計算したのが図11.9 の結果です. 動作点によって若
干異なりますが, 2SC1815 の場合の $I_s$ は 10 fA 程度に
なります.

図11.10 は 2SC1815GR の $I_b/V_{be}$ の特性を測定した
ときの画面です. $I_c/V_{be}$ 測定では $R_b$ が 0 Ω でしたが,
$I_b/V_{be}$ 測定では 10 kΩ が挿入されています.

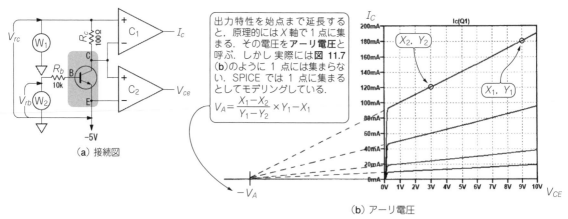

出力特性を始点まで延長すると、原理的には $X$ 軸で1点に集まる。その電圧を**アーリ電圧**と呼ぶ。しかし実際には**図 11.7 (b)**のように1点には集まらない。SPICE では1点に集まるとしてモデリングしている。

$$V_A = \frac{X_1 - X_2}{Y_1 - Y_2} \times Y_1 - X_1$$

（a）接続図

（b）アーリ電圧

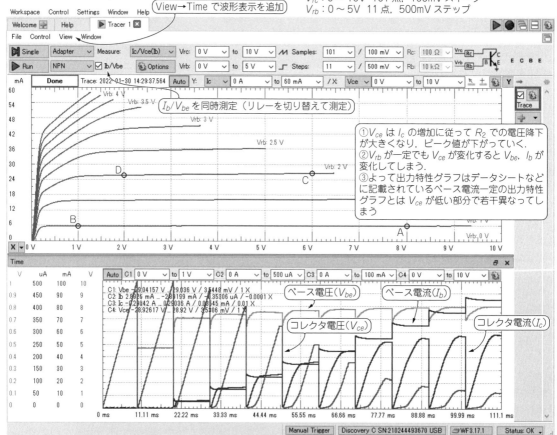

$V_{rc}$ : 0 ～ 10V 101 点，100mV スイープ
$V_{rb}$ : 0 ～ 5V 11 点，500mV ステップ

View→Time で波形表示を追加

$I_b / V_{be}$ を同時測定（リレーを切り替えて測定）

①$V_{ce}$ は $I_c$ の増加に従って $R_2$ での電圧降下が大きくなり，ピーク値が下がっていく。
②$V_{rb}$ が一定でも $V_{ce}$ が変化すると $V_{be}$, $I_b$ が変化してしまう。
③よって出力特性グラフはデータシートなどに記載されているベース電流一定の出力特性グラフとは $V_{ce}$ が低い部分で若干異なってしまう

ベース電圧（$V_{be}$）
ベース電流（$I_b$）
コレクタ電圧（$V_{ce}$）
コレクタ電流（$I_c$）

図(c)の A（8.0014V，6.7234mA），B（1.046V，6.4398mA）から $V_A$ を求めると，$V_A$：約 157
図(c)の C（6.0383V，27.21mA），D（1.9428V，26.29mA）から $V_A$ を求めると，$V_A$：約 115

（c）設定

**図11.7　アダプタを使用した NPN トランジスタの $I_c / V_{ce} (I_b)$ の測定例**（DUT：2SC1815GR）

$I_c$ と $V_{ce}$ を同時に測定し，View→+XY を使って特性グラフの下に $I_c / I_b$ のグラフを表示しています。このグラフの傾きが $h_{FE}$ になります。

**図 11.11** は 2SC1815GR の $I_c / I_b$ 特性を測定したときの画面です。$V_{ce}$ と $V_{be}$ も同時に測定できるので，**図**

11.10 と同じ測定項目になります。

● ツェナー・ダイオードの測定

**図 11.12** はツェナー・ダイオードの MTZJ4.7B と MTZJ8.2B の $I/V$-mA の特性を測定したときの画面で

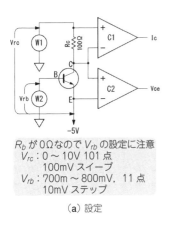

$R_b$ が 0Ω なので $V_{rb}$ の設定に注意
$V_{rc}$：0 ～ 10V 101 点
　　100mV スイープ
$V_{rb}$：700m ～ 800mV，11 点
　　10mV ステップ

（a）設定

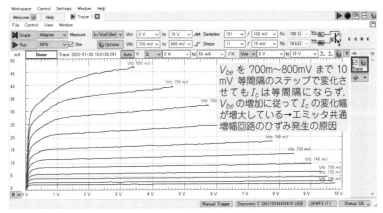

（b）測定データ

図11.8　アダプタを使用したNPNトランジスタの $I_c/V_{ce}(V_{be})$ の測定例（DUT：2SC1815GR）

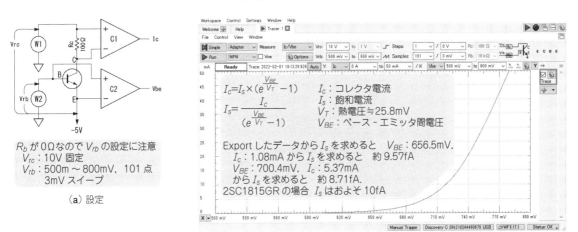

$R_b$ が 0Ω なので $V_{rb}$ の設定に注意
$V_{rc}$：10V 固定
$V_{rb}$：500m ～ 800mV，101 点
　　3mV スイープ

（a）設定

（b）測定データ

図11.9　アダプタを使用したNPNトランジスタの $I_c/V_{be}$ の測定例（DUT：2SC1815GR）

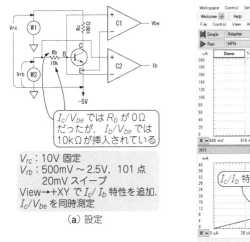

$I_c/V_{be}$ では $R_b$ が 0Ω
だったが，$I_b/V_{be}$ では
10kΩ が挿入されている

$V_{rc}$：10V 固定
$V_{rb}$：500mV ～ 2.5V，101 点
　　20mV スイープ
View→+XY で $I_c/I_b$ 特性を追加．
$I_c/V_{be}$ を同時測定

（a）設定

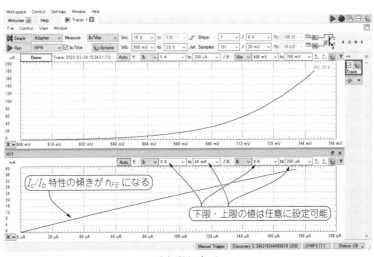

（b）測定データ

図11.10　アダプタを使用したNPNトランジスタの $I_b/V_{be}$ の測定例（DUT：2SC1815GR）

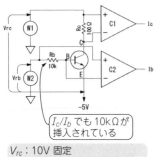

$V_{rc}$：10V 固定
$V_{rb}$：500mV〜2.5V，101 点
20mV スイープ（**図 11.10** の下の
グラフと同じ）
View→Time で波形表示を追加

（**a**）設定

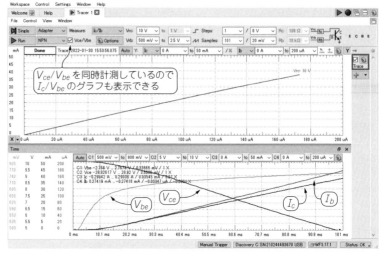

（**b**）測定データ

**図 11.11　アダプタを使用した NPN トランジスタ** $I_c/I_b$ **の測定例**（DUT：2SC1815GR）

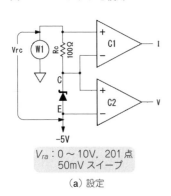

$V_{ra}$：0〜10V，201 点
50mV スイープ

（**a**）設定

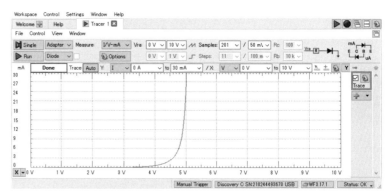

（**b**）MTZJ4.7 の測定データ

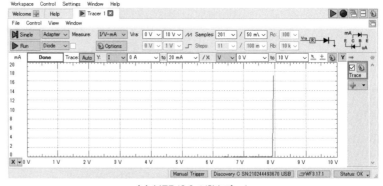

（**c**）MTZJ8.2 の測定データ

**図 11.12　アダプタを使用したツェナー・ダイオード，** $I/V$-mA **の測定例**（DUT：MTZJ4.7B と MTZJ8.2B）

す．図（**b**）と図（**c**）はグラフの上限・下限値を同じに
しています．ツェナー電圧が低いと，電流が流れ始め
る変曲点が緩やかで定電圧特性が悪く，ツェナー電圧
が高くなると変曲点が急になって，定電圧特性が良く
なるのがわかります．

● **MOSFET の測定**

**図 11.13** は N チャネル MOSFET，2N7000 の $I_d/V_{ds}$
特性を測定した画面です．

$V_{rg}(=V_{gs})$ を，100 mV ステップの等間隔で変化さ
せていますが，ドレイン電流は等間隔にはなっていま

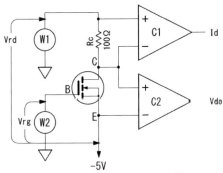

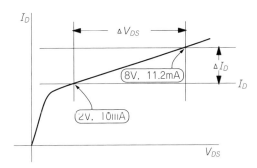

$V_{rd}$：0～10V 101 点，100mV スイープ
$V_{rg}$：2.2～2.9V 8 点，100mV ステップ

（a）設定

$$\text{Lambda} = \frac{\Delta I_D \div \Delta V_{DS}}{I_D} \fallingdotseq \frac{(11.2\text{mA} - 10\text{mA}) \div (8 - 2\text{V})}{10\text{mA}}$$
$$= 20\text{mV}^{-1}$$

（c）トランジスタの $V_A$（アーリ電圧）に相当する Lambda（ラムダ）は上式より求まる

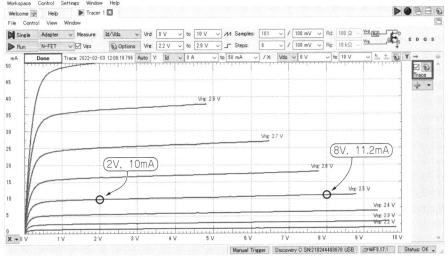

（b）測定データ

**図11.13　アダプタを使用したNチャネルMOSFET，$I_d/V_{ds}$ の測定例**（DUT：2N7000）

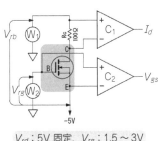

$V_{rd}$：5V 固定，$V_{rg}$：1.5～3V
151 点 10mV ステップ

（a）設定

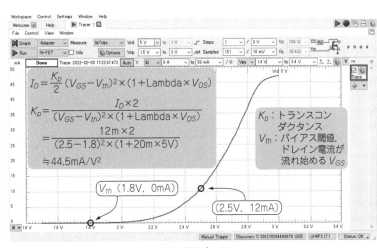

$$I_D = \frac{K_p}{2}(V_{GS} - V_{th})^2 \times (1 + \text{Lambda} \times V_{DS})$$

$$K_p = \frac{I_D \times 2}{(V_{GS} - V_{th})^2 \times (1 + \text{Lambda} \times V_{DS})}$$
$$= \frac{12\text{m} \times 2}{(2.5 - 1.8)^2 \times (1 + 20\text{m} \times 5\text{V})}$$
$$\fallingdotseq 44.5\text{mA/V}^2$$

$K_p$：トランスコンダクタンス
$V_{th}$：バイアス閾値，ドレイン電流が流れ始める $V_{GS}$

（b）測定データ

**図11.14　アダプタを使用したNチャネルMOSFET，$I_d/V_{gs}$ の測定例**（DUT：2N7000）

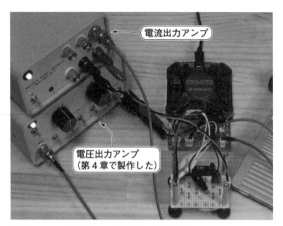

**写真11.4　外部アンプを使用した測定例**
電圧出力アンプには第4章で紹介した出力ブースタを使用した．電流出力アンプは本書では紹介しないが，雑誌トランジスタ技術2019年10月号(p.176～)で紹介している電流出力アンプを使用した

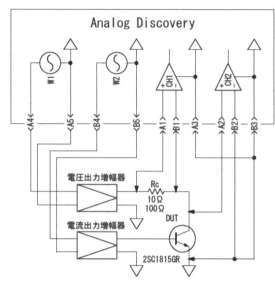

**図11.15　外部アンプを使用するときのADとの接続**

せん．2SC1815GRのコレクタ電流と同様にドレイン電流が多いほど，変化幅が大きくなっています．

図11.14は2N7000の$I_d/V_{gs}$特性を測定したときの画面です．MOSFETは図中に示す式が基本式です．トランジスタの場合は$I_c$が$V_{be}$によって指数関数で増加しましたが，MOSFETでは$V_{gs}-V_{th}$の2乗で増加します．したがって，トランジスタほど非直線性が大きくありませんが，やはり直線ではなくソース共通増幅回路ではひずみが発生します．そして$V_{gs}$の変化に対する$I_d$の変化($g_m$：トランスコンダクタンス)は，トランジスタよりも小さくなります．つまり，同じ条件ではMOSFETよりもトランジスタのほうが利得が大きくなります．

## 11.4　外部増幅器を使用した測定例

### ● 電圧・電流増幅器を用意する

アダプタでは定電流出力がないため，トランジスタのデータシートに記載されている出力特性と同じ条件で測定することができません．そこで写真11.4に示すように，外部に電圧出力増幅器と電流出力増幅器を追加して，2SC1815GRの出力特性を測定することにしました．図11.15が外部増幅器(外部アンプ)との接続図です．

アダプタなしでは，基本的にエミッタをグラウンド電位にして測定します．したがって$V_{rc}(W_1)$を3倍に増幅し，10Ωまたは100Ωの抵抗を介してコレクタに接続しています．$I_B$を一定値にするために$V_{rb}(W_2)$を電流出力増幅器に接続し，1mA/Vと0.1mA/Vでベースに接続しています．

### ● 大電流領域での測定

図11.16は外部増幅器を使用し，NPNトランジスタを測定したときの測定例です．図(a)が大電流領域での測定画面です．$I_B$を0.5mAステップで0～5mAまで11ステップして測定しています．コレクタ電流が比較的大きくなるので，電流検出抵抗$R_c$を10Ω(10Ω×200mA=2V)にしています．

図(b)は小電流領域での測定画面です．$I_B$を10μAステップで0～100μAまで，11ステップして測定しています．コレクタ電流が比較的小さくなるので，電流検出抵抗$R_c$を100Ω(100Ω×20mA=2V)にしています．

### ● データシートのグラフと計測データを比較する

図11.17にNPNトランジスタ2SC1815の$I_c$-$V_{CE}$特性を，いろいろな手法で表現している例を並べてみました．図(a)がデータシートに示されている特性例です．図(b)は先の図11.16(a)，(b)のデータをエクスポートして，図11.17(a)の条件と同じデータを抜き出してExcelでまとめたグラフです．

データシートに記載された図(a)に比べると，$I_B$が2m，3m，5mAのときの特性が若干異なっています．図(a)のデータはずっと以前に作成され，いわゆる「雲形定規」を使って手書きしたような形なのですが，実は図(b)のほうが正しいのではと思われます．

図(c)は図(a)と同じ条件で筆者がモデリングした，2SC1815GRを使ったときのLTspiceでシミュレーションした結果です．SPICEではトランジスタの素子モデルのパラメータVAが一定なので，広範囲の特性では現実の特性と乖離ができています．

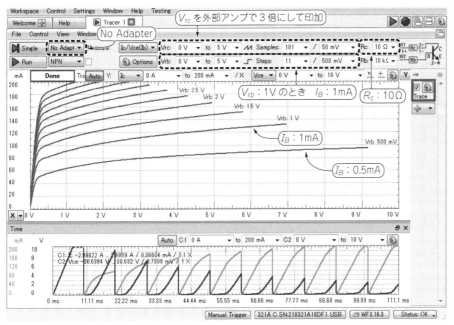

（a）大電流領域での測定

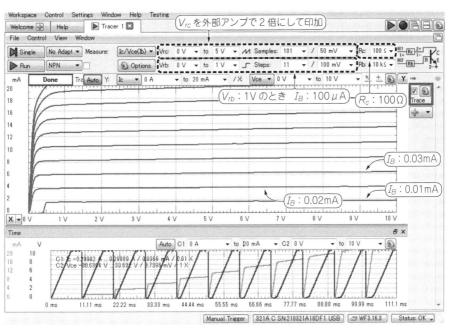

（b）小電流領域での測定

図11.16　外部アンプを使用したNPNトランジスタの$I_c$-$V_{ce}$($I_b$)特性を測定（DUT：2SC1815GR）

図（d）は図11.16（b）をExcelでまとめた，2SC1815GRを増幅器として使用した小電流領域での実測出力特性です．先に示した図11.11に比べると，きれいな等間隔特性になっています．このことは，エミッタ共通増幅器を定電流で駆動できれば，ひずみの少ない増幅器になることを物語っていることがわかります．

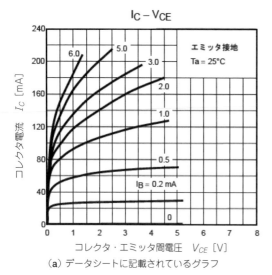

（a）データシートに記載されているグラフ

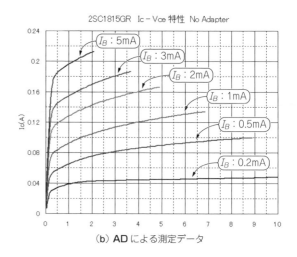

（b）AD による測定データ

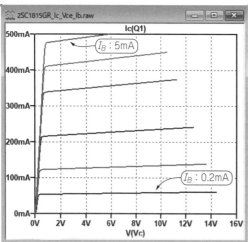

（c）LTspice のシミュレーション・グラフ

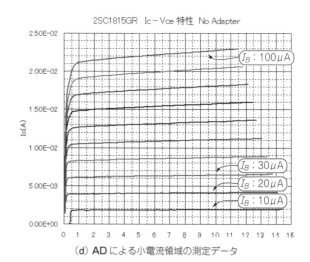

（d）AD による小電流領域の測定データ

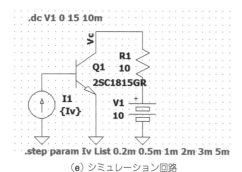

（e）シミュレーション回路

図11.17　トランジスタの$I_C$-$V_{CE}$特性グラフ（2SC1815 の例）

# Appendix
# Analog Discoveryのキャリブレーション(校正)

ここでは**AD**のキャリブレーション(calibration)…校正方法を解説します．キャリブレーションは確度の高い計測器と**AD**との測定値を比較し，精度の調整や確認を行うことです．

**AD**自体には高精度のデバイスや抵抗が使用されているので，そのまま(買ってきたまま)使っても大きな誤差が生じることはまずありません．しかし，**AD**を長期にわたって精度良く使うためには，定期的にキャリブレーションを実行することは重要です．

## キャリブレーションの準備

### ● キャリブレーションの準備と設定
校正には誤差0.1％以下の高精度の直流ディジタル電圧計を利用します．この電圧計を使って発振器と電源を校正します．

図1に**AD** WaveFormsにおけるキャリブレーション用の画面を示します．図(a)に示すように，オープニング画面から［Settings］-［Device Manager］を選択します．表示された画面で［Calibrate］をクリックすると，図(b)に示す［Device Calibration］が開きます．

校正は図(b)画面の順に進めていきます．

### ● Wavegen出力をディジタル電圧計に接続
図2(a)に示すように$W_1$の発振器出力を電圧計に接続し，図1(b)の［Waveform Generator 1 Low Gain］

(a) ［Settings］-［Device Manager］を選択する

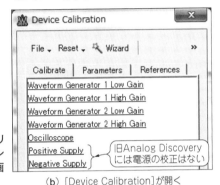
図1 キャリブレーション用の起動画面
(b) ［Device Calibration］が開く

をクリックします．

図2(b)の画面が開き，$W_1$が0V設定になるので，測定したオフセット電圧を［Voltage］に記入します．［Next］をクリックすると＋5V設定になるので，測定した電圧を［Voltage］に記入します．

設定電圧に対して，数％以上大きくずれた値になることはまずありません．大きくずれているときには接続などを見直して，不具合箇所を探します．

0V，＋5V，−5V，＋5V，−5V，と記入するた

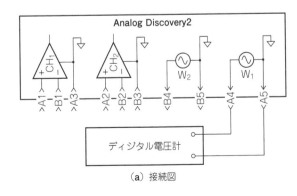
(a) 接続図

**図2 発振器出力の校正方法**
$W_1$の発振器出力を電圧計に接続して校正を行う

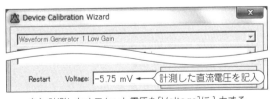
(b) 計測したオフセット電圧を[Voltage]に入力する

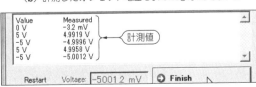
(c) 計測値が表示されたら[Finish]をクリックする

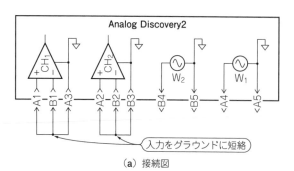

（a）接続図

**図3　オシロスコープの直流オフセットの校正方法**
入力部をすべてグラウンドに接続して校正を行う

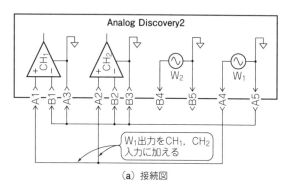

（a）接続図

**図4　オシロスコープの感度の校正方法**
波形出力$W_1$を2つの分析部に並列接続して校正を行う

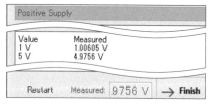

**図5　電源の校正画面**
電源電圧の校正はAD2だけ行う．旧タイプのADには電源の校正はない

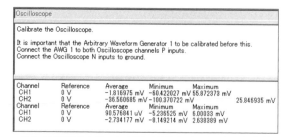

（b）［NEXT］をクリックすると自動的にオフセットの調整が行われる

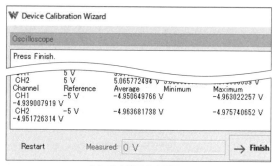

（b）感度校正の完了画面

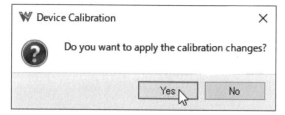

**図6　校正が終了したら校正値の適用と確定を実行する**
本画面で［Apply］ボタンをクリック後，［Yes］ボタンを押すと校正値が記憶される

びに出力電圧が自動的に変化していきます．指定どおりに測定値を入力していくと，**図2(c)**の画面になるので［Finish］をクリックします．

　同じようにして［Waveform Generator 1 High Gain］，［Waveform Generator 2 Low Gain］，［Waveform Generator 2 High Gain］の校正を行います．

● 「Oscilloscope」の校正

　直流オフセットと感度の校正があります．

　はじめは**図3(a)**に示すように，入力部をすべてグラウンドに接続します．［Next］をクリックすると自動的にオフセットの調整が行われ，**図3(b)**の表示になります．

　次に**図4(a)**に示すようにWavegen出力$W_1$を2つの分析部に並列接続します．［Next］をクリックする

と，自動的に感度調整が行われ，**図4(b)**の感度校正の終了画面が表れます．

● 電源電圧の校正

　電源電圧校正は**図5**に示すように，正負1Vと5Vのを行います．ただし，電源電圧の校正は**AD2**だけです．旧タイプの**AD**にはありません．

　校正が終了したら**図6**に示す「Device Calibration」の画面で［Apply］ボタンをクリックします．**図6**の確認の画面が表示されるので，［Yes］を押すと校正値が記憶されます．

● 校正後の測定結果

　校正後**Wavegen**に正弦波100 Hz，Amplitude：

| | Channel 1 | Channel 2 |
|---|---|---|
| DC | 0 V | −1 mV |
| True RMS | 999 mV | 1 V |
| AC RMS | 999 mV | 1 V |

**図7 正弦波の周波数100 Hz, 振幅1.4142 V, オフセット0 Vを設定すると, 正確に1 V$_{RMS}$が計測されている**
校正後の計測結果

| | Channel 1 | Channel 2 |
|---|---|---|
| DC | 0 V | −2 mV |
| True RMS | 976 mV | 978 mV |
| AC RMS | 976 mV | 978 mV |

**図8 周波数を1 kHzにすると−2.5%ほどの誤差が発生する**
[Voltmeter]の交流計測の上限周波数は約100 Hzであることが原因

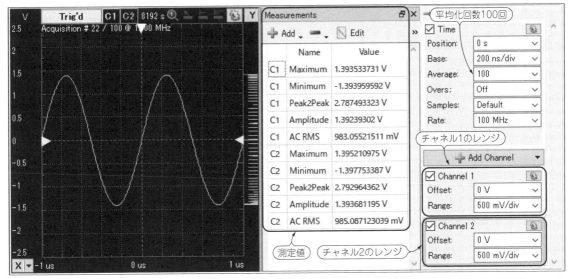

**図9 正弦波の周波数1 MHz, 振幅1.4142 V, オフセット0 Vを設定すると, [Measurements]内に正確に値が計測されている**
高い周波数はScopeの［View］→［Measuments］で計測する

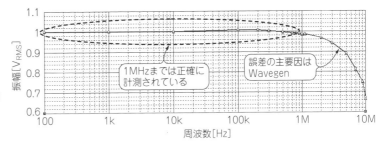

**図10 出力振幅−周波数特性は1 MHz程度まで精度良く計測されている**
1 M〜10 MHzの誤差の主要因は[Wavegen]の出力電圧−周波数特性による

1.4142 V, Offset：0 Vを設定し, [Voltmeter]で計測したら図7が表示されます. 振幅は約1 V$_{RMS}$になりました. Amplitude1.4142 Vは, 0 Vからピークまでの1.4142 V$_{0-peak}$を示しています. 実効値は1 V$_{RMS}$（≒ 1.4142 V$_{0-peak}$ ÷ $\sqrt{2}$）V$_{RMS}$になります.

周波数を1 kHzにしたら, 図8の976 mV$_{RMS}$表示になり, 誤差が増加しました. [Voltmeter]の交流計測の上限周波数は約100 Hzなので, 低い周波数の交流電圧しか使用できません.

高い周波数はScopeの, ［View]-[Measurements］で計測します. 図9は1 MHzのときの表示です. 図10は周波数を100 Hz〜10 MHzまで変化させたときのScopeの［Measurements］AC RMS（交流振幅の実効値）の計測値をグラフにしたものです. 1 MHz程度ま

では非常に精度良く計測されています. 1 M〜10 MHzの誤差の主要因は［Wavegen]の出力電圧−周波数特性です. Scopeの誤差は少ないようです.

## トレーサビリティが重要な理由

本書で扱っているような, （一部）個人のスキルを高めるために製作した測定器などは, 自己責任で使用しているときは法律に縛られることはありません. しかし, その測定器を製品として販売するときには法律に従わなくてはなりません.

製品として販売されている測定器が保証している性能仕様が, 満足な状態であることを確認するには, より誤差の少ない校正上位の測定器を利用します. 製品

App

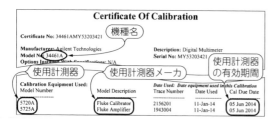

図11　ディジタルマルチメータ34461A(Keysight社)の校正明書の例

を測定する測定器には，測定値を保証するためのトレーサビリティが欠かせません．

● トレーサビリティとは

「その測定器を校正した測定器を順次たどっていくと，最後には国家標準にたどり着かないといけない」ということです．日本での国家標準は，計量研究所や産業技術総合研究所が所有・管理しています．この国家標準を使って「指定校正機関(**JEMIC**：日本電気計器検定所)」-「認定事業者」-「計測器メーカ」とつながっていき，トレーサビリティが確保されます．

日本ではこのトレーサビリティを**JCSS**(Japan Calibration Sevice System)として制度化し，独立行政法人製品評価技術基盤機構(**NITE**：National Institute of Technology and Evaluation)が校正事業者を認定しています．

すべての単位を日本の国家標準がサポートしているわけではありません．例えば，日本には低周波での位相の国家標準がないです．日本の計測器メーカは位相についてはアメリカの国家標準(**NIST**：National Institute of Standards and Technology)にトレーサビリティを求めます．

どれだけたくさんの，より真の値に近い国家標準を持つかということが国家の工業技術レベルの高さを示します．

● 校正と調整

計測器を新規購入すると試験成績書とともに校正証明書(Certificate Of Calibration)がついてきます．要求しないと発行しないメーカもあるようです．**図11**に示した校正証明書には，使用した計測器とその保証期間が明記されています．

計測器を使っている会社などでは，約1年ごとに校正事業者に計測器を校正してもらいます．校正事業者では上位標準器で計測した値が仕様内に入っていることを確かめ，試験成績書とともに校正証明書を発行します．

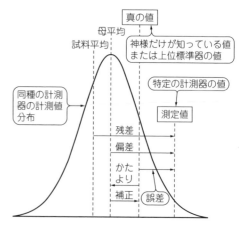

図12　誤差の定義(文献(1)に基づく)

厳密な意味での誤差は真の値が必要なため，求められないことになり，不確かさだけが残る．一般に上位標準器を真の値として，その値からのずれを誤差としている

計測器を新規購入したときは，いつ校正されたかということも非常にたいせつです．1年ごとに校正している会社では日付が半年前の校正証明書がついてきたのでは保証期間が半年しかないです．このため計測器メーカではできる限り出荷時に近い時期に校正します．

校正事業者で校正を行うときに調整をしてしまうと，その計測器で計測した過去のデータ値との間に連続性が失われることになります．

校正では調整はしません．誤差が仕様内に収まっているか確認するだけです(**図12**)．したがって校正事業者で校正してもらっても誤差が少なくなって戻ってくることはありません．誤差が仕様を外れているときには修理として扱われます．

● JISでの用語の規定

以下はJISでの用語です．

▶校正(Calibration)：計器または測定系の示す値，実量器または標準物質の表す値，標準によって実現される値との間の関係を確定する一連の作業．校正には，計器を変更調整して誤差を修正することは含まない

▶調整(Adjustment)：計器をその状態に適した動作状態にする作業

JISによると，ここで**AD**のキャリブレーションとして説明した操作は調整に相当することになります．トレーサビリティの取れた計測器は，県立の工業試験所や産業技術センタで比較的安価に借用することができます．

◆参考文献◆

(1)　日本規格協会，JISハンドブック47電気計測 Z8103

# 索　引

## 著者略歴

### 遠坂 俊昭 （えんざか・としあき）

| | |
|---|---|
| 1949年 | 群馬県新田郡藪塚本町に生まれる |
| 1966年 | アマチュア無線局JA1WVFを前橋にて開局 |
| 1973年 | (株)三工社に入社. 電気検測車用計測装置, ATS地上子用Qメータの開発に従事 |
| 1977年 | (株)エヌエフ回路設計ブロックに入社. アイソレーション・アンプ, ロックイン・アンプ, FRA, 保護リレー試験器の開発および特注品の設計に従事 |
| 2001年 | 文部科学大臣賞受賞 |
| 2008年 | 職業能力開発総合大学校東京校　客員教授 |
| 2009年～2021年 | 群馬大学工学部　客員教授 |

現在, 新製品開発・特注品設計のコンサルタント業務の傍ら, 群馬大学, ポリテクセンタのセミナ講師を務める

おもな著書　『計測のためのアナログ回路設計』, 『計測のためのフィルタ回路設計』, 『PLL回路の設計と応用』, 『電子回路シミュレータSPICE実践編』, 『PSpiceによるOPアンプ回路設計』, 『電子回路シミュレータLTspice実践入門』, 『電子回路シミュレータSIMetrix/SIMPLISによる高性能電源回路の設計』（以上CQ出版社）

# USB測定器 Analog Discovery 活用入門

2023年4月1日　初版発行
2024年6月1日　第2版発行

© 遠坂 俊昭　2023

著　者　遠　坂　俊　昭
発行人　櫻　田　洋　一
発行所　ＣＱ出版株式会社
〒112-8619　東京都文京区千石4-29-14
電話　編集　03-5395-2123
　　　販売　03-5395-2141

定価は裏表紙に表示してあります
無断転載を禁じます
乱丁，落丁本はお取り替えします
ISBN978-4-7898-4798-8
Printed in Japan

編集担当　蒲生 良治
表紙　西澤 賢一郎
DTP　株式会社啓文堂
印刷・製本　三共グラフィック株式会社